JN268901

世界一わかりやすいネットワークの授業

網野衛二 著
EIJI AMINO

3分間ネットワーク基礎講座

改訂新版

技術評論社

はじめに

　本書は、2007年に出版された「3分間ネットワーク基礎講座」の改訂新版です。

　2007年の段階でも、インターネットの普及によるコンピューターネットワークの生活への定着は進んでいましたが、現在ではもうすでに「なくてはならないもの」の1つにまでなっていると思います。特に携帯機器の普及が大きく進み、まさに文字通り「コンピューターネットワークがそばにある」時代となってきています。

　ですが、身近なはずのコンピューターネットワークの「しくみ」という点に関しては、利用者はもちろん、コンピューターのプロフェッショナルであるエンジニアの方々でも「ネットワークは苦手」「ネットワークは難しい」と感じていることが多いのも事実です。

　それはネットワーク独特の用語であったり、扱う範囲の広さであったり、目に見えないやり取りであるといった点から「わからない」「難しい」と思われているようです。確かにそれは一つの事実ではあります。けれども、表面的には難しく感じる部分があったとしても、基礎的な部分は思っているよりも難しくなく、きちんと段階を踏んで学習していけば理解できるものです。

　本書では、よく語られるネットワークの表面的な部分ではなく、ネットワークの基礎部分に絞って説明をしています。見かけではなく、本質的な部分、ネットワーク知識の中核となるべき技術をしっかりと学習し、今後のネットワークの応用的な知識を学ぶために役立つ内容となっています。

　本書の特徴は、先生役である「博士」と、ネットワークの素人である「助手」の対話形式であるという点です。特に「助手」がよくある疑問点や不思議に思う点について質問することにより、難しく思われるところやわかりにくいところを明確にし、豊富なイラストとわかりやすい解説で解きほどいてくれます。

　本書により、ネットワークを知ることが楽しいと思えていただけたなら幸いです。

登場人物紹介

インター博士（通称：博士）
某所の某大学にて、情報処理技術を教える博士。専門はネットワーク。たった1人しかいないゼミ生であるネット君をこきつかう。
わかりやすい授業を行うが、毒舌家で、黒板に大量に書く授業をするため、評判が悪い。

ネット助手（通称：ネット君）
インター博士のただ1人のゼミ生。ネットワークについては全くの素人。
インター博士のゼミに入ったのは、評判の悪い博士から知識を奪い取り、いずれ取って代わろうという策略から。

おねーさん
博士の娘で、父と2人暮らしをしている高校生。名前は「絵美」。
幼い頃から父のウンチクを聞く羽目になってしまうという不幸な少女時代を送ったせいで、ネットワークに妙に詳しい。
家事全般得意で、明るくて元気だけど、親譲りの毒舌家。

目次

1章 ネットワークの基礎知識　　9

第1回 ネットワークとは 10
　ネットワークを勉強しよう
　やり取り

第2回 ネットワークの利点 16
　コンピューターネットワークとは
　ネットワークを使う理由

第3回 データ通信の基礎 22
　データとは
　データ通信

第4回 回線交換とパケット交換 28
　回線交換
　パケット交換

第5回 ネットワークの構造 34
　通信に必要な機器
　マルチアクセスネットワークとポイントツーポイント

第6回 LAN と WAN 40
　ネットワークの範囲
　WAN

第7回 OSI 参照モデル 46
　OSI 参照モデルの考え方
　OSI 参照モデル

第8回 カプセル化 52
　手順の流れ
　カプセル化

第9回 プロトコル 58
　プロトコルとは
　プロトコルが決めていること

第10回 TCP/IP モデル 64
　TCP/IP モデル

TCP/IP プロトコル群
🌸 補講① 70

2章　信号の伝送と衝突　　　　　71

第11回　**レイヤー1の役割と概要** 72
　　　　電気・機械的な伝送
　　　　通信媒体
第12回　**信号と衝突** 78
　　　　信号
　　　　信号に起きる問題
第13回　**ハブ** 84
　　　　ハブの機能
　　　　衝突ドメイン
第14回　**レイヤー2の役割と概要** 90
　　　　レイヤー2の概要
　　　　フレーミングと非同期通信
第15回　**レイヤー2アドレスとイーサネット** 96
　　　　アドレスとキャスト
　　　　MACアドレス
第16回　**イーサネット** 102
　　　　イーサネットフレーム
　　　　イーサネットの動作
第17回　**スイッチ** 108
　　　　ハブとスイッチ
　　　　MACアドレスフィルタリング
第18回　**全二重イーサネット** 114
　　　　バッファリング
　　　　全二重イーサネット
🌸 補講② 120

3章　IPアドレッシング　　　　　121

第19回　**レイヤー3の役割と概要** 122
　　　　ネットワーク

第20回　インターネットワーク
　　　　インターネットプロトコル 128
　　　　レイヤー3の役割とIP
　　　　インターネットプロトコル

第21回　IPアドレス　その1 134
　　　　IPアドレスの特徴
　　　　IPアドレス

第22回　IPアドレス　その2 140
　　　　IPアドレスのクラス
　　　　予約済みアドレス

第23回　サブネッティング 146
　　　　ネットワークを分割する
　　　　サブネットマスク

第24回　クラスレスアドレッシング 152
　　　　クラスフルとクラスレス
　　　　クラスレスアドレッシング

第25回　DHCP 158
　　　　送信元のIPアドレスとMACアドレス
　　　　DHCP

第26回　ARP 164
　　　　アドレス解決プロトコル
　　　　ARPテーブルとARP

第27回　DNS 170
　　　　あて先IPアドレスを知る
　　　　DNS
　　　　4つのアドレス・完結編

　補講③ 176

4章　ルーティング　　　　　　　177

第28回　アドレスと経路 178
　　　　IPアドレスとMACアドレス
　　　　経路

第29回　ルーター 184
　　　　ルーターとは
　　　　ルーターの動作

第30回 **デフォルトゲートウェイ** 190
 ブロードキャストドメイン
 ARP とルーター
 デフォルトゲートウェイ
第31回 **ルーティング** 196
 ルーティングテーブル
 2つのルーティング
第32回 **ルーティングプロトコル** 202
 自律システム
 ルーティングプロトコルの種類
 ルーティングプロトコルが行うこと
第33回 **RIP** 208
 メトリック
 RIP
第34回 **ICMP** 214
 ICMP
 ICMP の種類
 TTL
第35回 **Echo と Time Exceeded** 220
 Echo
 Time Exceeded
  補講④ 226

5章　コネクションとポート番号　227

第36回 **レイヤー4の役割と概要** 228
 レイヤー4の役割
 アプリケーションの識別
 TCP と UDP
第37回 **コネクションとセグメント** 234
 コネクション
 コネクションの確立
 セグメントの分割
第38回 **ウィンドウ制御** 240
 エラー回復
 ウィンドウ制御

第39回	ポート番号 246
	アプリケーション間通信
第40回	UDP 252
	TCPの弱点
	なにもしない UDP
	UDP の使い道
第41回	ネットワークアドレス変換 258
	プライベート IP アドレス
	ネットワークアドレス変換
第42回	NAPT 264
	NAPT
	静的 NAPT
	NAPT の欠点
第43回	レイヤー5〜7 270
	レイヤー5セッション
	レイヤー6プレゼンテーション
	レイヤー7アプリケーション
第44回	OSI 参照モデルとまとめ 276
	OSI 参照モデル
	レイヤーの機能

ネット君のまとめノート 282
索引 286

注意事項　　　　　　　　　　※ご購入・ご利用の前に必ずお読みください

本書に記載された内容は、情報の提供のみを目的としています。したがって、本書を用いた運用は、必ずお客様自身の責任と判断によって行ってください。これらの情報の運用の結果、いかなる障害が発生しても、技術評論社および著者はいかなる責任も負いません。

本書記載の情報は、2010年8月現在のものを掲載しております。ご利用時には、変更されている可能性があります。

本書は著作権法上の保護を受けています。本書の一部あるいは全部について、いかなる方法においても無断で複写、複製することは禁じられています。

以上の注意事項をご承諾いただいた上で、本書をご利用願います。これらの注意事項に関わる理由に基づく、返金、返本を含む、あらゆる対処を、技術評論社および著者は行いません。あらかじめ、ご承知おきください。

1章 ネットワークの基礎知識

第1回 ネットワークとは

●ネットワークを勉強しよう

> 3分間ネットワーク基礎講座、開講〜！！

> どんどんぱふぱふ♪

> この講座は、ネットワーク初心者のネット君を、まがりなりにもIT技術者と呼べるような人間に促成培養するのが狙いだ。

> 培養って。ブロイラーかなんかですか、僕は。

> 今現状のネット君ならば、ブロイラーのほうがおいしく食べられて役に立つだけマシだな。

> ううぅぅ。そうあからさまに役立たず宣言されると悲しい。

> これから成長すればよいのだ、問題ない。さて、最初に聞きたいのだが、この講座は3分間「ネットワーク」基礎講座で、ネット君は「ネットワーク」を学習しに来ているわけだ。では、**ネットワークとはなにかね？** ネット君が今考えていることでよい。

> え〜っと、ネットワークとはですね。こう、パソコンとパソコンがこう、メールなんか送っちゃったり、ホームページを見ちゃったりして。

> なるほど？

世界とつながっていて、「これがインターネットだっ！！」みたいな？

なるほど。ネット君の考える「ネットワーク」とはそういうものなわけだな。ではためしに聞くが、よく使われる言葉として、「物流ネットワーク」など「ネットワーク」を含む言葉があるが、その「ネットワーク」とネット君の言う「ネットワーク」は別の言葉かね？

えっ？　あ〜、う〜、……たぶん一緒じゃないかな。

しかし、「物流ネットワーク」はメールを送ったり、ホームページを見たりはしないが？

ちょっとぐらい見ちゃったりしません？

しない。「ネットワーク」という言葉は、ネット君の言う「インターネット」はもちろんのこと、「物流」「神経」「道路」「電話」などでも使われているわけだ。さて、これらの共通点は？（図1-1）

共通点……、あ〜僕こういうの駄目なんですよ。物流、神経、道路……、う〜〜〜ん。

ふむ。まぁネット君の答えを待っていると日が暮れてしまう。ネットワーク［Network］という言葉は網［Net］の細工［Work］という言葉が元になっているらしい。

網の、細工？　網……、そういえば「物流網」とか「神経網」とか、「道路網」「電話網」って言いますね？

よしよし、その通りだ。これは「物流」や「神経」などが**網の目のように**なっているから、「ネットワーク」、「〜網」と呼ばれているわけだな。

網の目のようになっているから……、なにがですか？

例えば物流ならば、「集積拠点」「配達先」などが「道路」で網の目のようにつながっているだろう？　他のはどうだ？

図 1-1　さまざまなネットワーク

物流・神経・電話・交通　これらはみんなネットワーク

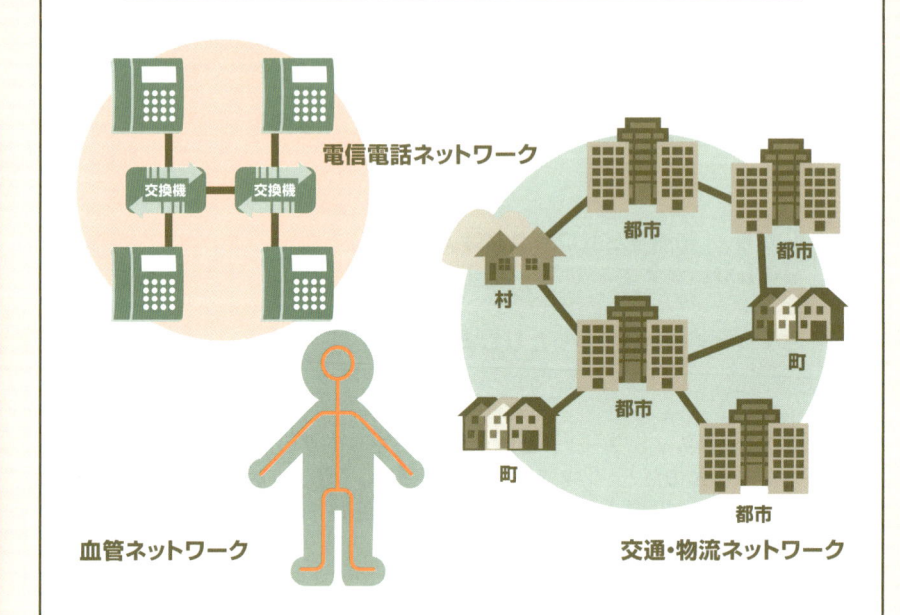

電信電話ネットワーク
交換機

血管ネットワーク

村　都市　都市　町　都市　町　都市

交通・物流ネットワーク

🙂 ん〜っと、神経なら、「脳」とか「臓器」とかが「神経」で網の目のように、網の目っていうか脳や脊髄からつながっていますよね。電話なら、「各地の電話機」が「電話線」でつながっている？

🎓 そうだ。**つながっている**。つまり、ネットワークとは、**なにかとなにかが網の目のようになにかによってつながっている**状態だ。

🙂 なにかとなにかが、網の目のように、なにかによってつながっている？曖昧すぎませんか？

🎓 「点と点が線によって網の目状につながっている」と言ってもいいがな。点と線はものによって違うわけだ。例えばネット君、鉄道網ならば？

🙂 鉄道網なら、点が「駅」、線が「線路」かな？　う〜ん、「点」と「線」ですか。

難しく言うと、点を「ノード」[Node]、線を「リンク」[Link] と言うのだが、まぁ、そこまで覚えてなくてもいい。つまり「ネットワークとはなにかとなにかがなにかによってつながっている」ことを指す、ということを覚えておいてくれ。(図1-2)

駅と線路、物流拠点と道路、臓器と神経、電話と電話線、ですね。

●やり取り

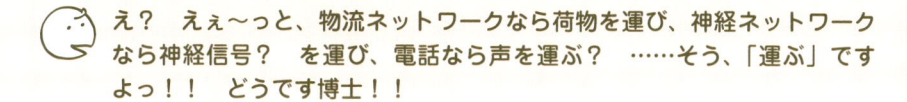

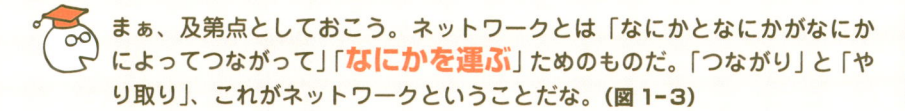

ただし、「なにかとなにかがなにかによってつながっている」だけでは、実をいうとネットワークとは言えない。これに「動き」が必要だ。ネット君、これらのネットワークはなにをしているのかね？

え？　えぇ〜っと、物流ネットワークなら荷物を運び、神経ネットワークなら神経信号？　を運び、電話なら声を運ぶ？　……そう、「運ぶ」ですよっ！！　どうです博士！！

まぁ、及第点としておこう。ネットワークとは「なにかとなにかがなにかによってつながって」「**なにかを運ぶ**」ためのものだ。「つながり」と「やり取り」、これがネットワークということだな。(図1-3)

「つながり」と「やり取り」。やり取りって言葉がいまいち曖昧なんですけど？

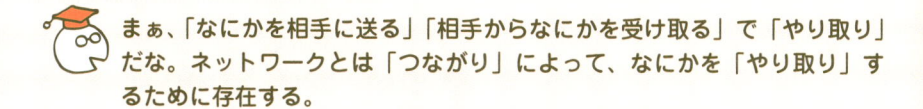

まぁ、「なにかを相手に送る」「相手からなにかを受け取る」で「やり取り」だな。ネットワークとは「つながり」によって、なにかを「やり取り」するために存在する。

なるほどなるほど。ネットワークとは、「つながっていて」「やり取りする」もの、ってことですね。……、なんでこんな話になったんでしたっけ？

おいおい。ネットワークを勉強する講座だから、まず「ネットワークとはなにか」について話したんだろう。とは言っても、「物流ネットワーク」やら「口コミネットワーク」やらの話をこれ以上してもしょうがない。

そうですよ。インターネットとか、ホームページについて教えてくださいよっ！！

図1-2　点と線

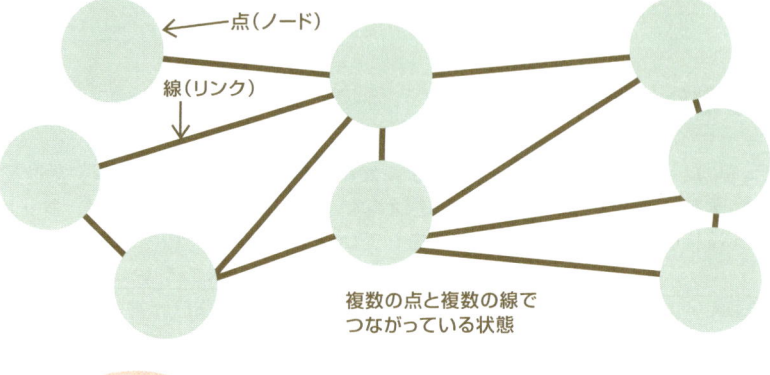

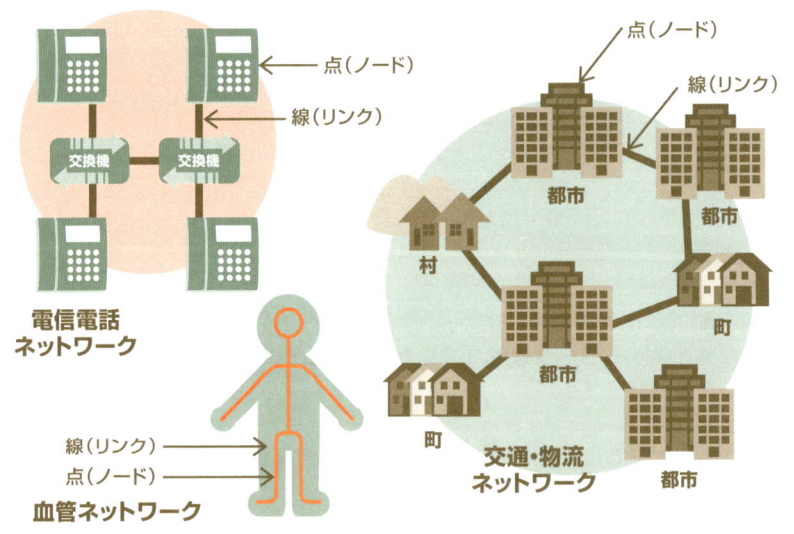

ネットワークとはなにか（点）となにか（点）がなにか（線）によってつながっている状態のこと

点（ノード）
線（リンク）

複数の点と複数の線でつながっている状態

点（ノード）
線（リンク）
交換機
電信電話ネットワーク

点（ノード）
線（リンク）
都市　村　町　都市　町　都市
交通・物流ネットワーク

線（リンク）
点（ノード）
血管ネットワーク

うむ、つまり**コンピューターネットワーク**についてだな。確かに現在「ネットワーク」と言えば、この「コンピューターネットワーク」のことを指すのが一般的だ。

ですよね。で、それについて教えていただけるんですよね？

第1回 ネットワークとは

図1-3 なにかを運ぶネットワーク

つながりとやり取りがネットワーク

運ばれるものを運ぶ
＝やり取り

点と線＝つながり

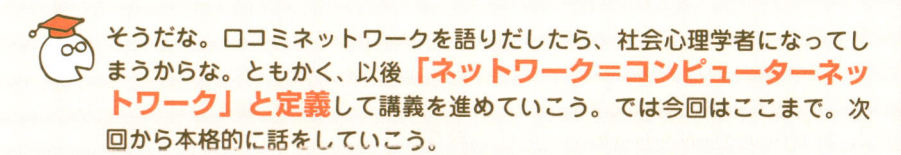

🎓 そうだな。口コミネットワークを語りだしたら、社会心理学者になってしまうからな。ともかく、以後**「ネットワーク＝コンピューターネットワーク」と定義**して講義を進めていこう。では今回はここまで。次回から本格的に話をしていこう。

👤 はい、よろしくお願いします。3分間ネットワーク基礎講座でした〜♪

ネット君の今日のポイント

- 「なにかとなにかがなにかによってつながっていて、なにかをやり取りする」のがネットワーク。
- ネットワークと言ってもコンピューターネットワークばかりじゃない。
- 以後は「ネットワーク」と言ったら「コンピューターネットワーク」のことを指す。

〇月〇日　〇曜　ネット君

第2回 ネットワークの利点

●コンピューターネットワークとは

> さて、前回「ネットワークとはなにか？」について説明したわけだ。ネット君、ネットワークとはなんだった？

> 「なにかとなにかがなにかによって網の目のようにつながっていて、なにかを運ぶ」ものです。それで、普通ネットワークって言ったら、コンピューターネットワークを指すものだ、というところで前回は話が終わりました。

> うむ、そうだった。ではコンピューターネットワークとはなにか、というところから話そう。「なにかとなにかがなにかによってつながっていて、なにかを運ぶ」のがネットワークだったな。ではコンピューターネットワークの場合、この「なにか」に入るのはなにかね？

> ええっと、そうですねぇ……。まず「なにかとなにかが」は「パソコンとパソコンが」じゃないでしょうか？

> パソコンはパーソナルコンピューターというコンピューターの種類の1つだから、もっと全般的に「コンピューターとコンピューターが」、ということになる。次の「なにか」は？

> ん、ん〜〜〜。自宅のパソコンだと、ケーブルでつなげてますから、「ケーブル」かな？

> うむ、ネット君の家の場合はそうだな。だが場所によっては無線を使っている場合もあるから、この場合は**通信媒体**という言葉を使おう。これはあとでまた説明する（P73参照）。最後の「なにか」は？

> コンピューターとコンピューターのネットワークで運ぶもの？　ホームページとか、メールとか……、こういうのなんて言うんだろう？

第2回　ネットワークの利点

🎓 簡単に言えば、**情報**だ。それっぽく言えば、**データ**［Data］だな。つまり、コンピューターネットワークとは**コンピューターとコンピューターが網の目のように通信媒体でつながっていて、データを運ぶ**ものだ、ということになる。（図2-1）

🐱 コンピューターと、通信媒体と、データ。これによって、コンピューターネットワークができている、ということですね。

●ネットワークを使う理由

🎓 さて、コンピューターネットワークがどのようなものかわかったと思う。ではここでネット君に質問だ。なぜ、コンピューターネットワークが必要なのかね？

🐱 えっ？　そ、それは。便利だからじゃないですかね。ほら、インターネットとか、ネットショップとか、メールとか。

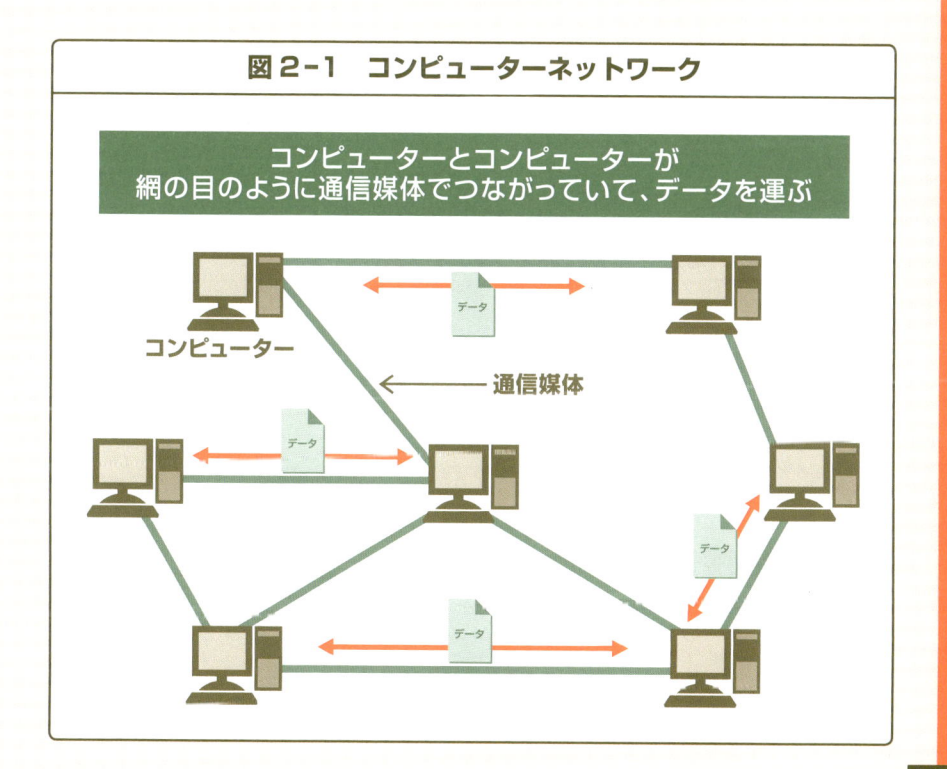

図2-1　コンピューターネットワーク

コンピューターとコンピューターが
網の目のように通信媒体でつながっていて、データを運ぶ

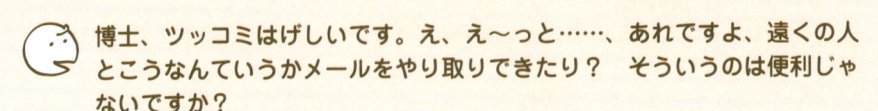

> なにが便利なのかね？ インターネットのなにが？ ネットショップのなにが？

> 博士、ツッコミはげしいです。え、え～っと……、あれですよ、遠くの人とこうなんていうかメールをやり取りできたり？ そういうのは便利じゃないですか？

> じゃあ、ウチの研究室内のパソコンのネットワークは、近くのパソコン同士のネットワークなので便利ではないのだな？

> あ、あう～。

> まぁ、「遠くの人」という言葉がでたのはよしとしよう。この場合遠くではなく、「離れた別のコンピューター」だな。物理的な距離は問題ではなく、自分のコンピューター「ではない」というところがポイントだ。

> う～ん、自分のコンピューターじゃなくて、別のコンピューターがあって。メールをやり取りできたりするので便利？

> メールだけじゃない。他人のコンピューターに入っているファイルを使用したり、他のコンピューターにつながっているプリンターを使用したり、場合によっては他のコンピューターにデータを処理してもらったりする。

> あー、そういえば、ウチの研究室のプリンターは博士のパソコンにつながってましたよね。僕のパソコンから印刷ボタンを押すと、博士のパソコンのプリンターから印刷されますよね。

> そうだ。メールや、ファイルや印刷したいデータなどなど、これらコンピューターやユーザーが持つものをリソース［Resource］(*1)と呼ぶ。このリソースを？（図2-2）

> リソースを……、食べる？

> ……その返しは想定外だった、斬新すぎてな。食べてどうする。他のコンピューターのリソースをネットワークでやり取りしたり、自分のコンピューターのリソースを他のコンピューターに渡したりするのだよ。

(*1) **リソース** 資源の意味。ファイルなどのデータや、プリンターなどの機器、コンピューターのメモリや CPU なども含む概念。

第2回　ネットワークの利点

図2-2　リソース

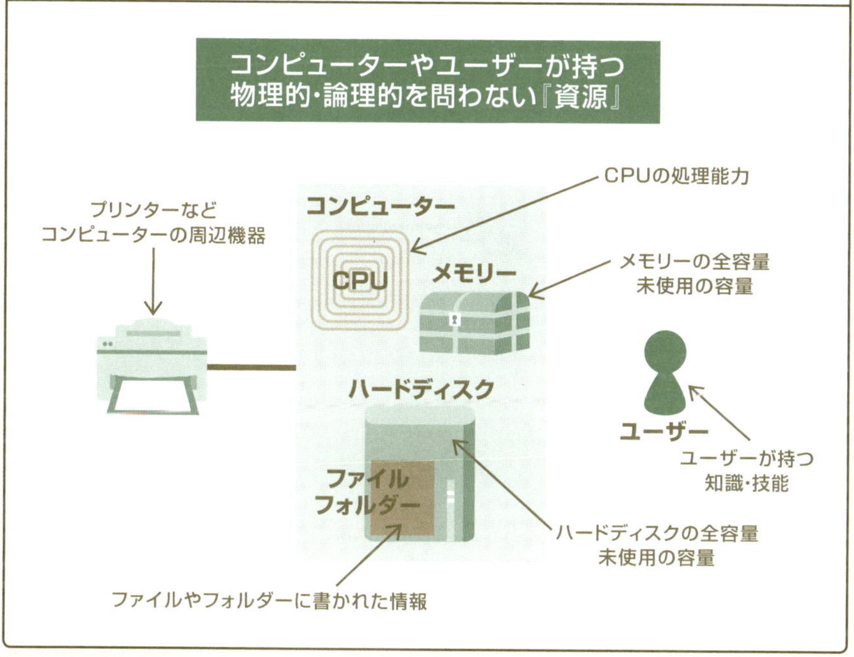

コンピューターやユーザーが持つ
物理的・論理的を問わない『資源』

- プリンターなどコンピューターの周辺機器
- CPUの処理能力
- メモリーの全容量／未使用の容量
- ファイルやフォルダーに書かれた情報
- ハードディスクの全容量／未使用の容量
- ユーザーが持つ知識・技能

🙂 隣のパソコンにあるファイルというリソースを送ってもらって使ったり、自分のパソコンにつながっているプリンターというリソースを使ってもらったりする？

🎓 そうだ。つまり、**リソースを複数のコンピューターで共有する**ということだ。自分の持つリソースを自分だけでなく他でも使ってもらう、その反対に他が持つリソースを自分でも使う。

🙂 みんなでファイルやプリンターを使うようにする？　それがネットワークが必要な理由、ですか？

🎓 うむ、その通りだ。リソースを共有することで、1台のコンピューターでできなかったことができるようになったり、1ヶ所にまとめることで効率的になったり、さっきのネット君の発言のように遠く離れた人に情報を伝えたり、もらったりできるようになるのだ。

🙂 ははぁ、確かにパソコン1台1台にプリンターがあるのは無駄が多いですね。プリンターなんてそんなに頻繁に使うわけじゃないから、みんなが使える1台があればいいですよね。

1　ネットワークの基礎知識

図2-3 リソースの共有

リソースを共有することにより、1台ではできないことができたりするようになる

ネットワークがない状態では、パソコンにそれぞれプリンターをつけないといけない

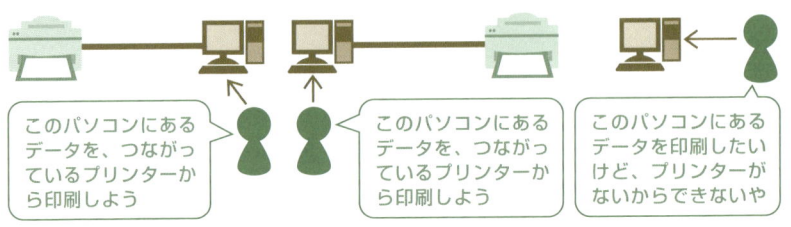

- このパソコンにあるデータを、つながっているプリンターから印刷しよう
- このパソコンにあるデータを、つながっているプリンターから印刷しよう
- このパソコンにあるデータを印刷したいけど、プリンターがないからできないや

ネットワークがあれば、共有しているプリンターから印刷ができるのでプリンターは1台ですむ

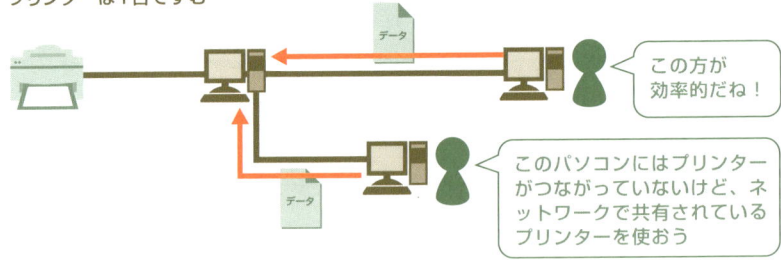

- この方が効率的だね！
- このパソコンにはプリンターがつながっていないけど、ネットワークで共有されているプリンターを使おう

ネットワークがあれば、離れた人との間で情報の交換ができる

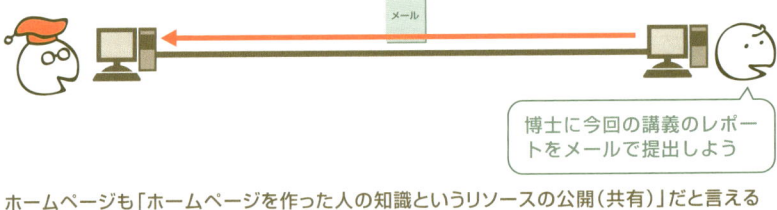

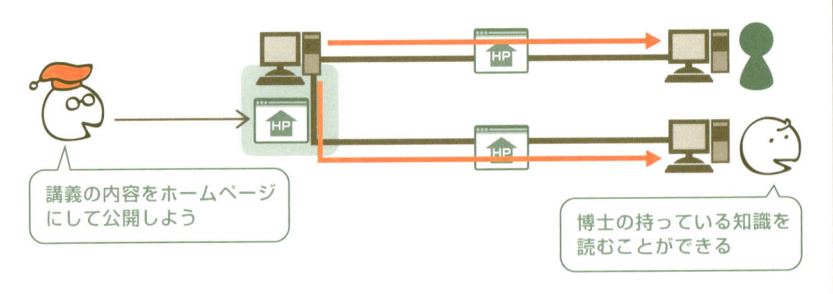

- 博士に今回の講義のレポートをメールで提出しよう

ホームページも「ホームページを作った人の知識というリソースの公開（共有）」だと言える

- 講義の内容をホームページにして公開しよう
- 博士の持っている知識を読むことができる

第2回　ネットワークの利点

そうだな。ネット君はプリンターを例に挙げたが、1つのファイルをみんなで共有すれば、仕事が分散できて大きな仕事をこなせるようになったり、メールで遠くの人と意見交換ができたりするようになる。(図2-3)

なるほど。インターネットの掲示板とかもそんな感じですよね。みんなで書きこんで、意見を交換したり、知恵を出し合ったり。

うむ、ホームページはある意味パソコンを使う人（ユーザー）の知識を共有していると考えてもいいだろう。わかったかな、ネット君、**リソースを有効活用するために共有するのがネットワークの利点**だ。

はい、なんとなくですが、わかりました。で、博士？　どうやってリソースを共有するんですか？

それは**データ通信**を行うことで、**コンピューターの持つリソースをやり取り**することで行う。

プリンターに印刷したいファイルや、ファイルそのもの、ユーザーの意見などの「リソース」をやり取りするわけですね。やり取りすることで、「共有」されるってことですか。その手法が「データ通信」？

うむうむ。では、次回はデータ通信について話そう。

はい。3分間ネットワーク基礎講座でした〜♪

ネット君の今日のポイント

- コンピューターネットワークは、コンピューターと、通信媒体、データからなる。
- リソースの共有を行うのがネットワークの利点。
- データをやり取りすることで、リソースの共有を行う。

〇月〇日　＠ネット君

第3回 データ通信の基礎

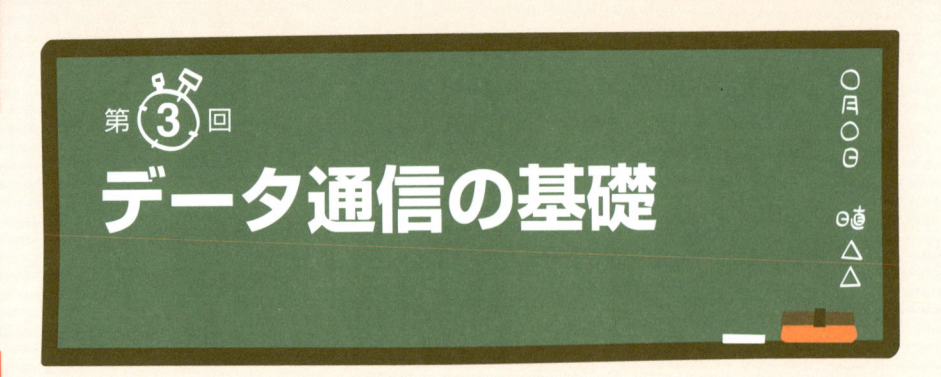

●データとは

さてさて、コンピューターネットワークとはどんなもので、なんのために存在するのかを前回説明したな。

「コンピューターを通信媒体でつないで、データをやり取りする」のがネットワークで、「コンピューターやユーザーの持つリソースを共有する」ために存在する、でしたっけ？

なんで疑問形なんだ、復習が足りんぞネット君。さて、リソースを共有するためには、コンピューターの持つリソースをやり取りする必要がある。そこで行うのが、**データ通信**だ。

前回の最後でそんな話がでましたよね。で、データ通信ってなんですか？

まず、そのためには「データ」の説明からしないとな。まぁ、データについてはいろいろ概念があるので下手なことを言うと揉めそうではあるが。ともかく、この講義ではデータとは**なにかしらの情報をコンピューター上で表現したもの**とする。

なにかしらの情報？　また曖昧な表現ですね。それとリソースの共有と、なにか関係があるんですか？

ここでいう「情報」とは、リソースの共有に使うための情報のことだ。例えば、ファイルだったり、印刷する内容だったり、ホームページの情報だったりする。これらの情報をやり取りすることで、「リソースの共有」が実現されるわけだ。

第3回 データ通信の基礎

> なるほど。リソースの共有のための情報ですね。で、それをコンピューター上で表現したものが「データ」?

> この講義では、その定義、つまり「コンピューター上でのリソース共有のための情報をデータとする」ということでいこう。そしてこの情報は、**ビット**［Bit］で構成される。ビットは「0」か「1」かの状態を保持できる。つまり「はい」か「いいえ」か、もしくはそのまま「0」か「1」かという情報だ。

> ビット? あーそういえば、情報処理の授業でそんなこと習った記憶があるなぁ……。

> おいおい、情報処理の基礎中の基礎なんだが……。まぁいい、ネット君の記憶を当てにするよりはもう一度説明した方が早い。ビットが1つ、つまり1ビットあれば「0」または「1」の情報を保存できる。2ビットあれば「00」「01」「10」「11」の情報が保存できる。

> ん。んん～～～～、なんか2進数がどうたらとか、基数変換（*1）がどうとか……。

> どうしてそう中途半端な記憶なんだ。コンピューターではこのビットですべての情報が保存され、データをやり取りする際にもこのビットを使う。複数のビットを使って、情報を保存していくわけだ。（図3-1）

> ふむふむ。例えば、文字のAがビットで「00001」、Bが「00010」とかいう感じで記憶しておくわけですね。で、これがデータ、と。

> そうだ。そしてこのビットでできたデータを他のコンピューターへ送ったり、受け取ったりするわけだ。それが「データ通信」だ。

●データ通信

> さて、コンピューターとコンピューターでデータをやり取りするのがネットワークで、それを行う手法がデータ通信だ。まぁ難しいことは置いておいて、シンプルにいこう。ネットワークによるデータ通信だが、これに必要なものは、まず「データを持つコンピューター」だな。

(*1) **基数変換** N進数の数を、M進数の数に変換すること。2進数から10進数、10進数から16進数など。

図3-1 情報としてのビット

データはコンピューターではビットという単位で表現される

コンピューターはデータを記憶するスイッチを持っていると考える

スイッチがON　スイッチがOFF　→　ONなら「1」と覚えている
OFFなら「0」と覚えている
↓
スイッチ1つが「ビット」

スイッチがいくつもあれば、多くの状態を記憶できる
　スイッチ3つ（3ビット）で記憶できること

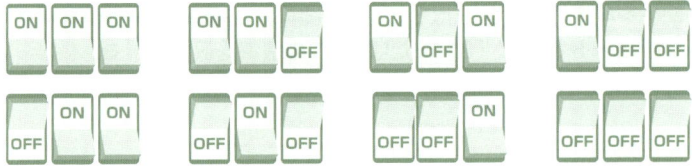

ONが1、OFFが0ならば「111」「110」「101」「100」「011」「010」「001」「000」の8つのパターンが記憶できることになる

スイッチのON・OFFの状態に意味を持たせる

「00001」＝「アルファベットのA」　　「00010」＝「アルファベットのB」　………

「01110」＝「N」　　「00101」＝「E」　　「10100」＝「T」

15ビットで「NET」という意味を持つ

よく使われるのがこの「1」「0」のビットの列を2進数とみなして、数字とすること
　2進数…2になったら1桁繰り上がる数値（2を基数とした数値）
　10進数「1」＝2進数「1」
　10進数「1+1=2」＝2進数「1+1=2…2で繰り上がって10」
　10進数「2+1=3」＝2進数「10+1=11」
　10進数「3+1=4」＝2進数「11+1=12…2で繰り上がって20…2で繰り上がって100」

そりゃ「送りたいもの」を持つものがないと、やり取りの前提が崩れますよね。

第3回 データ通信の基礎

そして、「データを受け取るコンピューター」。それから、この2つをつなぐ「通信媒体」が必要だ。まぁ、イメージ的に言えば、コンピューターとコンピューター、そしてその2つをつないでデータが通るパイプがあると思えばいい。

コンピューターとコンピューター。2つをつなぐパイプ。データを送りたい側から、このパイプにデータを流し込むと、データを受け取る側に届く、というイメージであってますか？

うむ、それでいい。さらにもうちょっと細かくいくと、コンピューターにパイプをつなぐとき、コンピューターにパイプの接続口が必要だな？ これを**インターフェース［Interface］(*2)** と呼ぶ。コンピューターとパイプの仲介役だな。**(図3-2)**

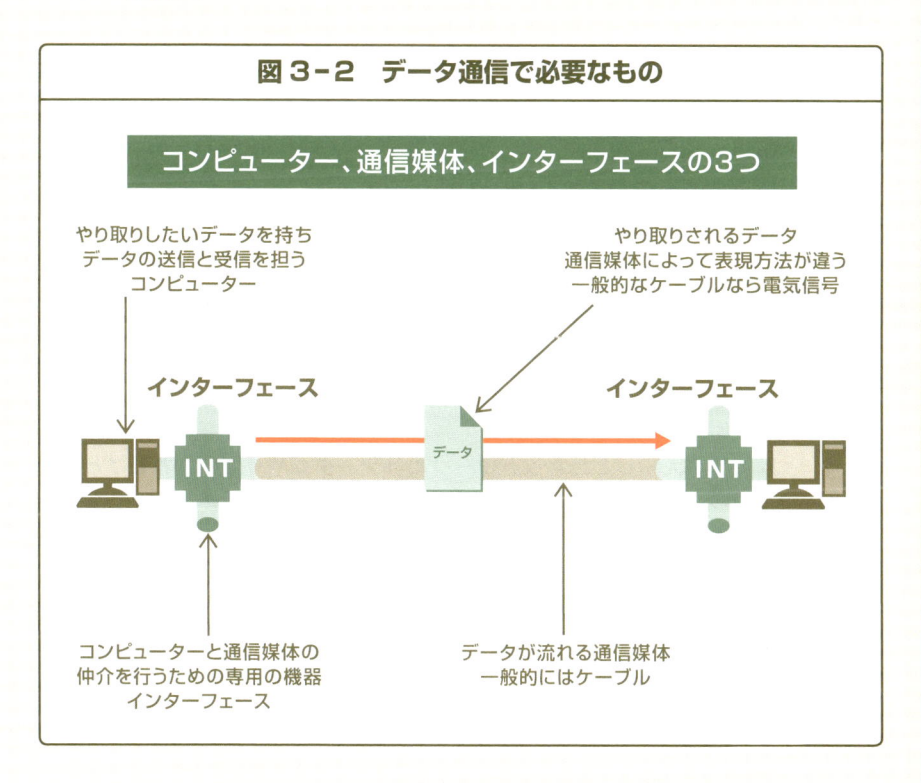

仲介役。コンピューターが持つデータをパイプに送るための機械ってことですか？

図3-2　データ通信で必要なもの

コンピューター、通信媒体、インターフェースの3つ

やり取りしたいデータを持ち
データの送信と受信を担う
コンピューター

やり取りされるデータ
通信媒体によって表現方法が違う
一般的なケーブルなら電気信号

インターフェース　　　　　　　　　　インターフェース

INT　　　　データ　　　　INT

コンピューターと通信媒体の
仲介を行うための専用の機器
インターフェース

データが流れる通信媒体
一般的にはケーブル

(*2) **インターフェース**　2つの異なるしくみの間にあり、情報のやり取りを仲介するもの。

その理解でいい。反対に、パイプから来たデータをコンピューターに渡す機械でもある。さて、これらを用意してデータを送るわけだが、その前に**データをやり取りするためのルール**を取り決めておく必要がある。

なにごとも適当にやっちゃダメってことですね。例えば、どんなルールが必要なんですか？

データはビットで表現されるわけだが、例えば、私が送るデータとして「あ」が「000001」、「い」が「000010」だと決めてネット君に送ったとしよう。この場合、受け取ったネット君も「あ」が「000001」、「い」が「000010」と知っていなければならない。

そうですね。そういう風に送る側、受け取る側でちゃんと取り決めておかないと、おかしなことになりますよね。「あ」のつもりで「000001」を送ったのに、受け取った側が「ん」と思っちゃったら変になっちゃいますもんね。

その通り。データを送る側と受け取る側が使用するルールを取り決めた上で、データをやり取りしなければいけない。このルールのことをプロトコル［Protocol］(*3) と呼ぶ。**送る側、受け取る側が同じプロトコルを使用していなければならない**わけだな。(図3-3)

同じルールの上で、データをやり取りしろよ、ってことですか。

そういうことだ。さっきはデータの取り扱いを例に挙げたが、他にもデータをやり取りする順番、データの内容とその順番などなど、プロトコルはデータ通信で必要なことを決めているのだよ。まぁ、詳しくは先の回で説明していく（P58 参照）。

了解です。え～っと、ネットワークではデータがやり取りされるけど、そのための手法がデータ通信で、データ通信をするためにはいろいろな機器や、そのためのルールが必要ってことかな。

そうだな。これから先で、それらの機器や、プロトコルについて学んでいく。ちゃんと覚えて「ネットワーク」を理解するように。

う～ん、大変そうだなぁ。

(*3) **プロトコル**　通信で使用される規約で、「通信規約」と訳すことが多い。

第3回 データ通信の基礎

図3-3 プロトコル

データ通信でデータをやり取りするためのルール

送信側と受信側のルールが違うと、意図した内容が送れない

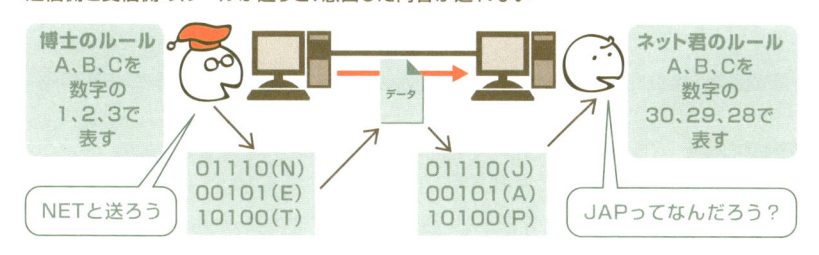

- 博士のルール：A、B、Cを数字の1、2、3で表す
- 「NETと送ろう」
- 送信側：01110(N) 00101(E) 10100(T)
- 受信側：01110(J) 00101(A) 10100(P)
- ネット君のルール：A、B、Cを数字の30、29、28で表す
- 「JAPってなんだろう？」

送信側と受信側で同じルールを使うことで、初めてデータのやり取りができるようになる

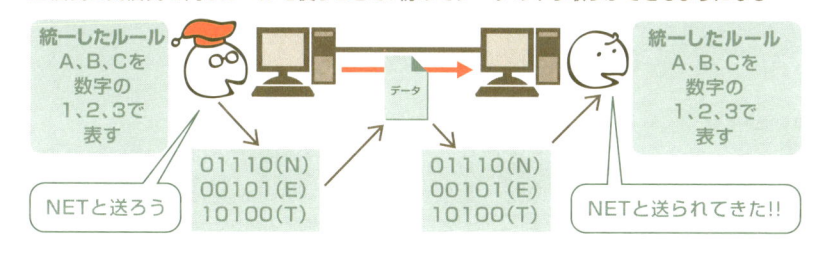

- 統一したルール：A、B、Cを数字の1、2、3で表す
- 「NETと送ろう」
- 送信側：01110(N) 00101(E) 10100(T)
- 受信側：01110(N) 00101(E) 10100(T)
- 統一したルール：A、B、Cを数字の1、2、3で表す
- 「NETと送られてきた!!」

やる前から文句を言うな。では今回はここまで。

はいな。3分間ネットワーク基礎講座でした〜♪

ネット君の今日のポイント

- やり取りされる情報はビットで表現される。
- データをやり取りするデータ通信のためには機器とプロトコルが必要。
- プロトコルとはデータ通信をする上でのルール。

○月○日 © 連 ネット君

第４回 回線交換とパケット交換

●回線交換

さて、前回はデータとデータ通信について説明したな。データ通信とは、ネットワークで行われる情報のやり取りの手法で、コンピューターなどの機器や、ルールであるプロトコルが必要だった。

でしたでした。で、今回の話はなんですか？

データは「通信媒体」を伝わって、送る側（送信側）から、受け取る側（受信側）へと送られるのだったな。

はい。前回では、コンピューターとコンピューターの間に「パイプ」がつながっていて、そこを流れていくイメージで、という話でしたよね。

うむうむ、そのイメージでよい。前回の例は１台のコンピューターと１台のコンピューターがつながっている話だったわけだ。つまり、１対１でデータのやり取りを行っていた。じゃあ、もう１台あったらどうする？

もう１台？ もう１台あったら、その１台ともパイプをつなげばいいんじゃないでしょうか。

そうだな。２台のコンピューターとやり取りしたいならば、２本パイプをつなげればいい。正解だ、ネット君。10台とやり取りしたければ10本。1000台とやり取りしたければ1000本パイプをつなげればいい。実を言うと電話がこの方式だ。

そうなんですか？ でも博士、電話のパイプ役って電話線ですよね？ 電話線って電話に１本しかつながってないですよ？ どうしてあちこちの電話機とつながってるんですか？

そうだな、電話線が1本しかつながってないならば、相手はそのつながってる先の1台しかないことになる。そこで電話網では、「交換機」を使って複数の相手とつなげられるようにしている。(図4-1)

図4-1　交換機とパイプ

交換機を使うことにより、パイプの数を少なくできる

1本のパイプでは1対1しかつながらない

パイプを増やせば多数のコンピューターをつなげることができる

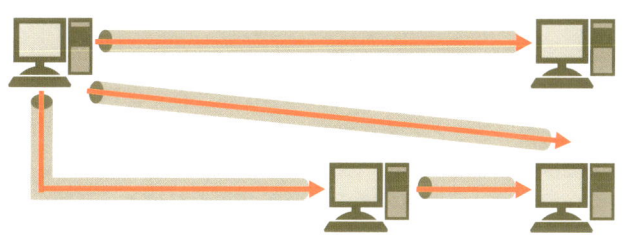

でも、台数が多ければ多いほど、パイプの数が多くなりすぎてしまう

そこで電話では、「交換機」を使って少ないパイプでも多数の接続をできるようにしている

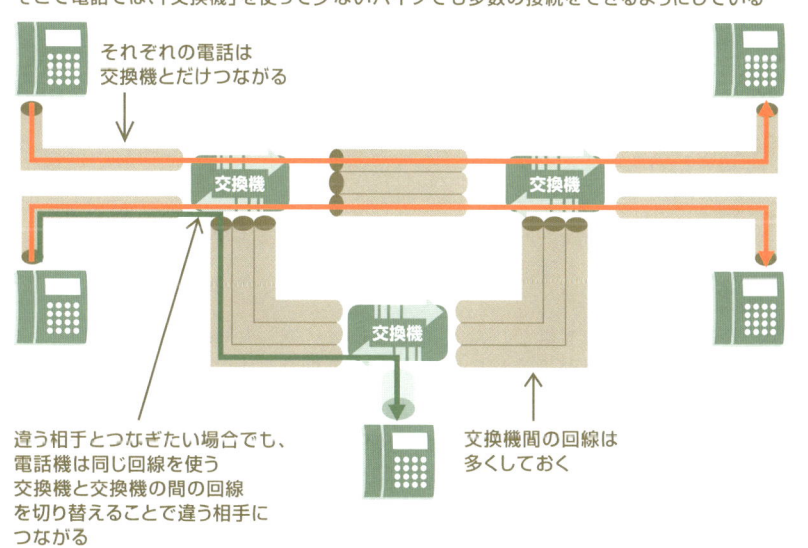

それぞれの電話は
交換機とだけつながる

違う相手とつなぎたい場合でも、
電話機は同じ回線を使う
交換機と交換機の間の回線
を切り替えることで違う相手に
つながる

交換機間の回線は
多くしておく

「交換機」ですか。それぞれの電話機は交換機だけとつながっていて、交換機同士が複数の電話線でつながってるんですね。

そういうことだな。交換機によって、相手まで「パイプ」がつながることになる。違う相手につなげたいときは、交換機がその相手とつながってる交換機につなぐ。電話についてはまだ他にもあるが、それはこの講義の本質と違うので省略だ。このように交換機を使って「パイプ」を切り替えていく方式を、**回線交換**と呼ぶ。

電話線のことを「回線」って言いますよね。回線を切り替えるので、「回線交換」ですか。

●パケット交換

この回線交換だが、電話を思い出してもらえばわかるが、交換機が「パイプ」を切り替えて相手とつながっている最中は、他に電話をかけることも、他から電話を受けることもできない。つまり、話し中だな。さらに、つながっている間は電話機と交換機、交換機と交換機の間の回線は、その通信が占有する。つまり、交換機の間の回線数が多くないと、複数の電話が同時通話できない。（図4-2）

例えば交換機の間の回線が3本なら、3組の電話機しか通話できないですね。

そうだ。それは逆に言えば、「同時通話に必要な数だけ回線が必要」ということを指す。しかし、多くのコンピューター同士で自由に情報をやり取りするには、この方法では回線数が多くなりすぎる。そこで**パケット交換**という方式を使う。

パケット交換……、パケット。あー、携帯電話でよく聞く「パケット通信料金」のパケットですか？

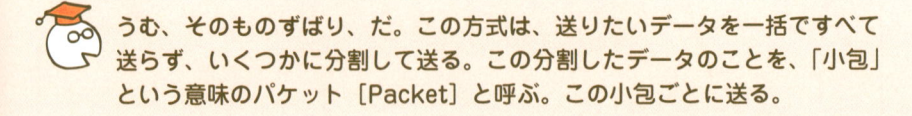

うむ、そのものずばり、だ。この方式は、送りたいデータを一括ですべて送らず、いくつかに分割して送る。この分割したデータのことを、「小包」という意味のパケット［Packet］と呼ぶ。この小包ごとに送る。

パケットごとに？ 送りたいデータをまるごと全部じゃなくて、1つ1つバラバラにして送るってことですよね？ なんか面倒くさいような気がするなぁ。

図4-2 回線交換の問題点

回線が占有されてしまうことで相手につながらなくなるため同時に多くの台数がやり取りできない

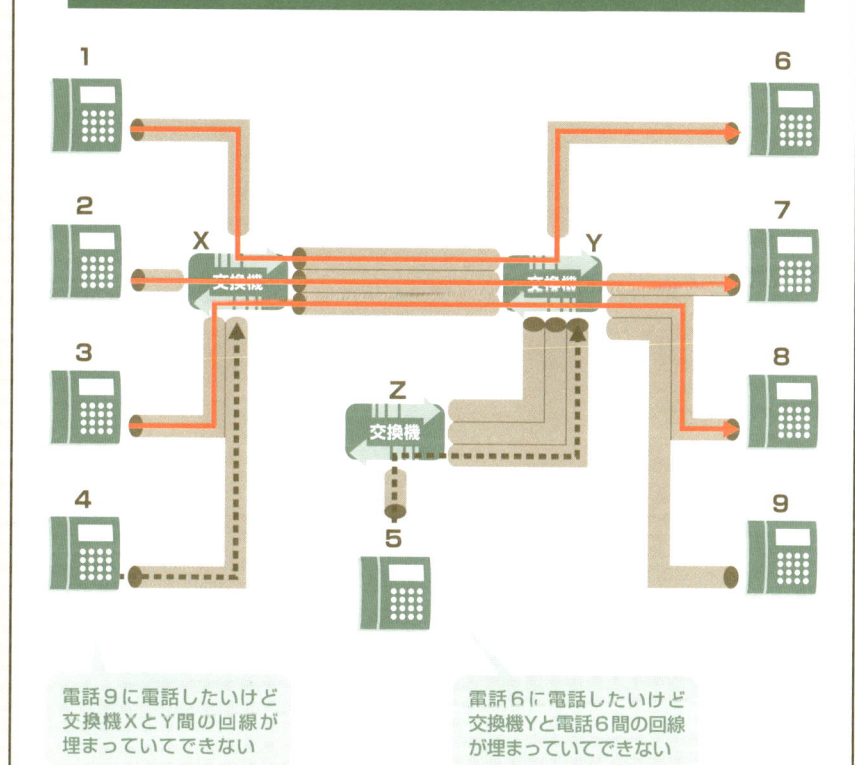

電話9に電話したいけど交換機XとY間の回線が埋まっていてできない

電話6に電話したいけど交換機Yと電話6間の回線が埋まっていてできない

> まぁそう思うのも無理はない。だが、おかげでいろいろ便利なのだよ。まず、大きいデータを細かく分けて送るので、パケット1つ分を送る時間は短い。よって、そのパケットが回線を占有する時間が短くなる。つまり、**回線を複数のコンピューターで共有できる**、ということになる。

> でも、いくら小さく分割したといっても総量は変わらないですよね。結果的に同じ時間だけ占有することになるのでは？

確かにそうだ。だが、ずっと占有しているわけではないので、パケットとパケットの隙間に他のパケットを入れることができる。1本の回線で複数組のパケットが入り込むことができるわけだな。よって、「同時通話が必要な数だけ回線が必要」だった電話回線と異なり、**回線が1本ですむ**という利点がある。（図4-3）

えっと、パケットにあて先をつけて、それぞれのパケットを送る、と。パケットにあて先がついているから、それであて先がわかる。

そうだ。回線交換では、必ず「回線がつながっている先」へ届くようになっているが、パケット交換では**1本の回線に複数のコンピューターがつながっている**ので、あて先をそれぞれのパケットにつけるわけだ。

ふむー。で、このパケット交換機ってなんですか？　回線交換方式の交換機と違うんですか？

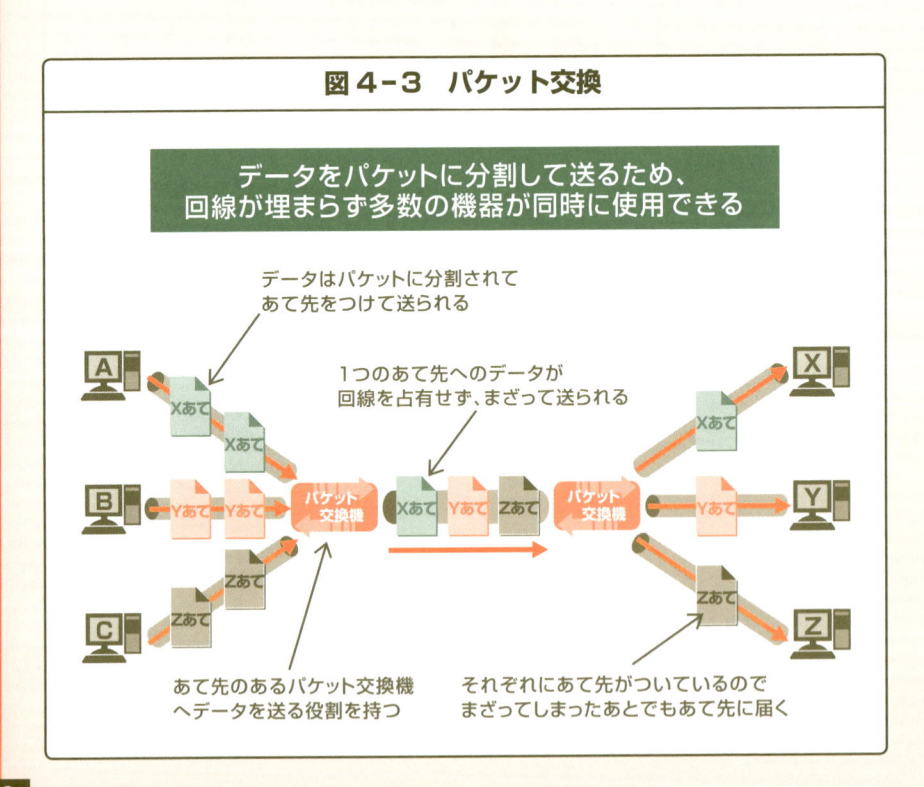

図4-3　パケット交換

データをパケットに分割して送るため、
回線が埋まらず多数の機器が同時に使用できる

データはパケットに分割されて
あて先をつけて送られる

1つのあて先へのデータが
回線を占有せず、まざって送られる

あて先のあるパケット交換機
へデータを送る役割を持つ

それぞれにあて先がついているので
まざってしまったあとでもあて先に届く

うむ、交換機は「回線を切り替えてつなげる」役割だ。一方、パケット交換機はパケットをあて先がつながっている回線を選んでそこへ送り出すことと、使おうとした回線が使用中の場合に一時溜めておいて、回線が空くのを待つ役割を持つ。よって、コンピューターによるデータ通信は、複数台が同時に使えるこのパケット交換方式の方が使いやすい。よって**コンピューターネットワークはパケット交換方式**なのだ。

へー、パケット交換方式の方が、回線交換方式よりも優れた方式っぽいですね。

いや、一概にそうとは言えない。回線交換はつながっている間は確実にあて先に届くし、回線を占有できる。一方、パケット交換方式はパケットごとにバラバラに送り出すので、送り出した順番にあて先に届くとは限らないし、到着する時間にばらつきがでるかもしれない。

ふむふむ。例えば「あいうえお」を1文字ずつ送ったら、「おいえうあ」って届くかもしれないし、「あい……う…えお」みたいにとぎれとぎれに届くかも知れないってことですよね。ちょっとそれは困るかなぁ。

確かに困る。だがなにより「複数台が使用できる」という利点が大きい。なので、コンピューターネットワークではこちらが使われている、ということだ。では、今回はここまで。

いぇっさー。3分間ネットワーク基礎講座でした〜♪

ネット君の今日のポイント

- ●データ通信には回線交換とパケット交換がある。
- ●回線交換は「パイプ」を切り替える方式。
- ●パケット交換は「パケット」に分割して送り出す方式。
- ●コンピューターネットワークはパケット交換。

〇月〇日 ネット君

第5回 ネットワークの構造

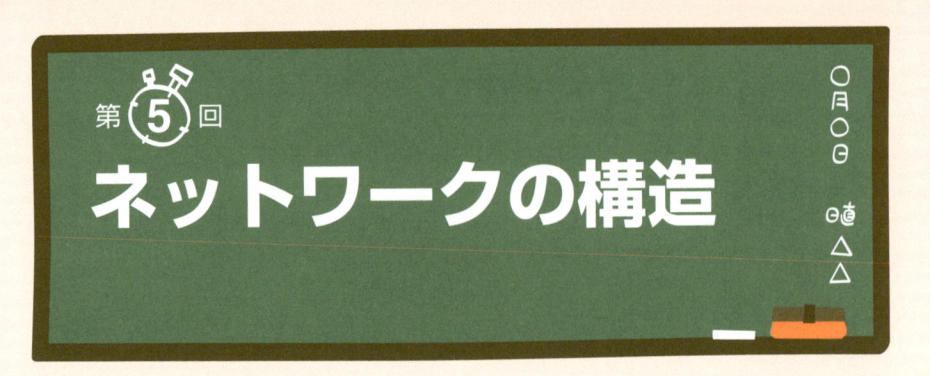

●通信に必要な機器

🎓 さて、ネット君。コンピューターとコンピューターをつなげて、ネットワークを作っていくわけだ。前回は「パイプ」をつなげて、どのようにデータを運ぶか、という話をしたな。

🐱 はいはい。「回線交換」と「パケット交換」があるんでしたね。「パイプ」を直接つなげる回線交換と、つながっているパイプに分割したパケットを送るパケット交換があるんでした。

🎓 そうだな。コンピューターネットワークではパケット交換が主に使われるのだった。では、このパケット交換のネットワークで必要な機器を考えてみよう。まず、**データを作成し送信する・データを受信して使用するコンピューター**が必要だ。そして、他にはなにがいるのかね？

🐱 ネットワークでつなげるんですから、「パイプ」となる「通信媒体」が必要ですよね？　あとなんでしたっけ、パイプとコンピューターをつなげる、イン、インター……インターネット？

🎓 **通信媒体とインターフェース**だな。まぁ、ここまでは第3回でも説明した。だが、これだとコンピューターとコンピューターを1台ずつしかつなぐことができない。他には？　パケット交換で必要なものは？

🐱 パケット交換……、う〜ん……、あ！！ パケット交換機！！

🎓 そう、**パケット交換機**が必要だ（P32参照）。実際のネットワークでは、**ルーター**[Router]という機器がパケット交換機の役割を担っている。(図5-1)

図5-1 パケット交換で必要な機器

コンピューター、インターフェース、伝送媒体に加え、パケット交換機としてルーターと呼ばれる機器を使う

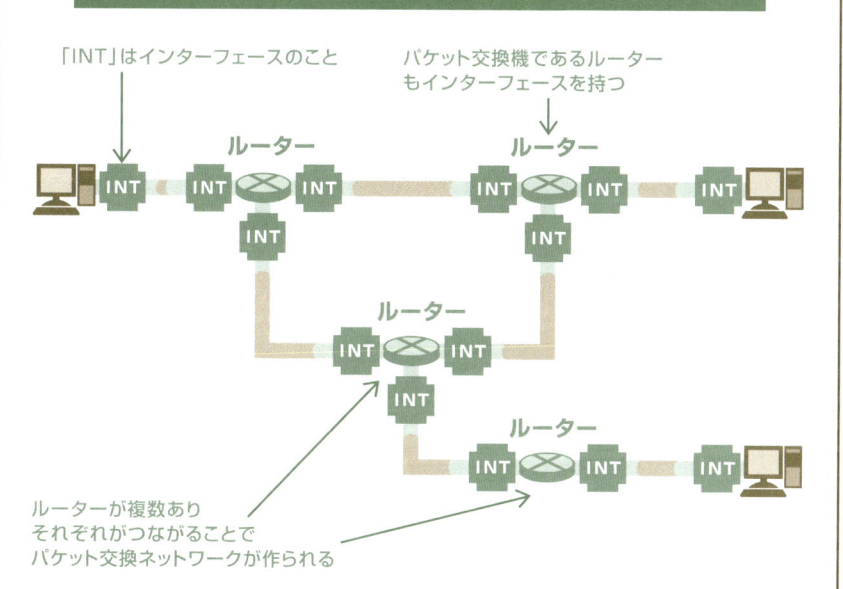

「INT」はインターフェースのこと

パケット交換機であるルーターもインターフェースを持つ

ルーターが複数あり
それぞれがつながることで
パケット交換ネットワークが作られる

●マルチアクセスネットワークとポイントツーポイント

> さて、図5-1にあったように、コンピューターからルーター、ルーターからルーター、ルーターからコンピューターのようにつながっているわけだ。それでだ、ネット君。この研究室にコンピューターは何台あるかね？

> 博士用のパソコンと、僕用のパソコンと、サーバー？でしたっけ、なんだかすごそうなコンピューターの3台です。

> うむ。3台だな。それで、ルーターは何台ある？　あぁ、先に言っておくが、机の影などにルーターは置いてない。ネット君が今見えるところにしかない。

> ……、あの平べったい箱、ですか？　1台だけ？

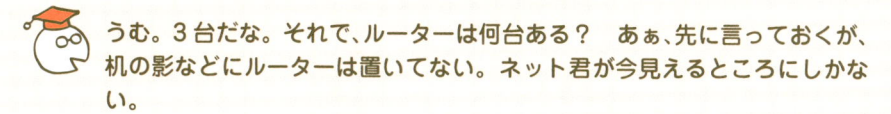

そうだな。1台だけだ。さっき説明したように、コンピューターからルーター、ルーターからルーター、ルーターからコンピューターという構造になっているとすると、コンピューターが3台あればルーターは3台必要なはずだ。それなのに、3台あるコンピューターに対し、ルーターは1台だけ。なんか変ではないかね？

変と言えば変ですね。でも博士のパソコンと僕のパソコンはなんでしたっけ、ファイル共有？　でファイルのやり取りができますよね。さっきの図だとルーターが必要みたいな感じでしたけど……。

うむ。実をいうと、私とネット君のパソコン、そしてサーバー[Server]**(*1)** は1本のケーブルに分岐を入れてつながっているのだよ。図で言うと次の形だな。**(図5-2)**

- -

(*1) サーバー　サービスを提供するコンピューターのこと。

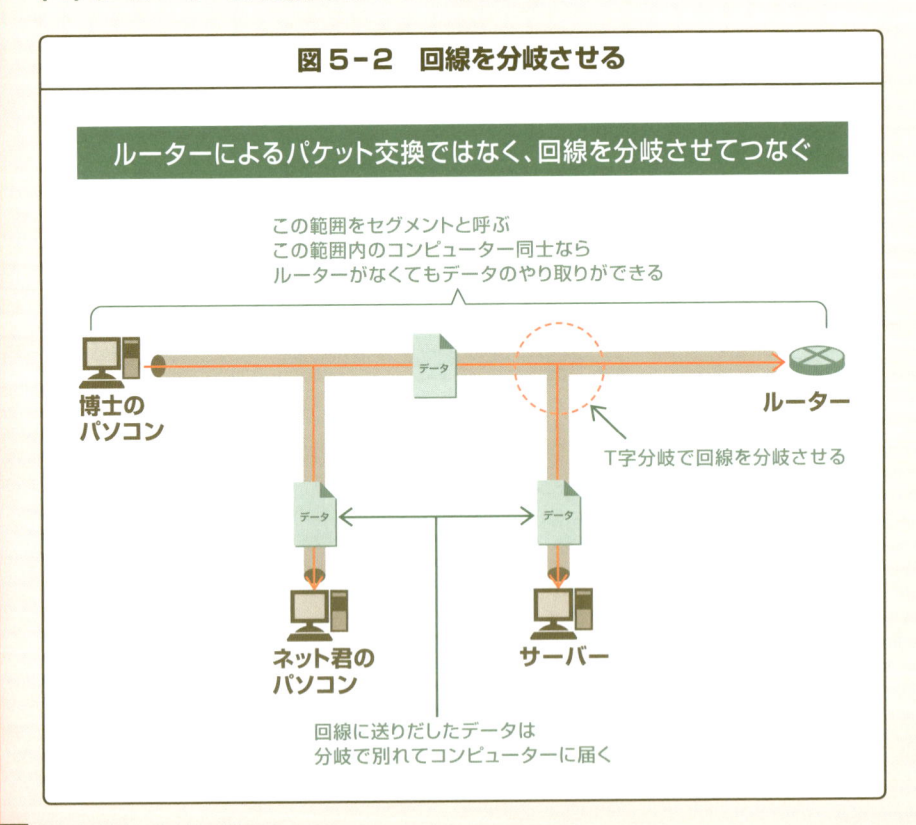

図5-2　回線を分岐させる

ルーターによるパケット交換ではなく、回線を分岐させてつなぐ

この範囲をセグメントと呼ぶ
この範囲内のコンピューター同士なら
ルーターがなくてもデータのやり取りができる

博士のパソコン　　　　　データ　　　　　　　　　　ルーター

T字分岐で回線を分岐させる

データ　　　　データ

ネット君のパソコン　　　サーバー

回線に送りだしたデータは
分岐で別れてコンピューターに届く

第5回 ネットワークの構造

あー、なるほど、パイプにＴ字の分岐をつけるんですね？　これなら、博士のパソコンから送ったデータはパイプの分岐を通って、僕のパソコンに届きますね。こんな方法があるなら、ルーターがなくてもいいじゃないですか。

まぁ、ルーターが必要な理由は先で話そう。ともかく、このようにパケット交換機なしで**ケーブルの分岐でつながっている範囲のことを、セグメント**［Segment］と呼ぶ。このセグメントの範囲内にあるコンピューターは、パケット交換機なしで直接データのやり取りができる。

ふむふむ。……でも博士、この研究室のコンピューターにつながっているケーブルはこんなＴ字の分岐がないですよ？

ケーブルにＴ字の分岐を作るのは、ケーブルを切って、Ｔ字の分岐を挟むという作業が必要なので正直面倒くさい。よって、今では**ハブ**［Hub］という機器を使う。（図5-3）
このハブを使ったネットワークでは、ある１台のコンピューターがセグメント内のどのコンピューターにも自由にデータを送ることができる。このようなネットワークの構造を**マルチアクセスネットワーク**と呼ぶ。

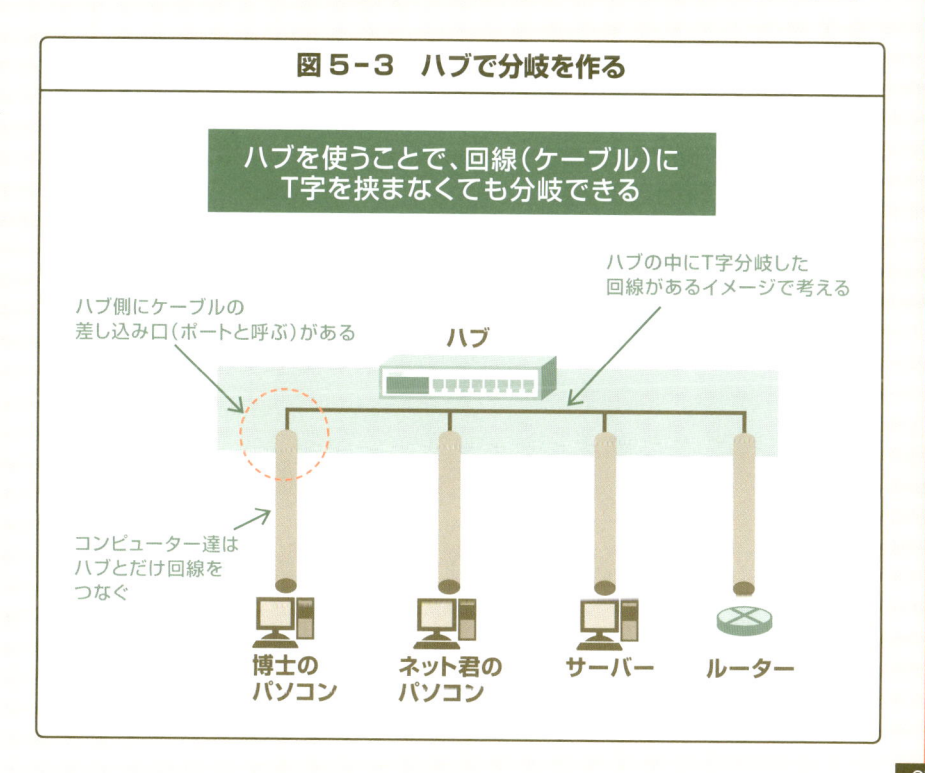

図5-3　ハブで分岐を作る

ハブを使うことで、回線（ケーブル）にＴ字を挟まなくても分岐できる

ハブ側にケーブルの差し込み口（ポートと呼ぶ）がある

ハブの中にＴ字分岐した回線があるイメージで考える

ハブ

コンピューター達はハブとだけ回線をつなぐ

博士のパソコン　ネット君のパソコン　サーバー　ルーター

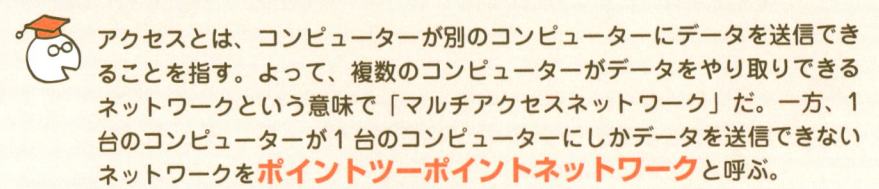

マルチアクセスネットワーク。マルチにアクセス？　アクセスってなんですか？

アクセスとは、コンピューターが別のコンピューターにデータを送信できることを指す。よって、複数のコンピューターがデータをやり取りできるネットワークという意味で「マルチアクセスネットワーク」だ。一方、1台のコンピューターが1台のコンピューターにしかデータを送信できないネットワークを**ポイントツーポイントネットワーク**と呼ぶ。

1台のコンピューターが1台のコンピューターにしか送れない。そんなのありえるんですか？

うむ。専用線（*2）と呼ばれる回線を使うと、固定した相手にしかデータを送れない。ネットワークの構造の種類としては、他の種類もあることにはあるが、基本的にはこの2つに分類される。この**2種類を組み合わせて、パケット交換ネットワークは作られる**。

組み合わせて？　ん～～～～、ちょっとイメージがつかないというか……。

前にも説明したが、コンピューターネットワークはコンピューターからルーター、ルーターからルーター、ルーターからコンピューターという形でつながっている。コンピューターからルーターはマルチアクセスネットワーク、ルーターからルーターはポイントツーポイントネットワーク、のように、部分によって構造が違うということだ。**(図5-4)**
まぁ、一気に全部は理解しなくてもよい。順番にコツコツ覚えていけばよいのだよ。では今回はこれぐらいにしておこう。

あいあい。3分間ネットワーク基礎講座でした～♪

（*2）専用線　固定されたあて先に接続された回線。

図5-4 組み合わせてネットワークを作る

マルチアクセスネットワークとポイントツーポイントネットワークを組み合わせてネットワーク全体が作られる

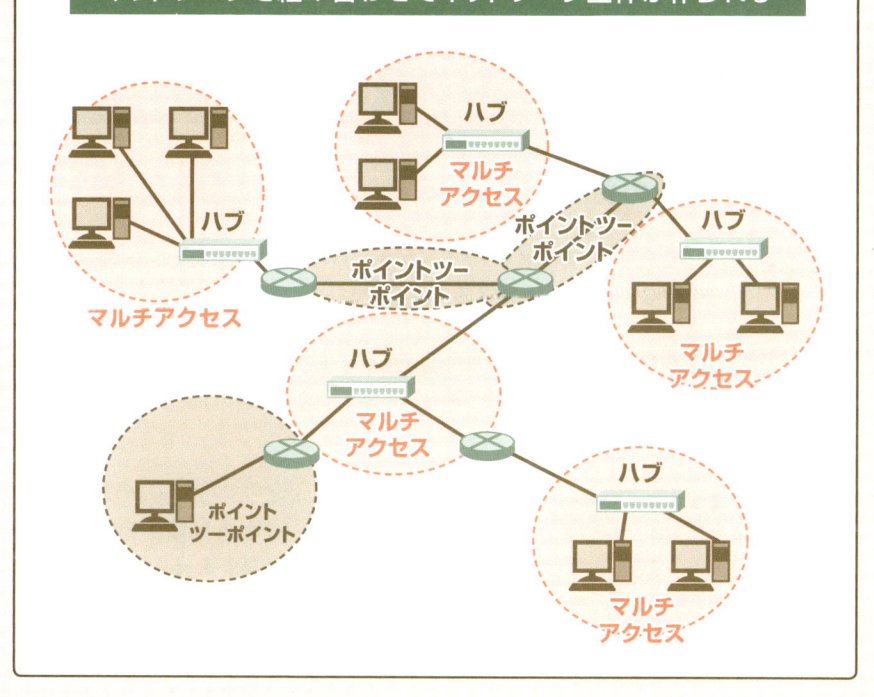

ネット君の今日のポイント

- パケット交換ネットワークはコンピューター、通信媒体、インターフェース、ルーターからなる。
- ネットワークにはマルチアクセスネットワークとポイントツーポイントネットワークの2種類がある。
- この2種類を組み合わせてネットワーク全体が構成される。

第6回 LANとWAN

●ネットワークの範囲

さて、コンピューターネットワークは、パケット交換のネットワークで、それに必要な機器と、その構造を前回説明したわけだ。

必要な機器が、コンピューター、通信媒体、インターフェース、ルーターで、構造がマルチアクセスネットワークとポイントツーポイントネットワークでしたね。

そうだった。マルチアクセスネットワークとポイントツーポイントネットワークは、ネットワークの構造面からの分類だ。それとは別に「ネットワークの範囲・規模」からネットワークを分類する言葉がある。まず、**LAN** [Local Area Network] だ。

えるえーえぬ。ろーかるえりあねっとわーく？ ローカルっていうとなんか狭い範囲っぽいですね？

読みは「ラン」だ。ネット君の言う通り、LAN は狭い範囲のネットワークだ。ただ「狭い範囲」というのはちょっと曖昧だな。もう少し具体的に言うと、**構内に設置されたネットワーク**と表現した方がいいだろう。

構内？ 「駅の構内」とか「大学の構内」とかの「構内」ですか？

そうだ。部屋、フロアー（階）、ビル、敷地内などだな。「私有地」と言ってもいいかもしれん。そこを範囲として使用するネットワークを LAN と呼ぶ。例えば、この研究室の私とネット君のパソコンとサーバーの3台のネットワークが LAN だ。

研究室の3台からできている LAN、ですか。じゃあ、ウチの大学のネットワークはなんというんですか？

第6回 LANとWAN

🎓 うむ、それも LAN だ。大学構内だからな。ウチの研究室や隣の研究室、コンピューター室、図書館など小さな LAN をまとめて、大学という大きな LAN になっているわけだ。**(図6-1)**

😐 研究室も LAN なら、大学も LAN。ややこしいなぁ。もうちょっといい表現はないんですか？

🎓 ない。LAN は基本的にケーブルの敷設やルーターの配置などを使用する側の責任で行って、ネットワークを作る。自分たちの責任で、自分たちが使うネットワークを作るわけだから、ある程度は自由に作ることができるわけだ。

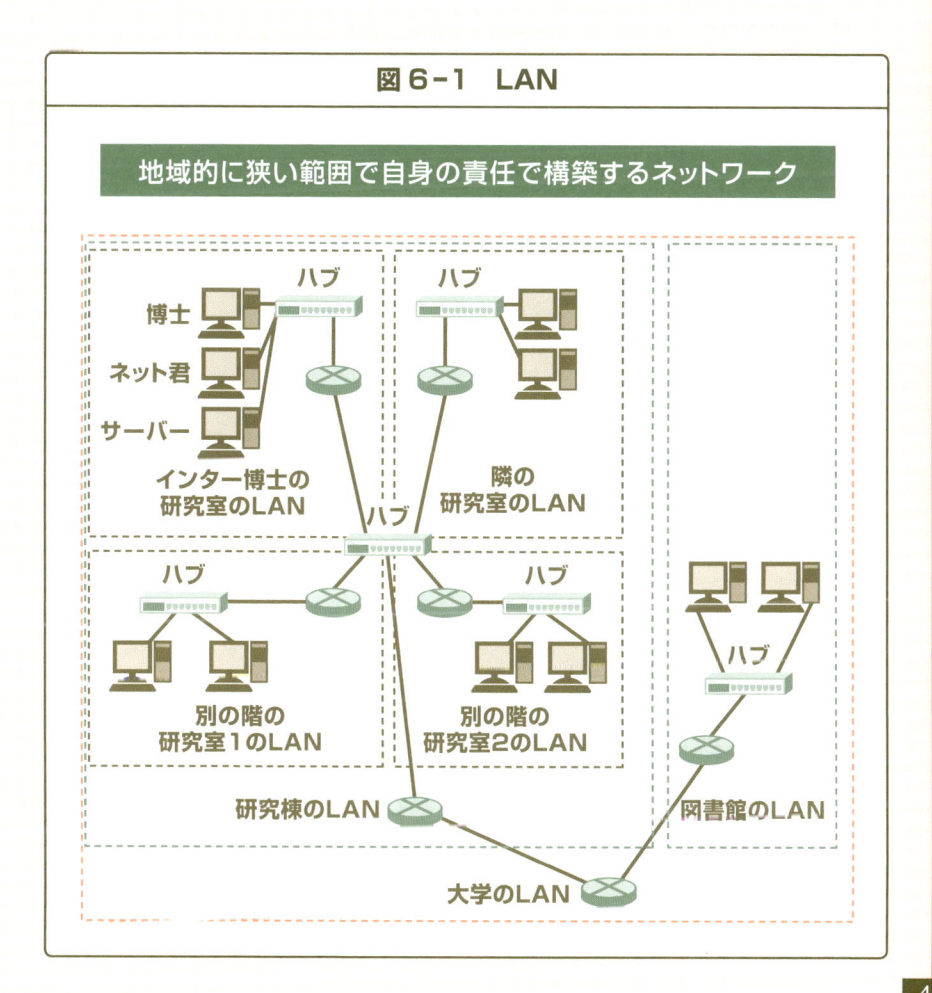

図6-1 LAN

地域的に狭い範囲で自身の責任で構築するネットワーク

- インター博士の研究室のLAN（博士、ネット君、サーバー、ハブ）
- 隣の研究室のLAN（ハブ）
- 別の階の研究室1のLAN（ハブ）
- 別の階の研究室2のLAN（ハブ）
- 図書館のLAN（ハブ）
- 研究棟のLAN
- 大学のLAN

●WAN

> さてさて、自分たちが使うビルとか、部屋とかを LAN にして、ネットワークを作ったわけだ。これにより、そのビルなどの中のコンピューター同士でデータ通信が可能になるわけだ。だが、これで満足してはダメだよな？

> ダメですか？　大学の LAN だけでも十分便利で満足できそうな気がしますけど。

> ネットワークの目的である「リソースの共有」は、共有されるリソースが多ければ多いほど効率があがる。例えばウチの大学と、他の大学がネットワークでつながれば、研究資料などがやり取りできて便利だよな？

> 確かに他の大学の人のレポートを読んだりできると便利ですね。じゃあ、大学同士をつなぐわけですね？

> その通りだが、問題がある。それは大学と大学をつなぐ通信媒体、つまりケーブルをどうするか、だ。大学と大学の間に勝手にケーブルを引くわけにはいかない。どうしても道路や他人の所有地を通らざるを得ないからな。つまり「自分たちの責任」でケーブルを引くことができないわけだ。そこでだ、道路やらの公共の場所にケーブルがあるだろう？

> あー……、電話線とか、電線がありますね。

> うむ、国の許可を受けた会社ならば、公共の場所にケーブルを引くことができる。このような会社のうち、通信用のケーブルを引く会社を**電気通信事業者**と呼ぶ。有名どころでは NTT グループ、KDDI グループ、ソフトバンクグループなどがある。そこが持つケーブルを利用すればよいのだよ。

> なるほど。ウチの大学と他の大学の間につながっているケーブルを借りて、そこにデータを流せば届きますね。

> その通り。「データ通信サービス」を提供している電気通信事業者から、そこが保有するケーブルにデータを流す権利を購入して、ネットワークを構築するのだ。このようなネットワークを **WAN**［Wide Area Network］と呼ぶ。

> だぶりゅーえーえぬ。「ワン」でいいのかな？　ワイドエリアってことで広そうな感じですね。

第6回　LANとWAN

🎓 読みは「ワン」でよい。WAN は LAN では扱えない範囲、市町村、地域、場合によっては国をまたいだネットワークを作ることができる。言いかえれば、**離れた地域にある LAN 同士を電気通信事業者の通信ケーブルを借りてつないだネットワークが WAN** だ、ということになる。(図6-2)

🐱 LAN と LAN をつないで作られたネットワークが WAN。LAN が自分で作るのに対し、WAN は電気通信事業者から借りて作るんですね。

🎓 そういうことだ。LAN に部屋の LAN、ビルの LAN、敷地内の LAN のように大きさがあったように、WAN にも東京本社と大阪本社だけの WAN、日本全国の支店全部をつないだ WAN、海外支店ともつないだ WAN のように大きさがある。その中でも全世界規模で使用されている WAN が？

🐱 全世界規模？　……インターネット！！

🎓 その通り、The Internet、または The Net とも呼ばれる「インターネット」だ。全世界規模の WAN の代表格と言ってもいいだろう。世界中の LAN、その LAN をつないだ WAN、その WAN をつないだ最大規模のネットワークがインターネットだ。ちなみにインターネットを利用する場合にネット君はどうしてる？　なにか契約をしただろう？

🐱 え？　あ、あぁ。しましたよ、プロバイダーと。

🎓 うむ、そうだな。つまり「インターネットへの接続サービス」を持つ電気通信事業者である**プロバイダー [Provider]**(*1) と契約したわけだ。では、最後に LAN と WAN の違いを表にしておくので、そこをちゃんと理解するように。(図6-3)

🐱 ふむふむ。範囲だけでなくて、ケーブルを誰が敷設するのかという違いもあるんですね。

🎓 そういうことだ。では今回はここまでとして、また次回としよう。

(*1) プロバイダー　インターネット接続サービスを行うプロバイダーは ISP [Internet Service Provider] と呼ばれる。

図6-2 WAN

電気通信事業者のサービスを受けて
離れた地域のLANを結んだネットワーク

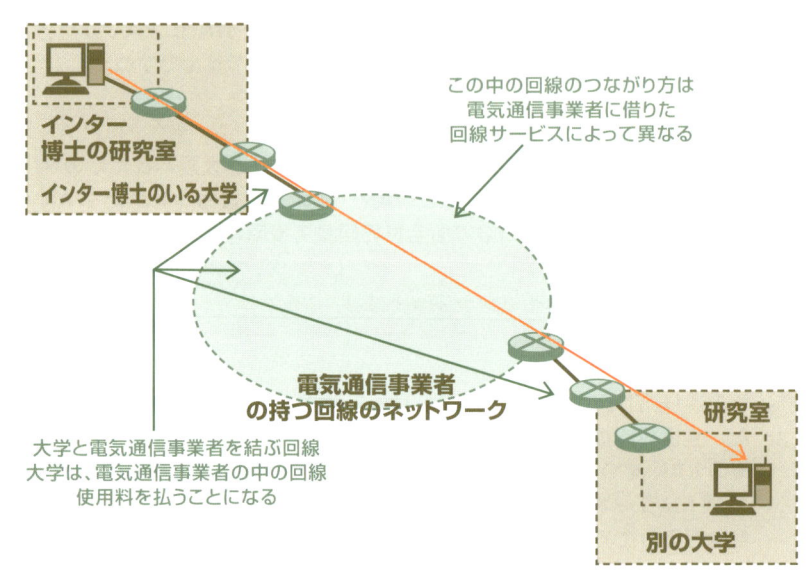

インター博士の研究室
インター博士のいる大学

この中の回線のつながり方は
電気通信事業者に借りた
回線サービスによって異なる

電気通信事業者
の持つ回線のネットワーク

大学と電気通信事業者を結ぶ回線
大学は、電気通信事業者の中の回線
使用料を払うことになる

研究室
別の大学

電気通信事業者から借りる回線（ネットワーク）の構成は、借りる契約によって異なる
①マルチアクセスネットワークができる回線

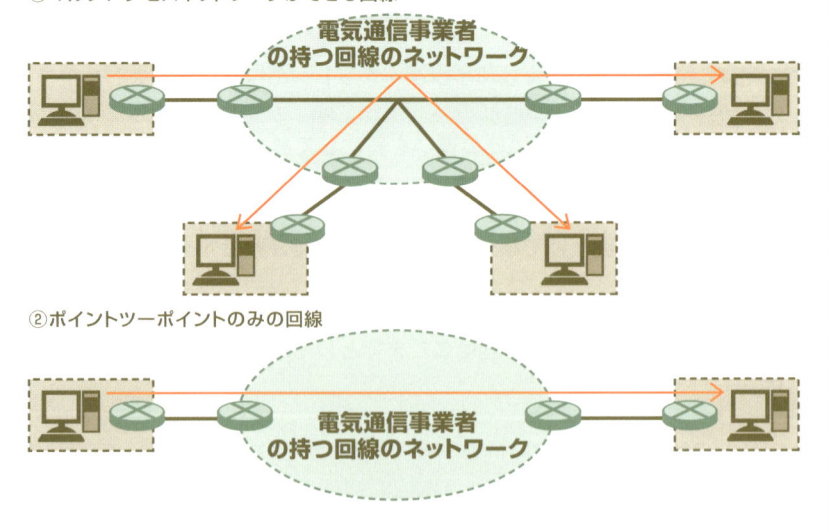

電気通信事業者
の持つ回線のネットワーク

②ポイントツーポイントのみの回線

電気通信事業者
の持つ回線のネットワーク

第6回　LANとWAN

図6-3　LANとWANの違い

対象となる範囲以外にも違いは存在する

	LAN	WAN
範囲	狭い（構内）	広い（地域・国規模）
ケーブルの敷設	自前	電気通信事業者
使用料金	無料	有料
通信速度	高速	低速（※）
エラー発生率	低い	高い（※）

※ただしWANの通信速度やエラー発生率は電気通信事業者との契約によって異なる

了解っす。3分間ネットワーク基礎講座でした〜♪

ネット君の今日のポイント

- 狭い範囲で自分の責任で作るのが LAN。
- 広い範囲で電気通信事業者からケーブルを借りて作られるのが WAN。
- 世界規模で最大の WAN がインターネット。

○月○日
ネット君

第7回 OSI参照モデル

● OSI参照モデルの考え方

さてここ数回、回線交換とパケット交換、マルチアクセスネットワークとポイントツーポイントネットワーク、LANとWANという「データ通信を行うネットワークの構造」について話してきたわけだな。

コンピューターネットワークはパケット交換で、複数がやり取りできるマルチアクセスネットワークと1対1のポイントツーポイントネットワークが構造としてあって、範囲やケーブルの扱いによってLANとWANがある、でしたよね。

そうだ。それで、第3回で「データをやり取りするためのルール」、つまりプロトコル（P26参照）が必要だと話したな。今回からはその話を中心に説明しよう。
まず最初の段階、1960〜1970年代は、各メーカーが自分のところのコンピューター同士がネットワークを使ってデータ通信ができるように、コンピューターや通信で使う機器、そしてプロトコルを独自の規格で作っていた。これは他の会社とは規格が違い、互換性がないことが多い。

ん〜、それってなんか不便ですよね。使う機器は全部1つの会社の製品に統一しなきゃダメだし、別の会社に乗り換えようと思ったら全部交換しないとダメだし。使う側としたら困った事態ですね。

その不満はもっともだ。そこで、データ通信の規格・プロトコルの統一を図った団体がある。それがISO (*1) だ。「アイソ」「イソ」と読む。このような規格の統一のことを標準化［Standardization］と呼ぶが、それを行おうとしたわけだ。まぁ、これ自体、結局失敗に終わるんだがな。

(*1) ISO ［International Organization for Standardization］。国際標準化機構。工業製品などの規格の標準化を行っている。

え、失敗するんですか？　ダメじゃん。

ダメとかいうな。ともかく、この ISO による標準化の段階で、**OSI 参照モデル（*2）**というものが提唱された。これは**データ通信の段階の構成図**だ。つまりデータ通信全体の標準化を行うため、まずデータ通信全体の設計図を作ろうとしたのだよ。簡単に言えば、**データ通信を段階に分け、それぞれの段階の手順を明確にした**。そして**このモデルに従ってプロトコルを制定**して、データ通信を構築しようとした。

でも、失敗に終わるんですよね。

まぁ、そうだ。だが、この「データ通信の段階と手順」の設計図である「OSI 参照モデル」は、データ通信を説明するのに非常にわかりやすい。なので「ISO による標準化」が失敗した今でも、データ通信を説明するのに OSI 参照モデルを使って説明することが多い。さて、OSI 参照モデルの具体的な説明に入る前に、ちょっとわかりやすい例え話をしておこう。（図 7-1）

例えとして「手紙によるやり取り」なわけですね。「手紙のやり取り」全体を一気に考えるわけじゃなくて、「内容」「表現」「伝達物」「伝達」に分けて考えて、それぞれにルールを作る……、なんか普通ですね。

その「普通」がなかなか理解できない場合があるのだよ。「通信のルール」と言ったら、頭から終わりまで全部一度に考えてしまう人が多いのだ。そうではなくて、**通信を段階に分ける**という発想が必要だ、ということだ。そうでなければ、「手紙を便箋に書く」と「郵便局員が仕分けする」というまったく違う作業を同じレベルで考える必要が出てきてしまう。

そりゃまた無茶な話ですね。役割も内容も全然違うのに。

● OSI 参照モデル

さて、では実際の OSI 参照モデルについて話そう。OSI 参照モデルは**データ通信を 7 つの段階**に分けている。この段階のことを**層［Layer：レイヤー］**と呼ぶ。（図 7-2）

（*2）OSI 参照モデル　［Open Systems Interconnection Reference Model］。

図 7-1 OSI 参照モデルの考え方

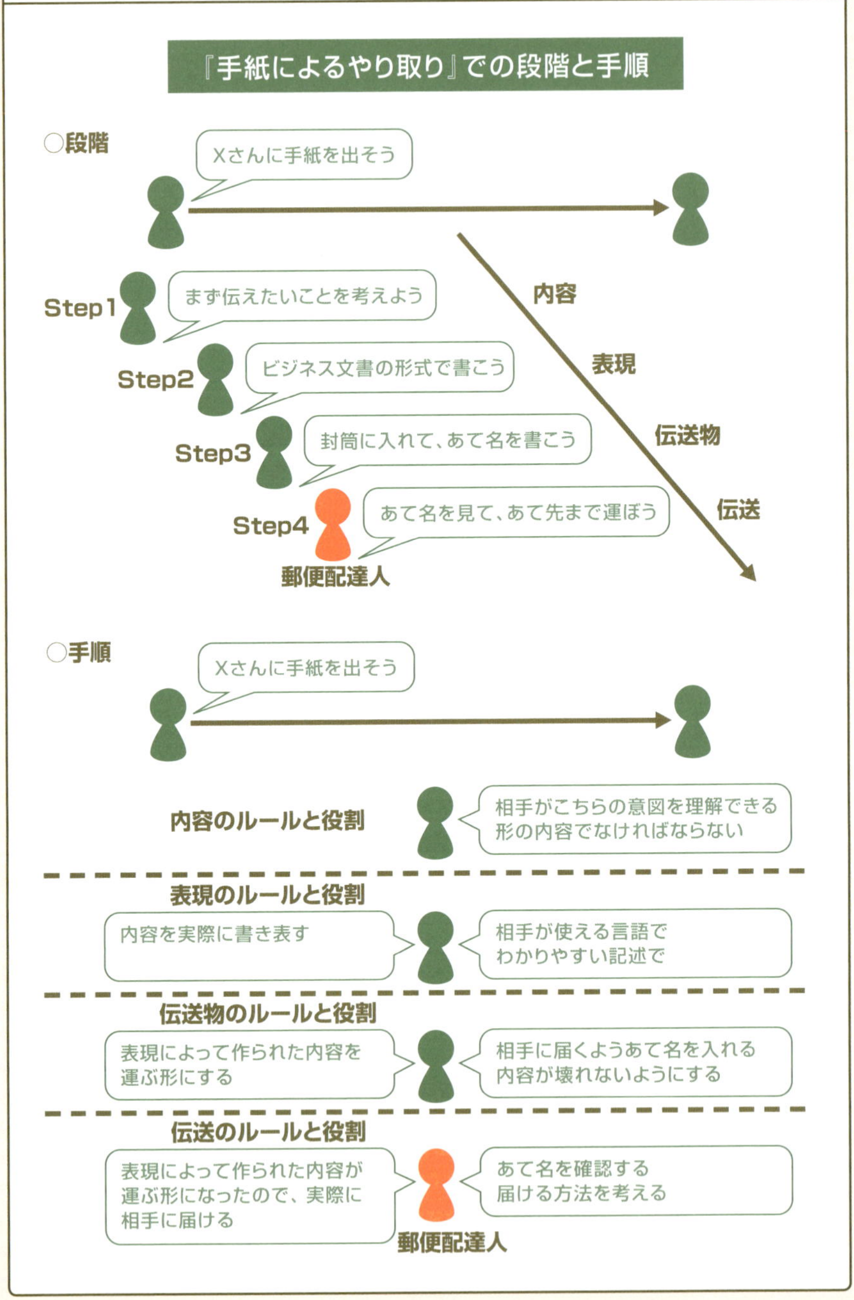

『手紙によるやり取り』での段階と手順

○段階

「Xさんに手紙を出そう」

- Step1: まず伝えたいことを考えよう — 内容
- Step2: ビジネス文書の形式で書こう — 表現
- Step3: 封筒に入れて、あて名を書こう — 伝送物
- Step4（郵便配達人）: あて名を見て、あて先まで運ぼう — 伝送

○手順

「Xさんに手紙を出そう」

内容のルールと役割
相手がこちらの意図を理解できる形の内容でなければならない

表現のルールと役割
内容を実際に書き表す／相手が使える言語でわかりやすい記述で

伝送物のルールと役割
表現によって作られた内容を運ぶ形にする／相手に届くようあて名を入れる　内容が壊れないようにする

伝送のルールと役割
表現によって作られた内容が運ぶ形になったので、実際に相手に届ける／あて名を確認する　届ける方法を考える（郵便配達人）

図7-2 OSI参照モデルの層

OSI参照モデルではデータ通信を7つの層に分けている

第7層	アプリケーション層	ユーザーにネットワークサービスを提供する	内容表現
第6層	プレゼンテーション層	データの形式を決定する	
第5層	セッション層	データのやり取りの順序などを管理する	
第4層	トランスポート層	信頼性の高い(エラーの少ない)伝送を行う	伝送物
第3層	ネットワーク層	伝送ルートやあて先の決定を行う	
第2層	データリンク層	隣接機器へのデータの伝送を制御する	伝送
第1層	物理層	電気・機械的な部分の伝送を行う	

> 7つの層。上から第7層、第6層、……、第1層の順番ですね。

> 第7層はレイヤー7、第6層はレイヤー6と呼んだりする。そして、**各レイヤーごとにそれぞれの役割があり、ルールがある**。さっきの郵便の例で言えば、「手紙の便箋レイヤー」には「便箋の役割」と「便箋のルール」がある、ということだな。

> ふむふむ。例えば「手紙の便箋レイヤー」には、「伝えたいことを記述する」役割と、「指定された言語と図を使って、封筒に入るサイズの紙を使う」ルールがあるとか、そんな感じですね。

> うむ、その通り。言い換えると、ネットワークによるデータ通信は**段階ごとの複数のプロトコルで**実現されるということだ。
> それから、OSI参照モデルは「段階と手順の設計図」である、と言ったな(P47参照)。データの送信時には、レイヤー7からレイヤー1へ、それぞれの手順を段階的に行うことで、データ通信が可能になる。

🙂 えっと、さっきの図だとレイヤー7は「ネットワークサービスの提供」なので、まずこれをして、次にレイヤー6の「データの形式を決定」して、レイヤー5の「やり取りの管理」をして、ですか？

🎓 そうだ。それぞれのレイヤーの説明はあとに譲るとして。データの受信側は、レイヤー1からレイヤー7の順番でそれぞれの手順をこなすことで、データを受信できる。**(図7-3)**

🙂 ふむふむー。要はあれですか、送信と受信の手順書があって、それを順番にこなしていくことでデータがやり取りできる、と。その手順書には「手順7：ネットワークサービスの提供のためこれこれを実行しろ」とか書いてある、と。

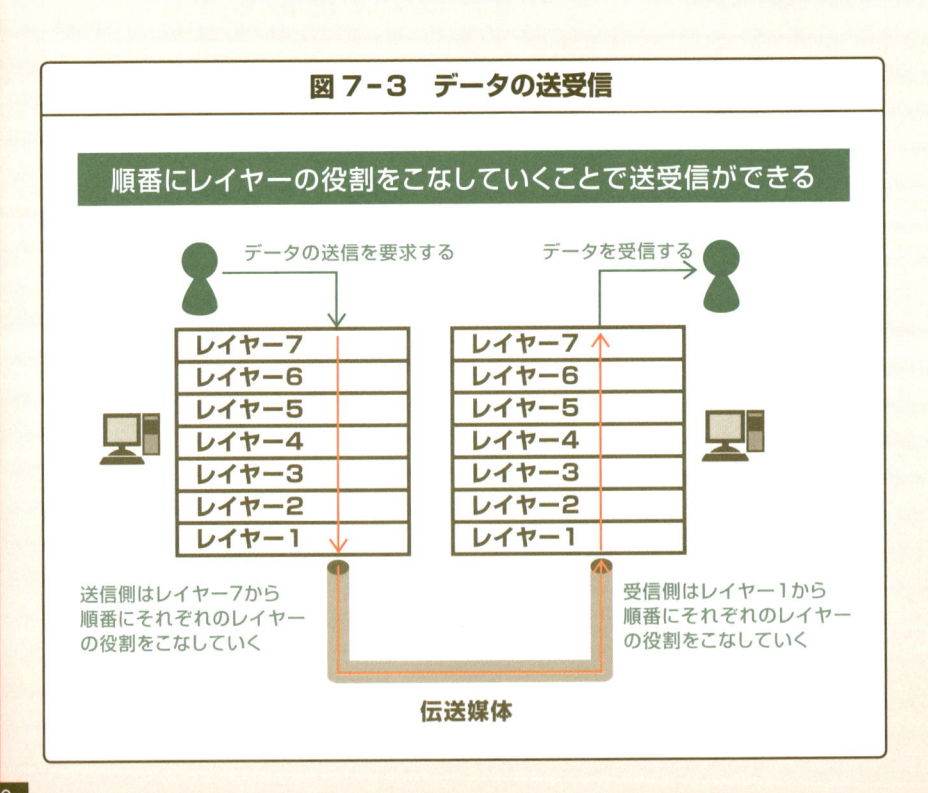

図7-3 データの送受信

順番にレイヤーの役割をこなしていくことで送受信ができる

データの送信を要求する → レイヤー7
レイヤー6
レイヤー5
レイヤー4
レイヤー3
レイヤー2
レイヤー1

データを受信する ← レイヤー7
レイヤー6
レイヤー5
レイヤー4
レイヤー3
レイヤー2
レイヤー1

送信側はレイヤー7から順番にそれぞれのレイヤーの役割をこなしていく

受信側はレイヤー1から順番にそれぞれのレイヤーの役割をこなしていく

伝送媒体

第7回　OSI参照モデル

> そうだな、その理解は悪くない。このOSI参照モデルという設計図に従ってプロトコルが作られるわけだが、これのいいところとして、**レイヤーはそれぞれ独立している**ということがあげられる。
> 例えば、データ通信で「データの形式」を考えたい場合は、レイヤー6の手順とプロトコルだけを考えればよい。その他のレイヤーのことは考える必要がない。手紙で言えば、「便箋」のことを考えるときは「郵便配達員」のことを考える必要がない、ということだ。

> まぁ、そうですよね。郵便配達員は「どう郵便を運ぶか」を考えればいいので、「便箋の形や色」とかは考えなくていいですよね。

> そういうことだ。これはつまり、**レイヤーのプロトコルの変更は他のレイヤーに影響しない**ということになる。
> そして、基本的に**下のレイヤーは上のレイヤーのために働き、上のレイヤーは下のレイヤーのことに関知しない**。これも郵便で考えるとわかりやすいか？

> 郵便配達員は、上の封筒や便箋やそれに書かれた内容のために働く。なんか変な感じですけど、そう言われるとそうかも。そして、便箋は郵便配達員のことに関知しない。まぁ、いちいち郵便配達員のことを考えて便箋を選んだりはしないですよね。

> そういうことだ。この「段階と手順」「レイヤーの独立」「上レイヤーと下レイヤーの関係」はしっかり理解するように。はっきり言って、ここを理解できているのといないのとでは、ネットワーク・データ通信に関する理解度が大きく変わるからな。次回までにしっかり覚えておくように。

> あー、前向きに善処するですよ。3分間ネットワーク基礎講座でした〜♪

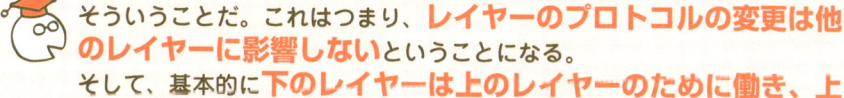

ネット君の今日のポイント

- データ通信はOSI参照モデルによる「段階と手順」で理解する。
- OSI参照モデルは7つのレイヤーに分かれており、それぞれは独立している。
- 下のレイヤーは上のレイヤーのために働き、上のレイヤーは下のレイヤーのことは関知しない。

○月○日　著　ネット君

1　ネットワークの基礎知識

第8回 カプセル化

●手順の流れ

さてさて、「データ通信の段階と手順の設計図」であるところのOSI参照モデルについて説明したわけだ。このOSI参照モデルがネットワークの理解の鍵になっているので、ちゃんと理解してくれたまえ。

OSI参照モデルは、7つのレイヤーに分かれていて、それぞれに手順とルールが設定されているんでしたよね。そしてそれを順番に実施することで、データ通信が可能になる、と。

うむ。送信側はレイヤー7からレイヤー1の順、受信側はレイヤー1からレイヤー7の順で手順をこなすと説明したな。今回はこの手順の流れを、「データ」に着目して説明しよう。そうだな、宅配便を例にとって話してみようか。

宅配便。今回は手紙じゃないんですね。

宅配便の方がわかりやすいのでな。ほら、ネットワークはパケット交換方式だったろう？ 小包は英語で言うとパケットだ。なので、宅配便はパケット交換方式の例え話としてよいのだよ。では、ネット君、宅配便とはどんなもので、どんな風に使われるのかね？

どんなものって。あれでしょ、送りたいものをダンボールに詰めて、コンビニかどっかに渡すと相手に着くっていう。まず送りたいものを用意して、それをダンボールに入れる。

送りたいものが、グラスのような割れやすいものだったらどうする？

第8回　カプセル化

新聞紙でくるみます。あとはプチプチを入れたり。規定の配達票に、あて先と送り主を書いて。コンビニに渡して。そうすると、宅配便の運ちゃんが集荷に来て、配送所に運んで。

プチプチ……あぁ、緩衝材な。ともかく、集荷に来た時点で、運ちゃんが配達票というものをつける。誰が受け取って、何処行きで、とそんな感じのことを。まぁ、ともかくそこまででいい。上出来だ。要約すると、図のようになるな。(図8-1)
そして、受け取った側は逆の順番を行うわけだ。「配達票をはがす」「あて先をはがす」「ダンボールから出す」「緩衝材をとる」で、中身が手に入る、と。

なるほど、確かにそうなりますね。逆の順番……、さっきの OSI 参照モデルと話が似てますね。送信側はレイヤー 7 から 1 へ、受信側はその逆のレイヤー 1 からレイヤー 7 へ（P50 参照）。

そうだろう。さて、ここでまた質問だ。なぜこんな面倒くさいことをするんだ？　ダンボールなどに入れず、運ぶものをそのまま送ってしまえばいいだろう？

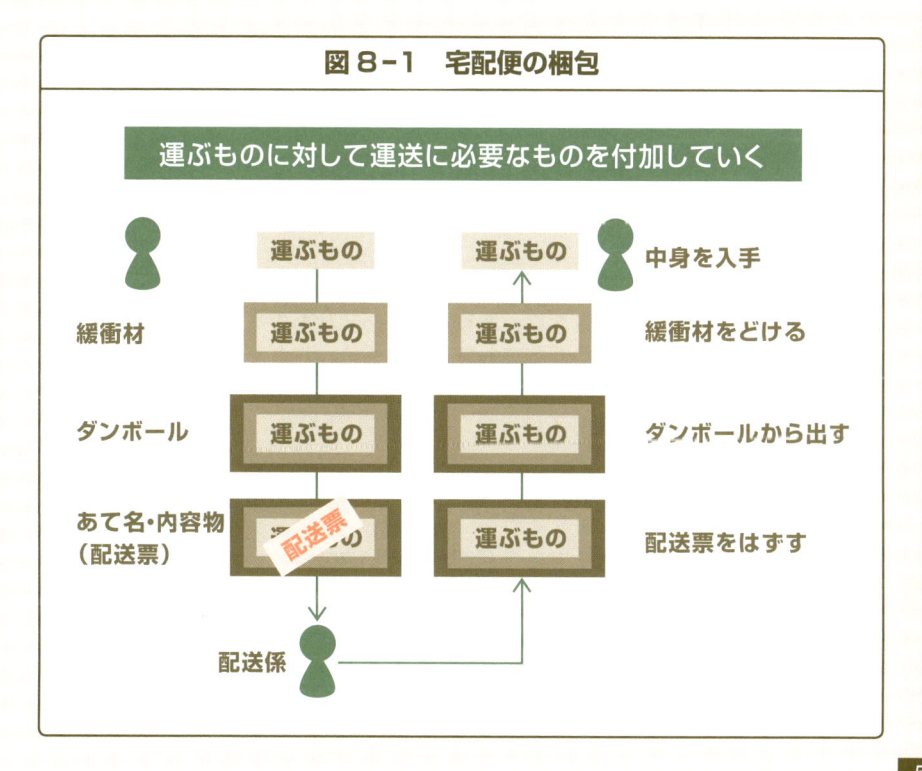

図8-1　宅配便の梱包

運ぶものに対して運送に必要なものを付加していく

送信側		受信側
	運ぶもの	中身を入手
緩衝材	運ぶもの	緩衝材をどける
ダンボール	運ぶもの	ダンボールから出す
あて名・内容物 （配送票）	運ぶもの【配送票】	配送票をはずす

配送係

え、だって。緩衝材やダンボールで保護しないと壊れちゃうかもしれないし、あて先を貼らないと、どこへ届けていいかわからないですよ。

そうだ、いいぞネット君。これはデータ通信でも同じだ。つまりデータを運ぶためには、**運びたいもの（データ）以外のものが必要**なのだ。

は〜。なるほど。じゃあ、実際にはデータ以外のものって、どんなものですか？

あて先、送信元のアドレス。あとはデータ通信を制御するためのデータだな。パケット交換方式ではそれぞれのパケットにあて先をつける、と説明したな（P32 参照）。その他にも、それぞれのプロトコルで必要な情報を付け加えなければいけないのだ。

アドレスって？

まぁ、ネットワーク上でのコンピューターなどの住所のことだな。これらデータ以外のものを、**データと一緒にまとめて送る**のだ。このように、データとデータを送るために必要なものがまとまった状態を**プロトコルデータユニット［Protocol Data Unit：PDU］**(*1) と呼ぶ。

ははぁ。さっきの宅配便で言えば、送りたいものがデータで、それを段ボールに入れた状態が PDU、ですね。

●カプセル化

送りたいもの（データ）に、送るために必要なものをいろいろつけて、実際に送るというのはわかってもらったと思う。ここで、前回の図を思い出してもらおうか（P50 参照）。OSI 参照モデルでは、7 つのレイヤーを 7 から 1 の順番に実施していくのだった。つまり、**レイヤーという段階を実施するごとに、そこで必要な情報がつけ加えられる**。（図 8-2）

レイヤー 5〜7 がまとまって説明されていますが、いいんですか？

(*1) プロトコルデータユニット　パケットと呼ぶ場合もあります。

図 8-2　制御データの付加

データに対し、通信に必要なデータ（制御データ）を付加していく

ユーザー	
レイヤー5～7	レイヤー7の制御データ → データ
レイヤー4	レイヤー4の制御データ → メッセージ
レイヤー3	レイヤー3の制御データ → セグメント・データグラム
レイヤー2	レイヤー2の制御データ → データグラム ← レイヤー2の制御データ
レイヤー1	フレーム

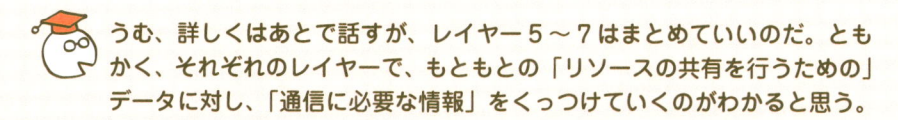

🎓 うむ、詳しくはあとで話すが、レイヤー5～7はまとめていいのだ。ともかく、それぞれのレイヤーで、もともとの「リソースの共有を行うための」データに対し、「通信に必要な情報」をくっつけていくのがわかると思う。

🐱 このメッセージとか、セグメントとか、データグラムとかはどういう意味なんですか？

🎓 それは、それぞれのレイヤーでのPDUの呼び方だ。メッセージに対してレイヤー4の制御情報をくっつけた状態をセグメントまたはデータグラムと呼ぶ。それに対してレイヤー3の制御情報をくっつけた状態をデータグラム、と呼ぶのだ。実際はその前にプロトコル名をつけて「TCPセグメント」とか「IPデータグラム」と呼ぶのが一般的だ。または「レイヤー4PDU」とか、レイヤーの番号をつけて呼ぶ場合もある。

🐱 ふむふむ。「レイヤー4PDU＝セグメントまたはデータグラム」ってことですね。

図8-3 カプセル化

運びたいデータにヘッダーを追加し、『カプセル』にしていく

PDUの呼び方

レイヤー	呼び方	中身
ユーザー	データ （Data）	送受信したいデータ
レイヤー7PDU レイヤー6PDU レイヤー5PDU	メッセージ （Message）	データを通信用に変換したものとレイヤー7ヘッダー
レイヤー4PDU	セグメント（Segment） データグラム（Datagram）	メッセージと レイヤー4ヘッダー
レイヤー3PDU	データグラム（※3） （Datagram）	セグメント・データグラムと レイヤー3ヘッダー
レイヤー2PDU	フレーム（Frame）	データグラムとレイヤー2 ヘッダー（レイヤー2トレーラー）
レイヤー1	信号	フレームを伝送媒体で運ぶ ための信号に変換

※レイヤー3PDUは「パケット」と呼ぶ場合もあります。ただしパケットはPDUそのものを指す場合もあります。そのため本書ではレイヤー3PDUはデータグラムに統一しています。

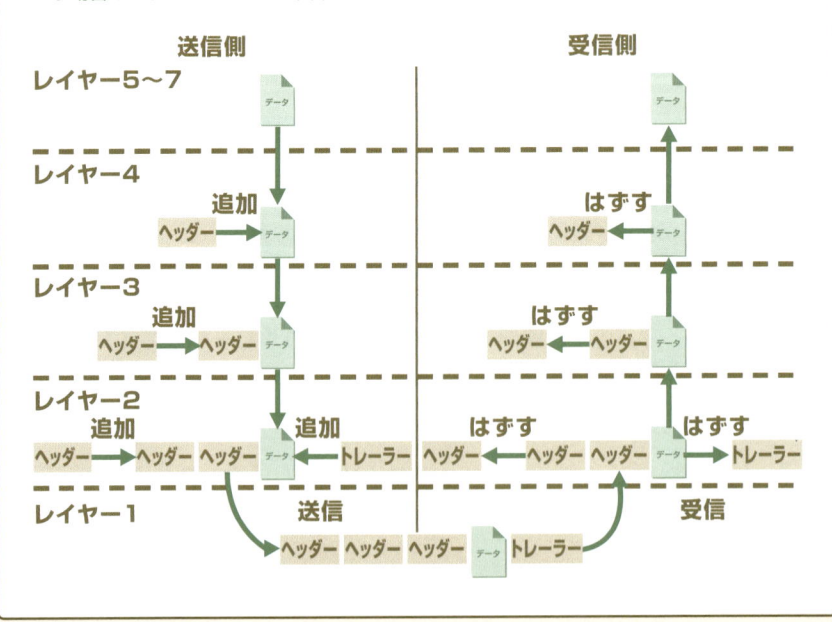

第8回 カプセル化

🎓 そうなる。このように、データに制御情報をくっつけてPDUに仕上げることを**カプセル化** [Encapsulation] という。
そして**受け取った側はカプセルをはがしていく**わけだ。

🐱 受け取った側は逆の順序で、でしたよね。レイヤー1からレイヤー7の順番で。

🎓 そうだ。このカプセル化で追加される制御データだが、データの前につけるときは**ヘッダー** [Header]、うしろにつけるときは**トレーラー** [Trailer] と呼ぶ。さらに、ヘッダーはそのレイヤーのプロトコル名かレイヤーの番号をつけて呼ぶ。「TCPヘッダー」とか「レイヤー4ヘッダー」などだな。(図8-3)

🐱 なるほどなるほど。ということは、データにレイヤー7ヘッダーがついてメッセージ、メッセージにレイヤー4ヘッダーがついてセグメントまたはデータグラム、と。

🎓 うむ、そういうことになる。この流れは非常に重要なので忘れないように。くれぐれも忘れないように。
では今回はこれぐらいにしよう。

🐱 あい、了解です。3分間ネットワーク基礎講座でした〜♪

ネット君の今日のポイント

- 通信のとき、送るのは送りたいデータだけでなく、制御用情報も必要。
- レイヤーの順番にヘッダーが付加していき、これをカプセル化と呼ぶ。
- 受け取った側は、逆の順でヘッダーをはずしてデータを手に入れる。

○月○日　晴　ネット君

1 ネットワークの基礎知識

第9回 プロトコル

●プロトコルとは

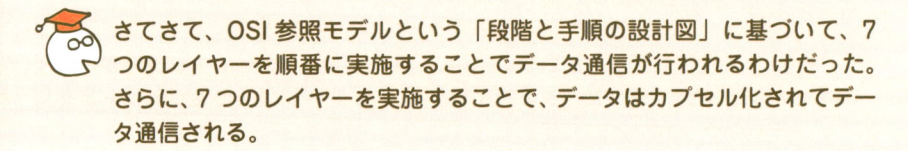

さてさて、OSI 参照モデルという「段階と手順の設計図」に基づいて、7つのレイヤーを順番に実施することでデータ通信が行われるわけだった。さらに、7つのレイヤーを実施することで、データはカプセル化されてデータ通信される。

でした。データにヘッダーをつけていくんでしたよね。PDU がどうとか、セグメント、データグラムとか。

そうだ。それで、OSI 参照モデルの話でも、カプセル化の話でも出てきている言葉が「プロトコル」だ。今回はこのプロトコルについての話をしよう。ネット君、プロトコルとはなんだった？

えっと、データ通信のためのルール、でしたよね。データの取り扱いとか、データをやり取りする順番とかを決めてる？　第3回でそういう話をしてましたよね（P26 参照）。

うむ。確かにそういう話をしたな。復習も兼ねて順番に説明していこう。まず、**データ通信に必要なプロトコルは 1 つではなく、複数のプロトコルからなる。**

OSI 参照モデルのレイヤーごとに、それぞれのレイヤーの役割のプロトコルが存在するんですよね（P49 参照）？

その通り。とは言っても、まったくバラバラであっても困る。レイヤーの独立の話をしたが、独立しすぎて上下のレイヤーとつながらなくなってしまっては困る。よって、上のレイヤーのプロトコルが下のレイヤーのプロトコルを利用できるようなしくみを、下のレイヤーのプロトコルが上のレイヤーのプロトコルにデータを渡せるしくみを持たせる必要がある。このしくみをインターフェースという。

第9回 プロトコル

🐥 インターフェース？ ケーブルとコンピューターの仲介役じゃなかったでしたっけ（P25参照）？

👨‍🎓 インターフェースは「仲介役」の意味で、ケーブルとコンピューターの仲介役を指す場合もあれば、プロトコルとプロトコルの仲介役を指す場合も同じインターフェースという言葉を使うのだよ。ともかく、このように上下のプロトコルでインターフェースを決定しておく必要がある。その結果、プロトコルのまとまりができることになる。

🐥 プロトコルのまとまりってどういうことですか？

👨‍🎓 まったくバラバラではなく、上のプロトコルと下のプロトコルをつなぐインターフェースを持っていると、レイヤー7からレイヤー1までがつながったプロトコルのグループができるだろう？ これを**プロトコル群**［Protocol Suite］と呼ぶ。基本的にはどのプロトコル群を使うかによって、レイヤー7からレイヤー1までで使用するプロトコルが決まる。(図9-1)

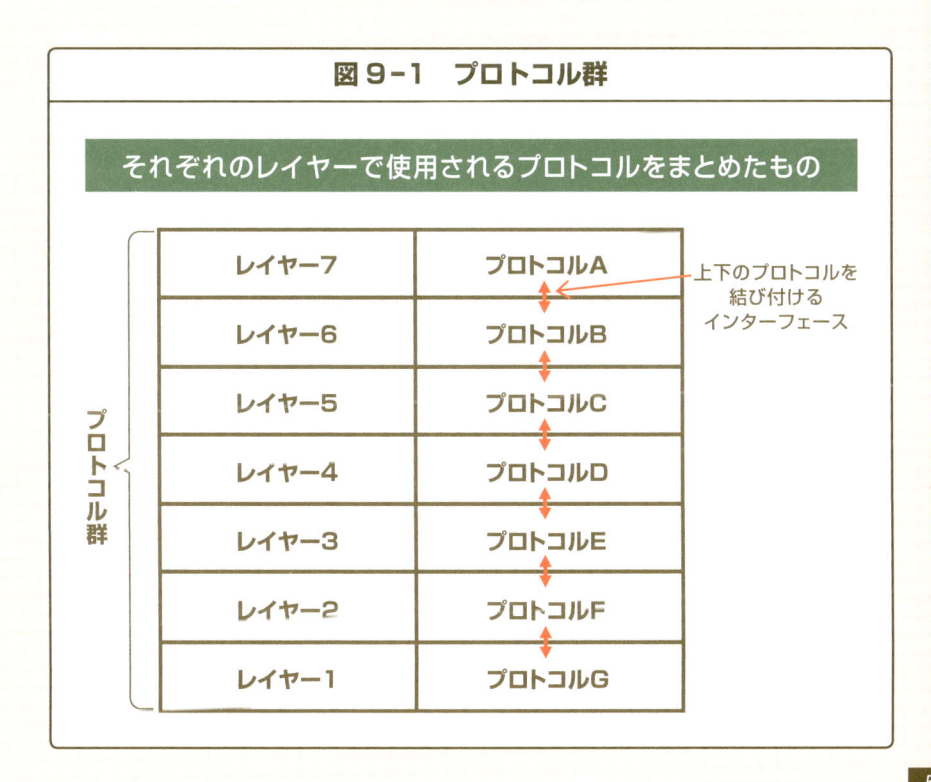

図9-1　プロトコル群

それぞれのレイヤーで使用されるプロトコルをまとめたもの

レイヤー7	プロトコルA
レイヤー6	プロトコルB
レイヤー5	プロトコルC
レイヤー4	プロトコルD
レイヤー3	プロトコルE
レイヤー2	プロトコルF
レイヤー1	プロトコルG

プロトコル群

上下のプロトコルを結び付けるインターフェース

あー、要は使用するプロトコルのグループってことですね。好き勝手にレイヤーごとにプロトコルを選ぶんじゃなくて、同じプロトコル群の中から、レイヤーごとに使うプロトコルが決まるってことですね。

ま、そういうことだな。そして、**同一のプロトコル群を使用するコンピューター、機器同士でなければ、データ通信はできない**。

●プロトコルが決めていること

では、そのプロトコルが決めていることについて話そう。プロトコルはデータ通信のルールだが、そこで決めていることは多岐にわたる。まずは基本としてデータの取り扱い方法がある。これは、第3回で話したな（P26参照）。さらに、**どのようなヘッダーをつけるか決めるのもプロトコルの役割**だ。プロトコルにはそのプロトコルがあるレイヤーの役割に沿った機能があり、それを実現するための情報としてヘッダーをつける。このヘッダーの内容はプロトコルで決められている。**（図9-2）**

図9-2　ヘッダーとデータを決める

データの中身、ヘッダーの中身はプロトコルで決まっている

データの中身を決める
例：相手の持つファイル（net.doc）を送ってほしいことを伝える

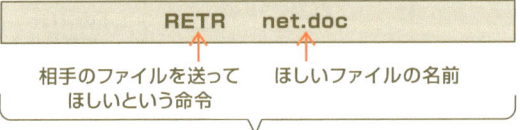

| RETR | net.doc |

- 相手のファイルを送ってほしいという命令
- ほしいファイルの名前

文字をビットにするルール（文字コード）でビットにする

- 命令の書き方
- 命令の次にファイル名を書くという書き順
- 使用する文字コード

これらをプロトコルは決めている

ヘッダーを決める
例：レイヤー3ヘッダー

| あて先のアドレス | 自分のアドレス | データの中身を示すコード | データの優先度 | データ |

- アドレスやコードなどに何ビット使うか
- 並び順
- コードや優先度ビットが示す意味

などをプロトコルが決定する

第9回 プロトコル

🐤 あー、前回「アドレス」って話がありましたよね。これをヘッダーにつけるとかなんとか。そういうのもプロトコルで決められているってことですか。

🎓 そういうことだ。どういうヘッダーをつけるかということはプロトコルによってそれぞれ違うので、また先の回で説明しよう。他にもプロトコルで決められていることとしては、**データのやり取りの手順**がある。Aというデータを送ったら、受け取った側はBというデータを返す、とかだな。

🐤 「もうかりまっかー」って送ってきたら、「ぼちぼちでんなー」って返す、とか決めておくわけですね。

🎓 関西弁のプロトコルだな、それは。まぁ、その理解でいいとしよう。これには今ネット君が言った挨拶的な内容もあれば、現仕の状態を伝えるものもあるし、エラーのやり直しや使用する設定を打ち合わせるものなどもある。（図9-3）

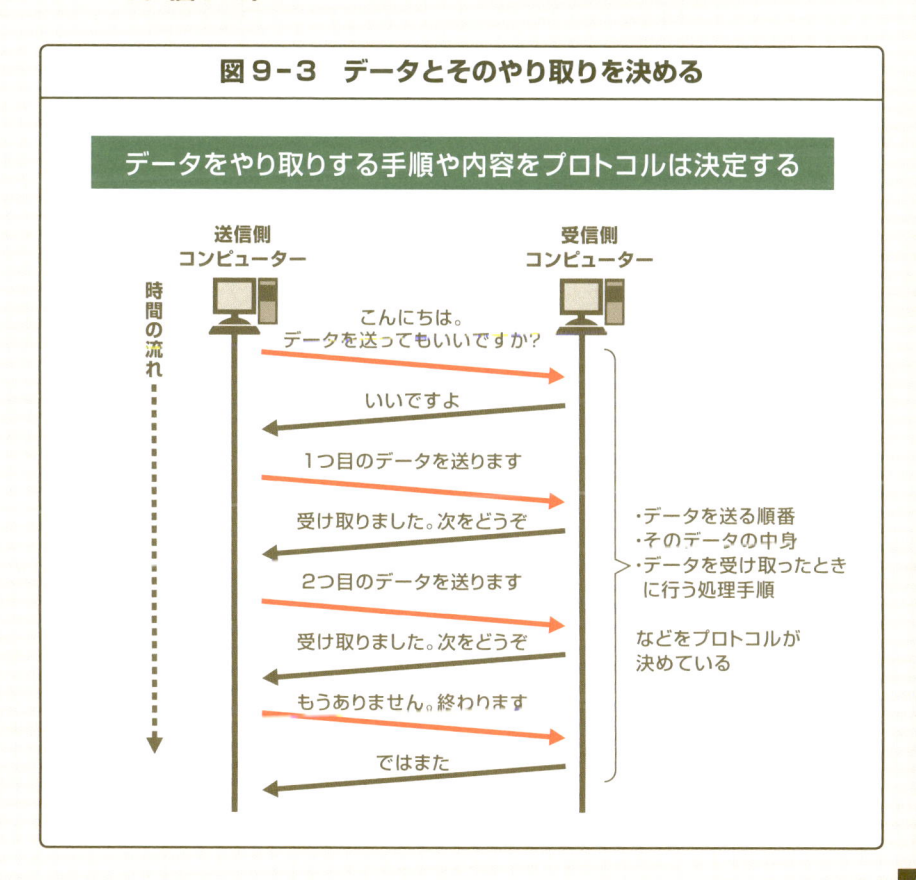

図9-3 データとそのやり取りを決める

データをやり取りする手順や内容をプロトコルは決定する

送信側コンピューター → 受信側コンピューター

時間の流れ

- こんにちは。データを送ってもいいですか？
- いいですよ
- 1つ目のデータを送ります
- 受け取りました。次をどうぞ
- 2つ目のデータを送ります
- 受け取りました。次をどうぞ
- もうありません。終わります
- ではまた

・データを送る順番
・そのデータの中身
・データを受け取ったときに行う処理手順

などをプロトコルが決めている

1 ネットワークの基礎知識

「データの中身を決める」「ヘッダーを決める」「やり取りの手順を決める」のが、プロトコルってことですね。

まぁ、そうなるな。さてこのプロトコルだが、さっきも説明したようにデータ通信をするコンピューター、機器は同一のプロトコル群を使用していなければならない。
このプロトコル群を統一しようとしたのが ISO で、OSI 参照モデルに従っていくつかのプロトコルを制定した。これは OSI 標準プロトコル群と呼ばれるプロトコル群だ。だが結局これはうまくいかなかった。
結局、この OSI プロトコルに代わって、現在もっとも使われているのが、**TCP/IP プロトコル群**だ。これは**インターネットで使われているプロトコル群**だ。

インターネットで使われているプロトコル群ってことは、インターネットを使おうとするコンピューター・機器は TCP/IP プロトコル群を使わないとダメってことですか？

そういうことだ。インターネットの発展により、この TCP/IP プロトコル群が現在のデータ通信の標準プロトコル、正確に言えば、**デファクトスタンダード**［De Facto Standard］のプロトコルになった。

デファクトスタンダード？　標準？

「標準」は制定された規格のことで、デファクトスタンダードは「事実上の標準」という意味になる。TCP/IP プロトコル群を使っているコンピューター・機器が圧倒的に多いので、本当に制定された標準規格ではないが、標準規格のように使わざるを得ない状態になっていることを指す。(図 9-4)
TCP/IP プロトコル群については、次回でもうちょっと話そう。では今回はここまで。

了解です。3 分間ネットワーク基礎講座でした〜♪

第9回 プロトコル

図9-4 標準とデファクトスタンダード

規格団体が決める標準と、多くの場所で使われているから標準として扱われるデファクトスタンダード

① 標準

規格団体 →（メーカーA へ）「製品Aを作るときは規格Xにしたがって作ってね」

メーカーA 規格X

メーカーB：「規格団体が言っている規格に合わせて作っておこう」 規格X

② デファクトスタンダード

メーカーA 規格X
メーカーB 規格X
メーカーC 規格X

メーカーD 規格X：「みんな規格Xで作っているから仲間外れにならないためにも規格Xで作っておこう」

ネット君の今日のポイント

- レイヤーごとに存在するプロトコルのグループをプロトコル群という。
- プロトコルは「データの中身を決める」「ヘッダーを決める」「やり取りの手順を決める」。
- デファクトスタンダードとしてTCP/IPプロトコル群が使われる。

○月○日　晴　ネット君

第10回 TCP/IP モデル

● TCP/IP モデル

　ここ何回かで、OSI 参照モデルとカプセル化の話、そしてレイヤーとプロトコル群の話をしたわけだ。前回、最後に TCP/IP プロトコル群の話をしたな。

　はい。インターネットで使われているプロトコルで、デファクトスタンダード、事実上の標準だって。

　その通り。今回はこの TCP/IP プロトコル群について説明していこう。まずこの TCP/IP だが、これを制定している団体は **IETF**〔the Internet Engineering Task Force〕だ。

　じ、いんたーねっと、えんじにありんぐ、たすくふぉーす。「インターネット工学任務部隊」？

　おいおい、米国の空母機動部隊じゃないんだから。まぁ、タスクフォースは日本語にするのは難しいが、「インターネット技術特別調査委員会」でいいんじゃないかな。ここが制定する文書は **RFC**〔Request For Comments〕と呼ばれ、これが規格となる。

　りくえすと、ふぉー、こめんと。「コメント頂戴」ですか。変な名前ですね。

　まぁ、技術の文書を「こういうの作ったけどどう？」みたいな感じで公開して、意見を募集してよりよくしていこうっていう考え方から来たらしい。ともかく、この IETF の RFC によって定められているのが TCP/IP プロトコル群で、これらは **TCP/IP モデル**がベースとなっている。

　TCP/IP モデル。OSI 参照モデルみたいな「段階と手順の設計図」？

第10回 TCP/IPモデル

🎓 そうだ。OSI参照モデルという「段階と手順の設計図」によって、OSI標準プロトコル群が決められたように、TCP/IPモデルからTCP/IPプロトコル群が作られる。TCP/IPモデルは次の図のようなモデルだ。**(図10-1)**

😃 レイヤー4つ？ それでOSI参照モデルのレイヤー5〜7が、TCP/IPモデルのアプリケーション層にまとまって、OSI参照モデルのレイヤー1〜2がTCP/IPモデルのインターフェース層にまとまってる？

🎓 あー、OSI参照モデルとの対比をした方が理解しやすいからそうしたが、実際はTCP/IPモデルとOSI参照モデルはまったく関係がない。前にも話したが、OSI参照モデルはOSI標準プロトコル群を作るための設計図なので、TCP/IPプロトコル群にはまったく影響していないのだ。ただ、「データ通信」という観点から考えれば似たようなモデルになってしまった、というだけだ。例えばOSI参照モデルのレイヤー3とTCP/IPモデルのインターネット層は似てはいるが、同一ではない。

😃 そういうもんなんですか。どっちかだけ教えてくれればいいのに。

図10-1　TCP/IPモデル

TCP/IPプロトコル群のための4層のモデル

TCP/IPモデル		OSI参照モデル	
レイヤー4	アプリケーション層	レイヤー7	アプリケーション層
		レイヤー6	プレゼンテーション層
		レイヤー5	セッション層
レイヤー3	トランスポート層	レイヤー4	トランスポート層
レイヤー2	インターネット層	レイヤー3	ネットワーク層
レイヤー1	インターフェース層	レイヤー2	データリンク層
		レイヤー1	物理層

ん〜、どっちかだけと考えもしたのだがな。データ通信を理解するにはOSI参照モデルの方がわかりやすいのだが、現実のデファクトスタンダードであるTCP/IPモデルを無視するわけにはいかないし、実際これから先説明していくのはTCP/IPプロトコル群なのだよ。なかなか悩ましい問題だな。

● TCP/IP プロトコル群

さて、このTCP/IPモデルによって作られるTCP/IPプロトコル群だが、実に多種多様なプロトコルが制定されており、さらにインターネットの発展や技術の向上によって今もなお新しいプロトコルが作られている。なので、基本的な一部をここで図示しよう。(図10-2)

なんか聞いたことがあるようなないような？ HTTPっていうのは、ホームページ見るときに「http://」って入力するあれかな？

図10-2 TCP/IPプロトコル群

インターネットで使用されているプロトコルたち

レイヤー4	アプリケーション層	HTTP(HyperText Transfer Protocol: ホームページの閲覧) FTP(File Transfer Protocol: ファイルの転送) SMTP(Simple Mail Transfer Protocol: 電子メールの送受信)など
レイヤー3	トランスポート層	TCP(Transmission Control Protocol) UDP(User Datagram Protocol)
レイヤー2	インターネット層	IP(Internet Protocol) ARP(Address Resolution Protocol)
レイヤー1	インターフェース層	イーサネット(Ethernet) フレームリレー(Frame-Relay) PPP(Point-to-Point Protocol) など

第10回　TCP/IPモデル

🎓 まぁ、それぞれのプロトコルについては、おいおい覚えていってくれればいい。あとちょっと注意点だが、インターフェース層のプロトコルに書かれている「イーサネット」などは、正確に言えばTCP/IPプロトコル群ではない。TCP/IPプロトコル群はこれらのインターフェース層のプロトコルを利用できる、という意味だ。

😶 はぁ、そうなんですか。あと、トランスポート層のTCPと、インターネット層のIP。この2つがもしかしてTCP/IPですか？

🎓 そうだ。プロトコル群の中核的な存在として使われているTCPとIPという2つのプロトコルから、プロトコル群の名前が取られている、ということだな。そうそう、この講義は基本的にTCP/IPプロトコル群を利用したネットワークについて説明する。

😄 デファクトスタンダードですからねぇ。はずせませんよね。

🎓 そういうことだ。さて、第1章をちょっとまとめてみよう。第1章ではまず「ネットワークとはなにか」「ネットワークを使う利点」について説明したな。

😶 「なにかとなにかがなにかによってつながっていて、なにかを運ぶ」「リソースの共有を行う」でしたよね。

🎓 うむ、そうだ。そしてネットワークで行う「データ通信」、それに必要な機器やどうやって「パイプ」をつなげているかの話をした。

😶 回線交換やパケット交換。マルチアクセスネットワークとポイントツーポイントネットワークでしたっけ？　あとLANとWANの話もありましたよね。

🎓 そうだな。これらはどちらかと言えば、「機器とパイプ」という実際に配置される物理的な要因の話だった。機器をどのように配置して、どのようにパイプでつなげるか。つまり「ネットワークをどのように構築していくか」、という話だ。そしてそれに加え、「通信をするためのルール」という話をしたな。

😶 OSI参照モデルとカプセル化、ですね？　あとプロトコルについて。

図10-3 ネットワークの構築と手順

ネットワークの配置とその手順とルール

ネットワークの形態

項目	種別	
回線のつなぎ方	回線をつなぎかえる回線交換	パケットを個別に送るパケット交換
回線の分岐	途中に分岐をつけて複数台がつながるマルチアクセスネットワーク	分岐なしで1対1のみしかつながらないポイントツーポイントネットワーク
規模と形態	自分で敷設して構内のみに限定されるネットワークのLAN	通信事業者の通信サービスを借りた広い範囲でのネットワークのWAN

基本的なパケット交換ネットワークの構成

通信媒体　ルーター　通信媒体　ルーター　通信媒体

OSI参照モデル

第7層	アプリケーション層	ユーザーにネットワークサービスを提供する	内容表現
第6層	プレゼンテーション層	データの形式を決定する	
第5層	セッション層	データのやり取りの順序などを管理する	
第4層	トランスポート層	信頼性の高い(エラーの少ない)伝送を行う	伝送物
第3層	ネットワーク層	伝送ルートやあて先の決定を行う	
第2層	データリンク層	隣接機器へのデータの伝送を制御する	伝送
第1層	物理層	電気・機械的な部分の伝送を行う	

プロトコル
通信を行うためのルール。レイヤーごとにその役割を果たすプロトコルがある。モデルに一致する複数のプロトコルをプロトコル群と呼ぶ。

カプセル化
各レイヤーで上位レイヤーからのデータに役割を果たすために必要な制御情報を追加していく。これはプロトコルで決定されている。

第10回 TCP/IPモデル

> そうだ。OSI参照モデルという設計図により、「プロトコル」という通信上のルールが作られて、それに従ってデータ通信が行われる。これは「ネットワークでどのような手順で通信するか」という話になる。「構築」と「手順」、どちらも重要だし、どちらが欠けてもネットワークとして動かない。（図10-3）

> パイプや機器の配置による「構築」と、モデルとプロトコルによる「手順」。この2つですね。……なんとか理解しました、……したと思います。

> してくれなければ今までやってきたことはなんだったのか、という話になってしまうな。さてこれで第1章はおしまいだ。第1章は「ネットワークの基礎知識」としてやってきたわけだが、次回からの第2章は、OSI参照モデルのレイヤーを下から順番に説明していく。まずは、レイヤー1とレイヤー2だ。

> 「物理層」と「データリンク層」ですね。

> そういうことになる。では今回はここまで。

> はいはい。3分間ネットワーク基礎講座でした〜♪

ネット君の今日のポイント

- TCP/IPモデルからTCP/IPプロトコル群が制定されている。
- TCP/IPモデルは4つのレイヤーからなる。

補講 ①

「標準化団体について知っちゃおう」

　　　　はじめまして。インター博士の娘で通称「おねーさん」です。このコラムでは、本編「3分間ネットワーク基礎講座」では詳しく語られていない部分について、ちょっとだけ詳しく説明します。

　ネットワークやコンピューターの用語って覚えづらいですよね。用語の中でも、特に「規格」なんかは、番号が並んだものとかあったりして、結構困っちゃいます。こういう規格は国際的な標準化団体の名前がついていることが多いんですが、ここではそうした標準化団体と、主な規格について紹介します。

・ISO［International Organization for Standardization］
　国際標準化機構。国際的な工業規格の団体です。ネットワークでは、OSI参照モデルでおなじみです。それ以外では、サービス品質規格のISO9000や、環境関係のISO14000などが有名ですね。

・ITU［International Telecommunication Union］
　国際電気通信連合。通信分野、特に電信電話では権威を持つ標準化団体です。ITUの中でも、電気通信標準化部門はITU-Tと呼ばれていて、モデム（V.90）とか、TV会議（H.323）とかで有名です。アルファベット1文字で始まる規格は大体ココですね。

・IEEE［The Institute of Electrical and Electronics Engineers］
　電気電子学会。LANの規格、IEEE802.3やIEEE802.11でおなじみです。LANはIEEEの802委員会ってところが規格化してるので、必ず「IEEE802」がつくんですよ。

・IETF［The Internet Engineering Task Force］
　インターネット技術特別委員会。インターネットの技術の標準化をする、とてもオープンな組織です。ここで作成される規格は、技術文書という形で公開され、RFC［Request for Comments］って呼ばれます。TCP、UDP、IP、その他いろいろここでみんなRFCとして作られてます。ネットでこのRFCを見ることができるので、見てみると楽しいです。ジョークなんかがまじってたりもして。ただ、英語ですけどね…。

　日本の規格団体のJIS［日本工業規格］など、他にもネットワークの標準に関する団体はいろいろあります。調べてみるのも面白いですよ。

2章
信号の伝送と衝突

第11回 レイヤー1の役割と概要

●電気・機械的な伝送

🎓 第1章は「ネットワークの基礎知識」として、ネットワークの構築と手順・段階について話したわけだ。

🙂 ええっと、そう、だったかな。……ですです、そうです。もちろん覚えてます。あのその、プロト……コル？

🎓 ……そんなネット君にはあとで山ほど復習課題を出すとしてだ、今回からはOSI参照モデルのレイヤーを下から順番に説明していこう。

🙂 下からってことは、え〜、今回が最初だからまず一番下はレイヤー1でしたっけ。手順としては送信側では最後に実施して、受信側は最初に実施するレイヤーでしたっけ？

🎓 そうだ。レイヤー1から順番にやっていこう。まず、レイヤー1の役割はなんだったかね、ネット君。

🙂 ええと、確か「電気・機械的な伝送を行う」だったような（P49参照）。電気や機械の伝送って言われても、という感じですけど。

🎓 うむ、そうだな。そこからいこう。以前説明したことを思い出してほしいのだが、送信側はレイヤー7から順番に手順を実施していく。最後がレイヤー1だったな（P50参照）。

🙂 でした。それで「パイプ」にデータが流れて、あて先に届くんですよね？そしたら受信側はレイヤー1から……。

第11回 レイヤー1の役割と概要

ストップストップ。「パイプをデータが流れる」、そこだ。パイプは通信媒体だったな。つまり、レイヤー1は通信媒体にデータを流す・データが流れることに対する手順やルールだ。通信媒体とは、つまり**ケーブル**だ。このケーブルも、レイヤー1でルールが決められている。そして第1章ではこのケーブルにデータを「流す」と説明したが、実際はどのように「流れて」いるのかね？

えーっと。今までは「パイプ」に「流す」というイメージできたので、なんというか、液体っぽい感じでダバダバ〜っと？

イメージはそれでいい。だが、実際は**信号**という形になる。これもレイヤー1の範囲になる。
基本はこの2つ、コンピューターなどの機器同士をつなぐ「ケーブル」に、流れるデータである「信号」。**ケーブルがつながっている機器への信号の伝達がレイヤー1の役割**、ということになる。そのために、いくつかの「規格」や「ルール」が設けられている。（図11-1）

ケーブルがつながっている機器への、信号の伝達……。ケーブルは「パイプ」、信号は「流れているデータ」でしたよね。パイプがつながっている相手へデータを流す？

そういうことだ。つまりレイヤー1の役割によって、**あて先にデータを届ける**ことができるようになるわけだ。**レイヤー2より上のレイヤーは、「データを届ける前にどのようなことをするか」「データが届いた上でどのようなことをするか」**を考える。

ははぁ、「データを届ける」ことはレイヤー1の役割で、「届ける前」と「届いたあと」のことを行うのがレイヤー2以上の役割、と。通信の手順と段階が分かれている、という考え方がOSI参照モデルの考えでしたよね（P49参照）。

● 通信媒体

では、レイヤー1のポイントである2つ、「ケーブル」と「信号」について話そう。まず「ケーブル」、つまり「通信媒体」だな。機器と機器の間をつなぎ、**信号が流れる「パイプ」となるのが通信媒体**だ。これには大きく分けて、「有線」と「無線」がある。

有線は「線がある」のでケーブルを使うのですよね。無線は「線がない」ので、ケーブルは使わない方式ですね。

2 信号の伝送と衝突

図 11-1　レイヤー 1 の役割

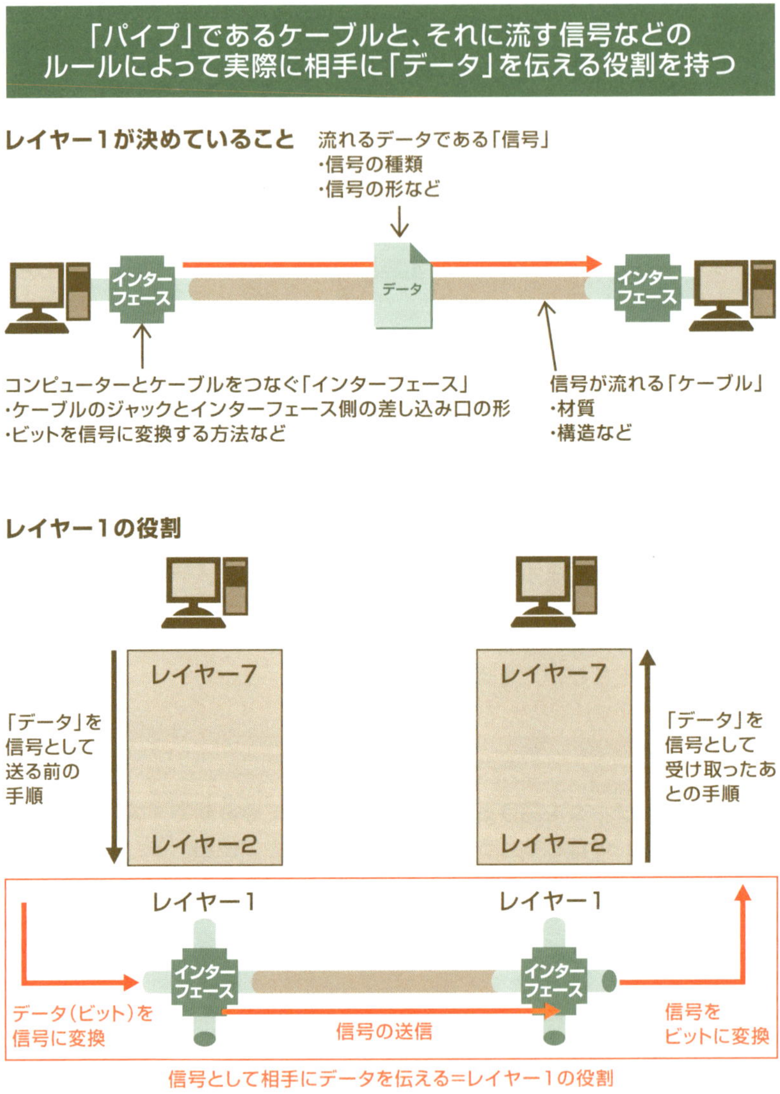
「パイプ」であるケーブルと、それに流す信号などのルールによって実際に相手に「データ」を伝える役割を持つ
レイヤー1が決めていること
流れるデータである「信号」
・信号の種類
・信号の形など
インターフェース
データ
インターフェース
コンピューターとケーブルをつなぐ「インターフェース」
・ケーブルのジャックとインターフェース側の差し込み口の形
・ビットを信号に変換する方法など
信号が流れる「ケーブル」
・材質
・構造など
レイヤー1の役割
レイヤー7
レイヤー2
「データ」を信号として送る前の手順
レイヤー7
レイヤー2
「データ」を信号として受け取ったあとの手順
レイヤー1
レイヤー1
インターフェース
インターフェース
データ（ビット）を信号に変換
信号の送信
信号をビットに変換
信号として相手にデータを伝える=レイヤー1の役割

そうなる。一般的なのは、やはり有線を使う方式だろう。有線はケーブルを使い、そこに信号を流すことであて先までデータを届ける。このケーブルには、**電気信号を使う銅線**と、**光信号を使う光ファイバー**がある。どちらもよく使われているが、普通の家庭や一般企業で見かけるのは銅線ケーブルの方だろう。

この研究室で使っているのは銅線ケーブルですよね？　僕の家で使っているのは、え〜っとどっちだったっけな？　お店で「インターネットのケーブルください」って買ってきたやつですけど。

「インターネットのケーブル」……、また奇天烈な買い方をしているな、ネット君。まぁ、たぶん銅線だろう。銅線ケーブルでも、現時点で使われているのは **UTP** [Unshielded Twist Pair cable] だ。(**図 11-2**)

ゆーてぃーぴー。あー確かに家で使ってるのはコレだと思います。へー、8 本の銅線がまとまって 1 本のケーブルになっているんですね。

そうだな。**2 本 1 組の銅線が 4 組で UTP はできている**。この UTP が、現在の LAN で一般的に使われているケーブルだな。光ファイバーケーブルも昔に比べれば普及し始めているが、UTP の方が圧倒的に多い。やはり使いやすさという点で UTP の方が優れているからな。
光ファイバーは、信号の安定と、通信速度の点では上だが、曲げたりするのが苦手なのだよ。その点で言えば UTP は比較的曲げやすいので、狭いところに配置（配線）しやすい。

へー、そうなんですか。……そういえば、通信速度ってなんですか？

ん、それについては信号のところで話そう（P80 参照）。ともかくだ、このケーブルに信号を流すことでデータが伝わる。そして、そのケーブルに信号を流し、受け取る機械が、前にも説明したインターフェースだ（P25 参照）。ネットワークに参加する機器は、使用するケーブルや、ケーブルで使用する信号に合わせたインターフェースを持つ必要がある。

ふむふむ、インターフェースはコンピューターとケーブルの仲介役でしたよね。信号をケーブルに流したり、流れてきた信号を受け取る役割なんですね。

図 11-2　2 種類のケーブル

銅線で電気信号を伝える UTP と、光ファイバーで光信号を伝える光ファイバー

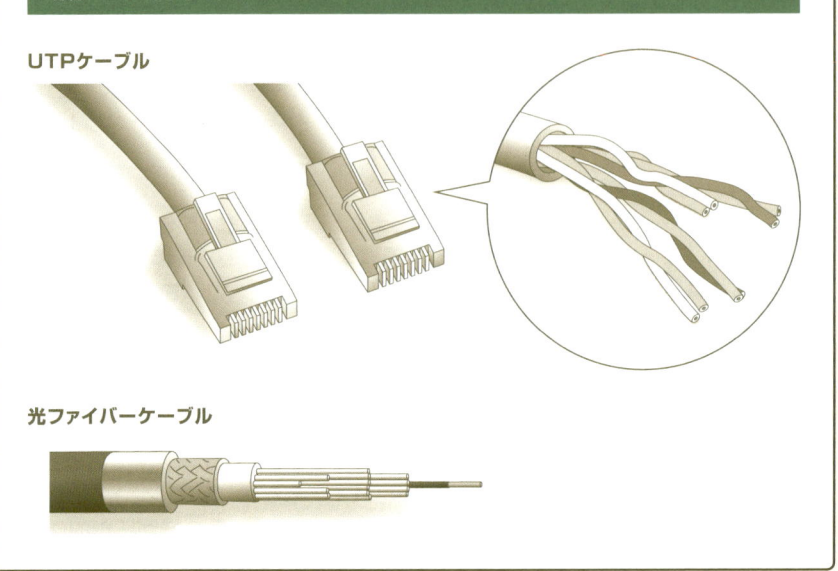

UTP ケーブル

光ファイバーケーブル

> 正確に言えば、コンピューターが送りたいデータをケーブルに合った信号に変換してケーブルに流し、ケーブルから流れてきた信号をコンピューターで使うデータに変換する機械だな。コンピューターで使われるインターフェースとしては、LAN 用のケーブルに接続するための **NIC** [Network Interface Card]（*1）が一般的だ。

> えぬあいしー。にっく。……僕のコンピューターにそんなのついていたっけな？　それから LAN 用のってことは、NIC は WAN では使えないんですか？

> 最近の家庭用パソコンは元からこの NIC が付属しているのがほとんどで、わざわざ別に取り付けることは少ないな。それと、WAN の場合、通常はパソコンには NIC を取り付けず、別の信号変換機を使用する。この信号変換機を **DCE** [Data Circuit terminating Equipment：回線終端装置] と呼ぶ。(図 11-3)

> LAN の場合は、パソコンについているインターフェース NIC から送信する。WAN の場合は、パソコンのインターフェースから DCE へ信号を送って、DCE が WAN のケーブルに合った信号にさらに変換する、と。

図11-3 インターフェースとDCE

LAN用のケーブルをつなぐNIC、WAN回線の終端となるDCE

LANのインターフェース

- LAN用のケーブル（UTP・光ファイバーなど）
- NIC（使用するケーブルごとに異なる）

WANのインターフェース

- EIA/TIA232
- USBケーブル
- LANケーブルなど
- WAN回線に合わせたDCE
  - MODEM（電話回線）
  - ADSLモデム（ADSL）
  - ONU（光回線）など
- WAN用のケーブル
- COMポート、USBポート、NIC（DCEによって異なる）

🎓 では今回はここまで。次回から本格的に話をしていこう。

🐱 了解です。3分間ネットワーク基礎講座でした～♪

・・・

(*1) NIC　一般的な読みは「にっく」。LANカード、LANボードなどとも呼ばれる。

ネット君の今日のポイント

- ケーブルがつながっている機器への信号の伝達がレイヤー1の役割。
- レイヤー1の役割によって、相手までデータが届く。
- 通信媒体には有線と無線があり、有線は銅線のUTPと光ファイバーがある。

○月○日　@ネット君

第12回 信号と衝突

●信号

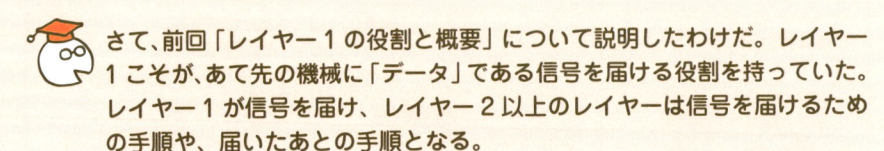

さて、前回「レイヤー1の役割と概要」について説明したわけだ。レイヤー1こそが、あて先の機械に「データ」である信号を届ける役割を持っていた。レイヤー1が信号を届け、レイヤー2以上のレイヤーは信号を届けるための手順や、届いたあとの手順となる。

はい。通信媒体と信号でしたよね、レイヤー1は。通信媒体は信号を届ける「パイプ」で、無線と有線があって、有線は銅線と光ファイバーがあるって話でした。あと、インターフェースの話もありました。

うむうむ。インターフェースのところで、「データ」を信号に変えてケーブルに流し、ケーブルから受け取った信号を「データ」にするのがインターフェースだ、という話をした。では、ネット君、「データ」とはなんだったかね？ そしてそれはどんな風に表現された？

ええっと、「コンピューター上でのリソース共有のための情報」でしたよね。んで、表現はビット、でしたっけ（P23参照）。

そうだ。よって、コンピューターと通信媒体の仲介をする**インターフェースはビットを信号に、信号をビットに変換する機器**ということになる。そして、信号には**アナログ信号**と**ディジタル信号**がある。アナログは「波」、ディジタルは「ONとOFF」で考えるのがわかりやすい。現在の通信で使われているのは圧倒的にディジタル信号が多い。なぜかというと、ビットとはなんだった、ネット君？

え？ ビットは「0」か「1」のどちらかの状態を保持できるもの、でしたよね（P23参照）。このビットをいくつも並べて、「00001」が「あ」とか、そういう風に情報を保持しておく、と。

第12回 信号と衝突

🎓 うむ、確かにそうだ。ビットは「0」か「1」か。一方、ディジタル信号は「ON」か「OFF」か、だ。例えば、「0」を「OFF」、「1」を「ON」としてしまえば、信号1つでビット1つとなる。なので、ビットを表現しやすいディジタル信号が使われているのだよ。(図 12-1)

🐱 ははぁ、電気信号の場合、電圧があるが「1」で、電圧がないが「0」とか決めておく、と。「あるあるあるない」ってきたら、それは「1110」という感じになるわけですね。そうやって、信号を送ることでデータを送っているわけですね。

🎓 そういうことだ。そしてこの信号の形と流し方によって、**通信速度**が決定される。通信速度は一般的に **1 秒間に伝わるビット数** で表現されることが多い。単位として使われるのは **bps** [bit per second] だ。

図 12-1　ディジタル信号とビット

連続的なアナログ信号と非連続的なディジタル信号
データ通信では一般的にディジタル信号が使われる

信号の種類

アナログ信号

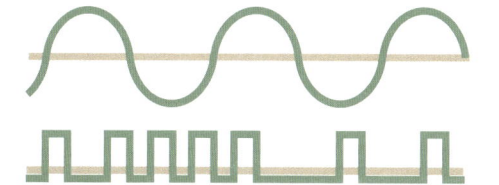

ディジタル信号

ビットとディジタル信号を対比させる
※この信号とビットの対比はRZ(Return to Zero)符号と呼ばれる方法。他にも存在する

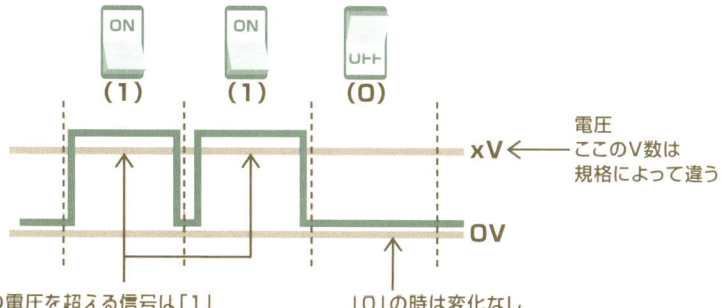

ON (1)　ON (1)　OFF (0)

xV ← 電圧 ここのV数は規格によって違う
0V

既定の電圧を超える信号は「1」　　「0」の時は変化なし

びーぴーえす。1秒間に伝わるビット数……、あ、あれだ。インターネットの回線のスピードがどうとか言っているやつだ。友達が「ウチは40メガだー」とか言ってますよ。

40メガ（*1）、つまり 40,000,000bps だな。この通信速度だが、簡単に例を出せば、信号1回分が1秒かかるなら、1秒間に1ビットしか表現できない。これが1秒で信号2回なら、2ビット表現できるようになる。さらに、1回の信号で「0」「1」だけでなく、「00」「01」を表現できるようになれば、1回の信号で2倍の2ビットを表現できることになる。（図12-2）

(*1) メガ　[Mega]。10の6乗を示す接頭辞。記号として「M」を使う。通信では10の3乗の「K」（Kilo：キロ）、10の9乗の「G」（Giga：ギガ）などをよく使う。

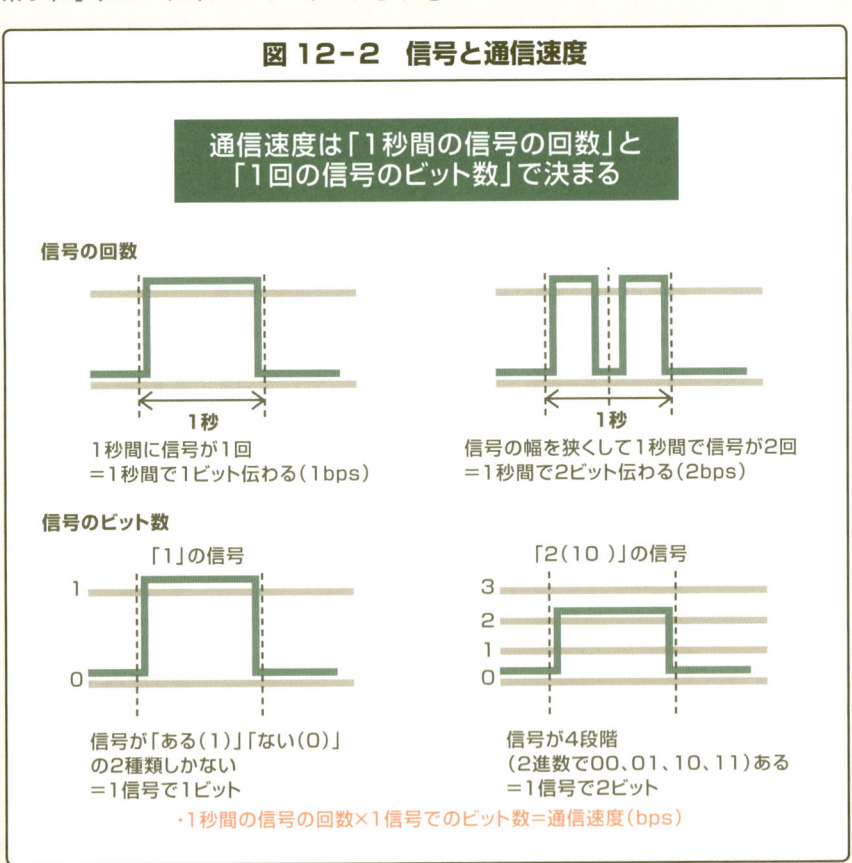

図12-2　信号と通信速度

通信速度は「1秒間の信号の回数」と「1回の信号のビット数」で決まる

信号の回数

1秒間に信号が1回
＝1秒間で1ビット伝わる（1bps）

信号の幅を狭くして1秒間で信号が2回
＝1秒間で2ビット伝わる（2bps）

信号のビット数

「1」の信号

信号が「ある（1）」「ない（0）」の2種類しかない
＝1信号で1ビット

「2(10)」の信号

信号が4段階
（2進数で00、01、10、11）ある
＝1信号で2ビット

・1秒間の信号の回数×1信号でのビット数＝通信速度（bps）

へ〜、通信速度ってこうやって決まっているんですね。じゃあ、1つの信号をできるだけ短く、さらに1つの信号で多く表現できるようになれば、すっごく通信速度ってあがるんじゃないんですか？

確かにそうだが、なにごとにも限界がある。信号があまりにも短くなりすぎたり、1つの信号で多くを表現しすぎたりすると、受け取った側が正しく識別できない恐れがある。それに、信号には起きうる問題がある。

●信号に起きる問題

信号に起きる問題としてはいくつかあるが、ここでは3つ覚えてもらおう。まず1つ目が**信号の減衰**だ。銅線に電気信号を流すのだが、銅線には抵抗がある。そのため、**長いケーブルを流れているうちに信号が弱くなる**。そうなると、信号の「山」が弱くなって読み取れなくなってしまう可能性がある。

あー、確かに「抵抗がない」なんてありえないですからね、常温超電導でもないかぎり。ってことは博士？　あまり長いケーブルは使っちゃダメってことですか？　でもそうだとすると場所が離れていると信号が届かないから、データが送れない、ってことになりますよね？

そうなる。なので長距離を運ぶ場合、途中で「弱くなった信号を元に戻す」ための「増幅」という処理を行う機械を挟むのだ。これについてはあとで説明しよう（P85参照）。
信号に起きる2つ目の問題は**ノイズ・干渉**だ。電気信号がなんらかの原因により形が崩れてしまうのだよ。そうなると信号の「山」が正しく読み取れなくなってしまう可能性がある。

形が崩れる……。なんらかの原因って言いましたけど、例えばどんなのがあるんですか？

例えば、近くに大きな電源がある、高温の物体がそばにある（熱雑音）、すぐ近くに同じように信号を流しているケーブルがある（クロストーク：漏話）、雷や無線など電磁波を出すものがある、などだな。このようなノイズや干渉の原因からケーブルを遠ざけたり、ケーブルに特殊な加工を施したりして、信号が崩れてしまうのを防ぐ必要がある。

そういえばお店で「ノイズ対策済みケーブル」とか売ってますよね、少し高い値段で。それが博士の言う「ケーブルに加工」ですか？

図12-3 信号に起きる問題

電気信号は「減衰」「ノイズ」「衝突」などが発生すると正しく読み取れなくなる

減衰…ケーブルを長距離伝わると、抵抗により信号が弱くなる

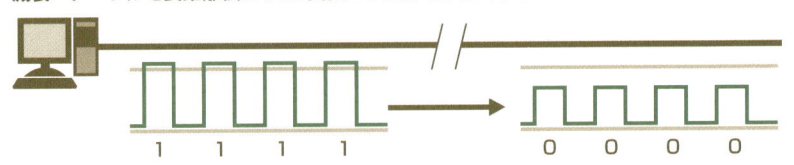

1 1 1 1 → 0 0 0 0

ノイズ…外的要因により、信号の形が変化する

ノイズ要因
ノイズ

1 1 1 1 → 0 1 1 1

衝突…信号が同一ケーブル上に同時に流れることにより衝突が発生し、電荷を渡したり、受け取ったりして形が崩れる

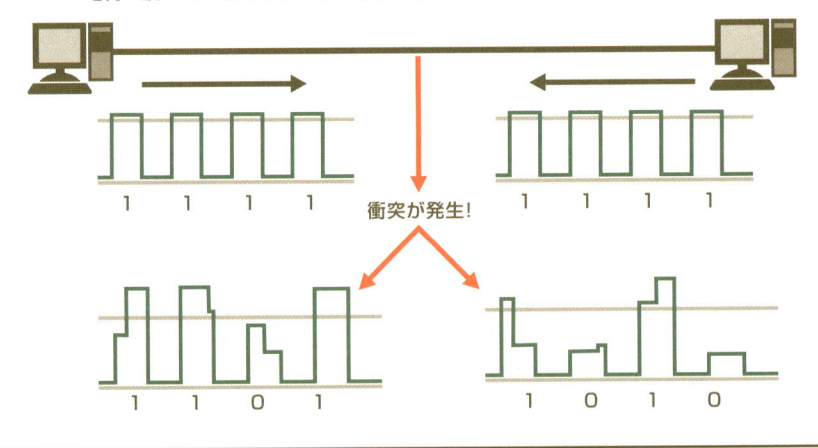

1 1 1 1   1 1 1 1

衝突が発生!

1 1 0 1   1 0 1 0

(*2) **シールド** ケーブルの銅線の周りに金属製の網をつけ、これにより銅線への干渉やノイズを防ぐ。

第12回 信号と衝突

🎓 うむ、ケーブルにシールド（*2）と呼ばれるものを取り付けて干渉やノイズを防ぐのだよ。あと、光ファイバーで使う光信号は、これらのノイズや干渉を受けない。これらのノイズや干渉は電気的な要因から来るものだからな。光には影響しない。
さて、最後の1つは**衝突**だ。これは前に話したマルチアクセスネットワークなどで起こる問題だ。

🐱 マルチアクセスネットワーク。え〜っと、1本のケーブルにT字の分岐をつけて多くのコンピューターをつなげる構造でしたっけ（P36参照）。実際はハブとかいうのにつなげて行うと。

🎓 うむうむ。ここで起きうる問題は、**信号が流れている最中に別の信号を送る**ことで発生する。つまりAというコンピューターが信号を送り出しているときに、別のBというコンピューターがまた別の信号を送り出してしまうわけだ。
これが衝突（Collision：**コリジョン**）と呼ばれる現象だ。これが起きると電気信号は混ざってしまって、信号の山の形が崩れてしまう。（図12-3）

🐱 衝突、まさしく信号が激突して、信号の形が崩れちゃうんですね。これってどうやって防ぐんですか？

🎓 うむ、防ぐ方法としては2つある。「信号を送るタイミングをずらす」方法と「信号が通る道を分ける」方法の2種類だ。どちらもレイヤー2での話になるのでそこで話そう（P105参照）。
よし、ではまた次回としよう。

🐱 はい。3分間ネットワーク基礎講座でした〜♪

ネット君の今日のポイント

- ビットを信号としてケーブルに流すことで相手に伝える。
- 信号の形や流し方で通信速度が決定する。
- 信号は減衰、ノイズ・干渉、衝突などの問題が発生する。

○月○日　ネット君

第13回 ハブ

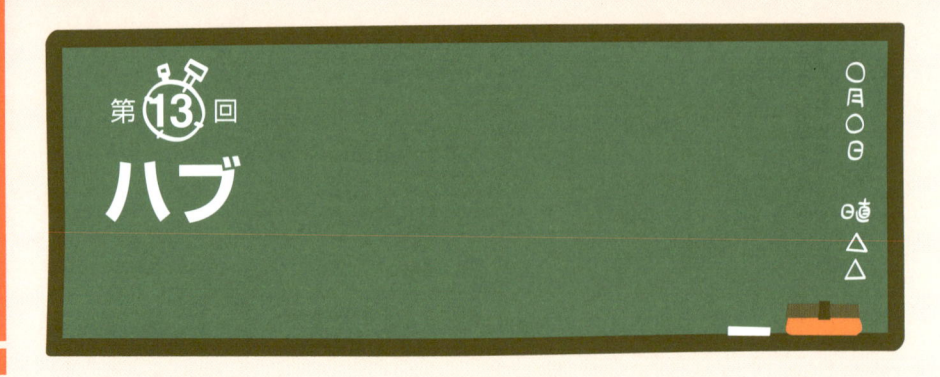

●ハブの機能

前回、前々回とレイヤー1の機能と役割を説明した。レイヤー1は「信号」と「ケーブル」という2つの基本要素から成り立っていて、そこでどのようにデータをやり取りするか、を考えている。

前回は信号の話でしたよね。送信側はビットを信号に変えてケーブルに流して、受け取り側は信号を読み取ってビットに直す。信号はノイズとか、衝突とかが起きちゃうよ、って話でした。

うむ、その通り。そこで、前回の「信号の衝突」のところでマルチアクセスネットワークとハブの話が出たな。ハブの話自体は第1章でも説明したが、ここでもうちょっと詳しく説明しよう。

はい。ハブは前の説明では、ケーブルにT字の分岐を作る代わりに、ハブにつなぐことでケーブルの分岐があるような感じになる、んでしたっけ（P36参照）。

そうだ。**ハブにケーブルでつながっている機器は、同一のケーブルにつながっているのと同じ扱い**になる。ハブのケーブル差し込み口、これをポートと呼ぶが、ポートの数は製品によって4、8、16、32個などがある。つまり4つのポートがあるハブならば、4台の機器をつなげることができる。

ケーブルを切って、T字の分岐をつけてってやるよりは、そっちの方が簡単ですよね。つまり、ハブを中心として、コンピューターがつながっている感じになるんですね。

第13回 ハブ

そういうことだ。さて、ハブの機能の1つ目は、信号の増幅と成形(*1)だ。**ハブは減衰によって崩れた信号を元の形に増幅・成形する**。これはどういうことになる？

ええ〜っと、減衰で弱くなって崩れた信号が元に戻るんだから、また遠くまで届くようになる？　前回、信号を長距離届けるには増幅が必要だっておっしゃってましたけど、ハブがその増幅を行うんですね。

そういうことだ。増幅だけを行う機械として**リピーター**［Repeater］というものがあるが、リピーターはケーブルの間に挟む機械で、ハブのように多くのケーブルを差し込むことはできない。なので、多くのケーブルを差し込むことができるハブの方が一般的に使われる。

なるほど。ハブを使うことで、信号が増幅されて遠くまで信号が届くようになる、と。

ハブのもう1つの機能は、さっきから出ている**複数の機器をつなげてネットワークを構築する**という機能だ。つまり、ハブにケーブルを差し込むことで、1つのケーブルにつながっているのと同じ扱いになり、**ハブにつながっている機器同士で信号のやり取りが可能になる**。

4つポートがあるハブなら4台。8つポートがあるハブなら8台つながるわけですね。ん〜と、じゃあハブのポート数よりもたくさんのコンピューターがあったらどうするんですか？　ポート32個のハブがあるとして、コンピューターが33台あったら？

その場合は、ハブとハブをつなげる接続を行う。これをカスケード［Cascade］接続と呼ぶ。ハブにつなげることで1本のケーブルにつながっているのと同じ扱いになるのだから、さらにそこにハブをつなげれば、それも同じケーブルにつながっているのと同じことになる。(図13-1)

ははぁ、こうやってハブをカスケード接続していけば、大きなネットワークを作ることができますね。

(*1) **信号の増幅と成形**　これをしないハブも存在する。しないハブはパッシブ［passive］ハブと呼ばれ、集線機能しか持ち合わせない。信号を増幅するハブはアクティブ［active］ハブと呼ぶ。

図 13-1　カスケード接続

ハブ同士を接続することで、信号が届く範囲を広げることができる

ハブのポート数の制限や、物理的な問題で別々のハブにコンピューターを接続した
しかし、別々のハブにつながっていると、信号が届かないのでデータのやり取りができない

ハブ同士を接続するカスケード接続を行い、信号の届く範囲を広げることができる
この方法でネットワークを大きくできる

カスケード接続

●衝突ドメイン

🎓 ハブを中心として、複数のコンピューターがつながってネットワークができるのだが、実は問題がある。それは**ハブは受け取った信号に対し一切の制御を行わない**ということだ。

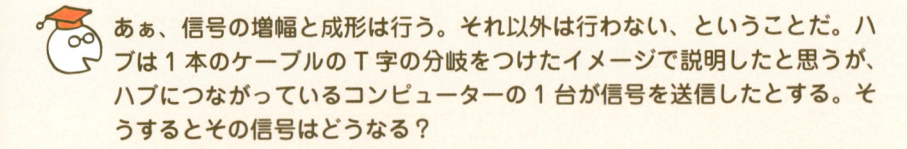

🐱 一切の制御を行わない？　制御ってなんですか？　あと、信号の増幅と成形はどうなるんですか？

🎓 あぁ、信号の増幅と成形は行う。それ以外は行わない、ということだ。ハブは 1 本のケーブルの T 字の分岐をつけたイメージで説明したと思うが、ハブにつながっているコンピューターの 1 台が信号を送信したとする。そうするとその信号はどうなる？

🐱 え〜っと、まずハブに届きますよね。そしたら、ハブは 1 本のケーブルに分岐がついているようなものだから、ハブにつながっている他のコンピューターに信号が届く？

第13回 ハブ

🎓 そうだ。**ハブは受信したポート以外のすべてのポートに、受信した信号を送信する**。これを**フラッディング**［Flooding］と呼ぶ。（図13-2）

🐤 なんか、当たり前のような感じですけど？ 入ってきた電気信号が全部の出口から出ていく、ですよね。

🎓 そうだ。まあ確かに当たり前と言えば当たり前だが、ここで前回説明した「衝突」の話を思い出してもらおう。衝突とはなんだった？

🐤 「信号が流れている最中に別の信号を送ることで、信号がぶつかって読み取れなくなる」こと、ですよね（P83参照）。T字の分岐があったりすると起きる、と。

🎓 そうだ。ハブは1本のケーブルに、T字の分岐をつけたイメージ、だったな。つまり、**ハブにつながっている機器が信号を送ると衝突が起きる**可能性がある、ということになる。

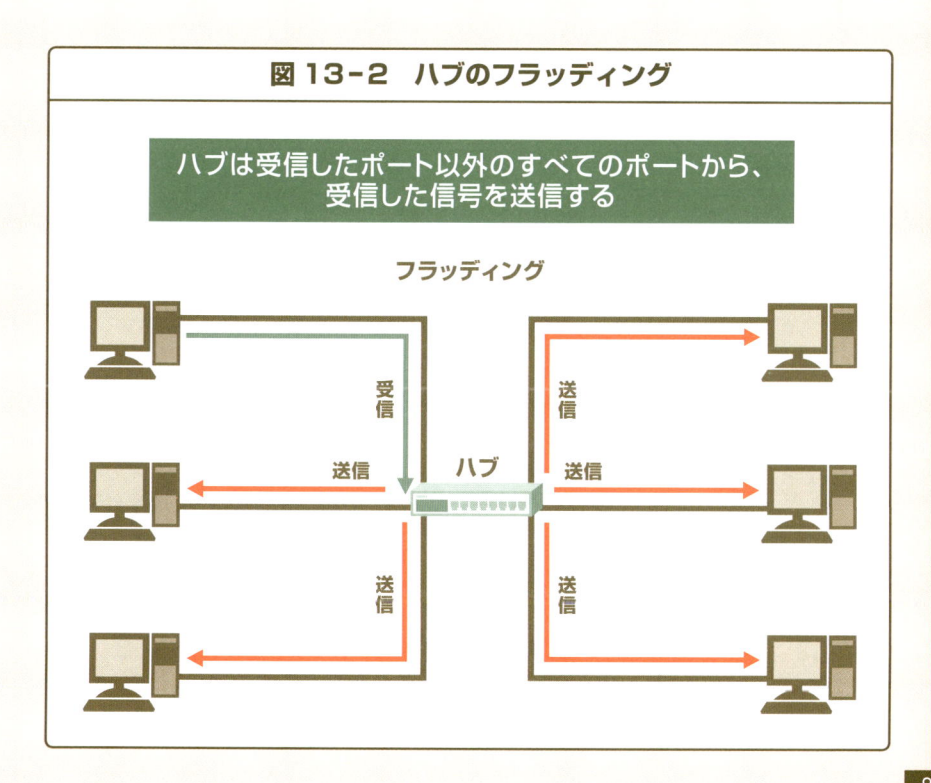

図13-2 ハブのフラッディング

ハブは受信したポート以外のすべてのポートから、受信した信号を送信する

フラッディング

🐱 確かにそうなりますね。同じハブにつながっている2台のコンピューターが同時に信号を送ると、どちらも同じケーブルにつながっているイメージですから、どこかで信号がぶつかっちゃいますね。

🎓 その通り。このように、信号を送信すると衝突が起きるかもしれない範囲のことを**衝突ドメイン**［Collision Domain］と呼ぶ。この衝突ドメイン内にあるコンピューターが信号を送ると、どこかで衝突が発生する可能性があるのだよ。そして、**ハブでつながっているコンピューターは同一の衝突ドメインにある**ことになる。（図13-3）

🐱 ふむふむ。同じハブにつながっている場合や、別のハブにつながっていてもハブ同士でつながっている場合、確かにひとつのコンピューターが送信中に別のコンピューターが送信をすると衝突が起きますね。

図13-3 衝突ドメイン

ハブでつながっている範囲は衝突ドメインの範囲となる

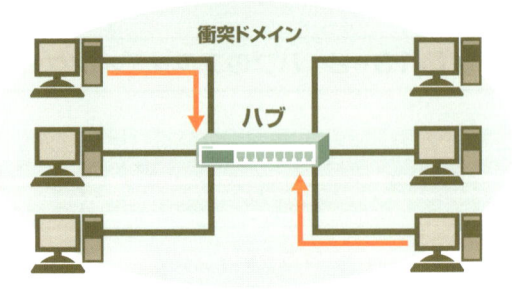

同じハブにつながっているコンピューター同士が同時に送信すると衝突が発生する
＝同じハブにつながっているコンピューターは同じ衝突ドメインに存在する

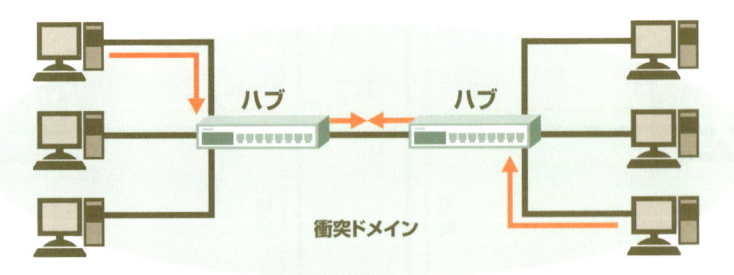

違うハブにつながっていたとしても、ハブ同士をカスケード接続でつなげている場合は、やはり衝突が発生する

第13回　ハブ

衝突が起きると信号が混ざっておかしくなり、受信側は正しく読み取れなくなってしまう。そのため、**衝突は防がなければならない**。衝突ドメイン内にコンピューターが多いと、「たまたま同じタイミング」で信号を送る可能性が増える。つまり衝突が起きる可能性があがるわけだ。どうする、ネット君？

どうするって。そりゃ台数が多いと「たまたま同じタイミング」で信号を送る可能性が増えるのなら、台数を少なくすればいいんじゃないですか？　そうすれば「たまたま同じタイミング」が起きる可能性が減るじゃないですか。

いいぞ、ネット君。つまり**衝突ドメインは小さくなければいけない**。「衝突ドメインの範囲が小さい」というのは「衝突ドメイン内のコンピューターの台数が少ない」ということだ。要は「衝突ドメインを小さくする」ことが必要だ、ということになる。

どうやって小さくするんですか？　コンピューターの台数を減らせばいいんですか？　でもどうしても多数のコンピューターが必要な場合ってありますよね…。

それは先の回で説明する「スイッチ」が行うのだよ（P108 参照）。ともかく、今回はここまでとしてまた次回。

はいな。3 分間ネットワーク基礎講座でした〜♪

2　信号の伝送と衝突

　ネット君の今日のポイント

● ハブは信号の増幅と成形を行い、多数のコンピューターをつなぐ。

● ハブは信号の増幅と成形以外の制御を行わず、フラッディングする。

● 衝突ドメインは小さくなければいけない。

○月○日　＠道　ネット君

第14回 レイヤー2の役割と概要

●レイヤー2の概要

🎓 さてさて。前回で、レイヤー1の役割と機能については一応終わりとする。レイヤー1は「ケーブルがつながっている機器への信号の伝達」を行うレイヤーだ。つまり、実際の「データの伝達」を担っているわけだな。

🐱 はい、そうでした。レイヤー1がビットを信号にして、ケーブルに流すことで、ケーブルがつながっている相手に信号が届き、その信号をビットに戻すことで「相手にデータが届いた」ことになるんですよね。

🎓 要約するとその通りになる。しかしネット君、「信号が届いたからデータが届いた」のは確かだが、本当にそれだけで「データを送った」ことになるのかね？ コンピューターが複数台ハブにつながっている場合、信号はどのように動いたかね？

🐱 え〜っと、そうですね。コンピューターから送信された信号は、ハブに届いて、ハブは受信したポート以外のすべてのポートからそれを送信して、結果的にハブにつながっている他のコンピューターに届くんですよね？

🎓 そうだ。ハブにつながってしまっていると、誰彼かまわず届いてしまう。送信したコンピューターが「送りたい相手」が1台だけだった場合でも、だ。なので、「1台だけに届く」ようにする方法を考えなければいけない。
さらに、複数台のコンピューターがハブにつながっていると、「たまたま同時に送信」してしまった場合に信号の衝突が起きるな？

🐱 起きますね。あ〜、そういえばそれを防ぐには「送信するタイミングをずらす」ことが必要だとかいう話を前に博士がされてましたね（P82参照）。

うむ、そうだ。衝突を防ぐために「送信するタイミングをずらす」ことを考えなければいけない。これは「信号を送る前」の話だな。さらに「信号が届いたあと」でも考えなければいけないことがある。つまり、**信号の送信前や受信後に正しくデータをやり取りする手順**が必要だ。

ふむふむ。博士は前に、レイヤー2より上のレイヤーは、「データを届ける前にどのようなことをするか」「データが届いた上でどのようなことをするか」を考える、っておっしゃってましたね（P73参照）。

よく覚えていた、その通りだ。ではレイヤー2ではどのようなことを考えているかと言うと、**信号の届く範囲でのデータ伝送についての決まり**を考えているということになる。

信号の届く範囲？　それはどのぐらいの範囲なんですか？

マルチアクセスネットワークなら、ハブでつながっている機器全体。ポイントツーポイントネットワークなら、つながっている2台。以前、セグメントという範囲の説明をしたが（P36参照）、**セグメントの範囲でのデータ伝送**ということになる。(図14-1)

ふむふむ、セグメント。じゃあ、そのセグメントを超えてのデータ伝送はどうなるんですか？

セグメントを超えるということは、パケット交換機であるルーターを通って別のセグメントへデータを送るということだな。それを考えるのはレイヤー2より上のレイヤー3だからまた先の話だ。

●フレーミングと信号の同期

レイヤー1では信号を伝えることを考えて、レイヤー2ではその信号が届く範囲、すなわちセグメントの範囲で「データをどのように送り・受け取るか」を考えている。そして、**レイヤー1で扱っている信号やケーブルなどによって、レイヤー2の規格が異なってくる。**

信号やケーブルによって規格が異なる？　え〜っと、つまりレイヤー1の条件が違えば、レイヤー2で使われているルールとかも違ってくるってことですか？

図14-1 レイヤー2で考える範囲

信号が届く範囲であるセグメント内でのデータ通信を考える

レイヤー2で考える範囲である「セグメント」
マルチアクセスネットワークならハブによってつながっている範囲

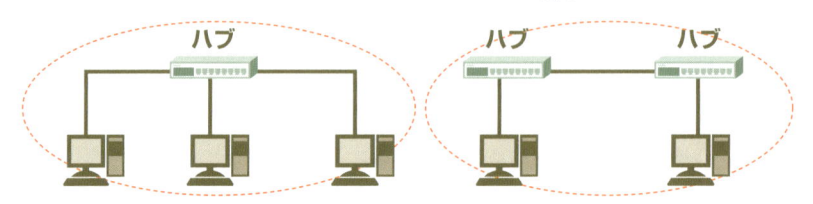

ポイントツーポイントネットワークなら、コンピューターとルーター、ルーターとルーター間

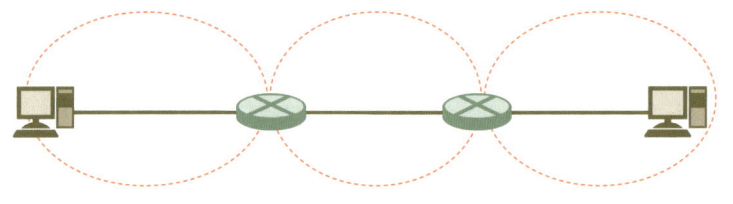

その通り。レイヤー2では、レイヤー1で使われているケーブルや信号によって使用するルールが違う、ということだ。このルールはいくつかあるのだが、簡単に分類すれば **LAN用とWAN用** がある。
レイヤー3以上のレイヤーでは、LANでもWANでも同一のルールを使う。 使用しているケーブルなどで使うルールが異なるのはレイヤー2までだ。今回の **レイヤー2では「LAN用」のルールについて説明する。** 実際の現場でもLANについての知識がもっとも必要になると思われるからな。

LAN用……、それはどんなものなんですか？

LANのデファクトスタンダードであるイーサネット [Ethernet] というルールを説明する。
　さて、レイヤー2では先ほど説明したように「セグメント内でのデータの伝送」についての手順が決められている。ここで行うことはいくつかあるが、まず **フレーミング** [Framing] を説明しよう。

第14回 レイヤー2の役割と概要

🐥 ふれーみんぐ？　……あぁ、あれですね。右手を変な形にするやつ。

🎓 それは「フレミング」で、さらに左手だ。フレーミングは、レイヤー1でやり取りされる信号をビットに直し、さらに意味を持たせることだ。「フレーム化」と言った方がわかりやすいかな？　そこでネット君、フレームとはなんだったね？　カプセル化のところで説明したぞ？

🐥 ええ〜っと、カプセル化、カプセル化……。フレームは、あー、レイヤー2のPDU、でしたよね（P54参照）？

🎓 そうだ。フレーミングを行うことで、やり取りされる信号を「データ」として認識できるようになるわけだ。例えば、フレーミングでは最初に、プリアンブル「preamble」と呼ばれる「今からフレームが始まりますよ信号」をつける。受信側ではこのプリアンブルを受信して、「次からフレームの信号が来るな」と判断する。**(図14-2)**

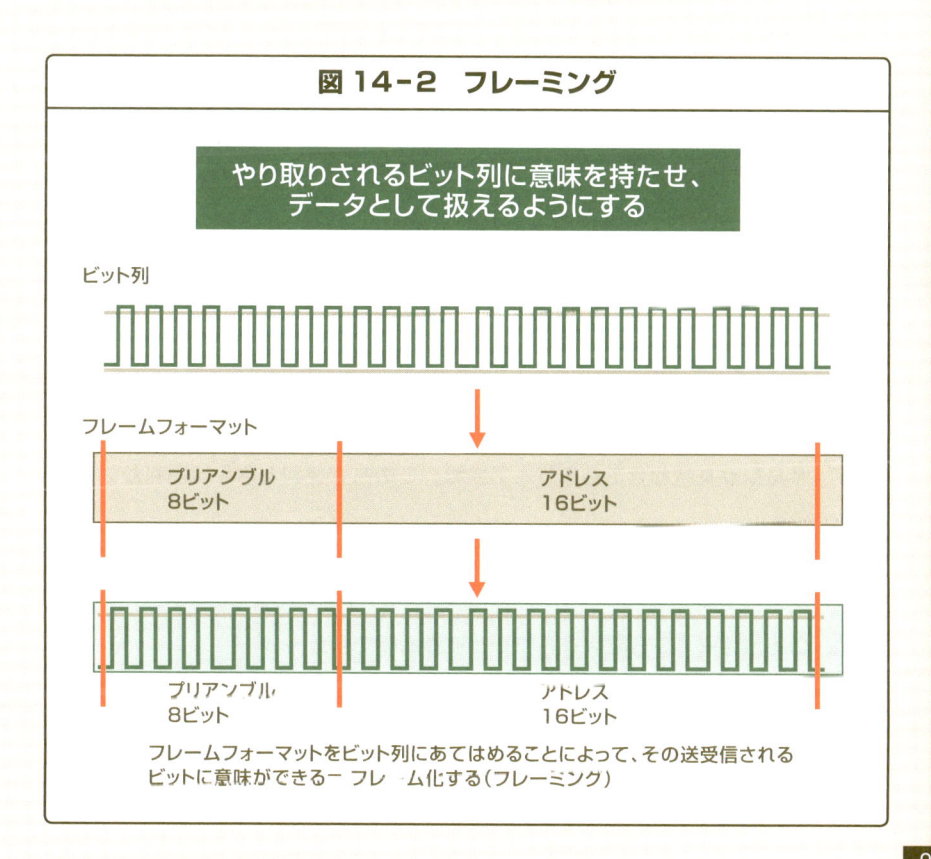

図14-2　フレーミング

やり取りされるビット列に意味を持たせ、データとして扱えるようにする

ビット列

フレームフォーマット

| プリアンブル 8ビット | アドレス 16ビット |

| プリアンブル 8ビット | アドレス 16ビット |

フレームフォーマットをビット列にあてはめることによって、その送受信されるビットに意味ができる−フレーム化する（フレーミング）

2 信号の伝送と衝突

🙂 プリアンブル、ですね。「フレームの信号が来るぞー」っていう信号をつける、と。そのあとに「データ」であるビットを信号にしたものをつけて送信する、と。面倒くさいですね、いきなりデータを送ってはダメなんですか？

🎓 通信速度のところでも話したが（P80参照）、ビットを信号にする際に「1ビット分の信号の幅」を決めていたな。これをうまく扱うためには、「ビットを読み取るタイミング」が送信側と受信側の双方で一致していなければならない。これがずれると、受信側がビットの途中で読み取りを開始してしまうかもしれない。

🙂 う～ん、タイミングを合わせる。それとプリアンブルが関係あるんですか？

🎓 もちろん。このタイミングを合わせる手法として、データを送受信しない状態でも常に「タイミングを合わせる信号」、これをクロック［Clock］信号と呼ぶが、それを送り続けておく方法がある。この方式は**同期通信**と呼ばれる。この方式だとプリアンブルを使用しない。だが、常日頃から信号を送る手間がかかってしまうため、あまり利用されない。

🙂 ははー。ず～っとなにかしらの信号を送って、読み取って、という手間がかかるわけですね。じゃあ、プリアンブルを使う方法は？

🎓 プリアンブルを送ることで、「今からデータが始まるよ」とわかり、さらに「ビットを読み取るタイミング」をこのプリアンブルで合わせるのだ。イーサネットの場合、「1」と「0」を交互にプリアンブルで送る。これを読み取ることで、受信側がビットを読み取るタイミングを合わせるわけだな。（図14-3）

🙂 ふむふむ。常日頃から信号を送るわけではなく、プリアンブルを使ってタイミングを合わせてもらうんですね。この方が便利と言えば便利かな？

🎓 プリアンブル方式は、パケットを使ったパケット交換方式では一般的だ。さて、今回はここまでとしておこう。

🙂 いぇっさー。3分間ネットワーク基礎講座でした～♪

図14-3　信号の同期

データ送信の直前にプリアンブルを送り
タイミングを合わせる非同期

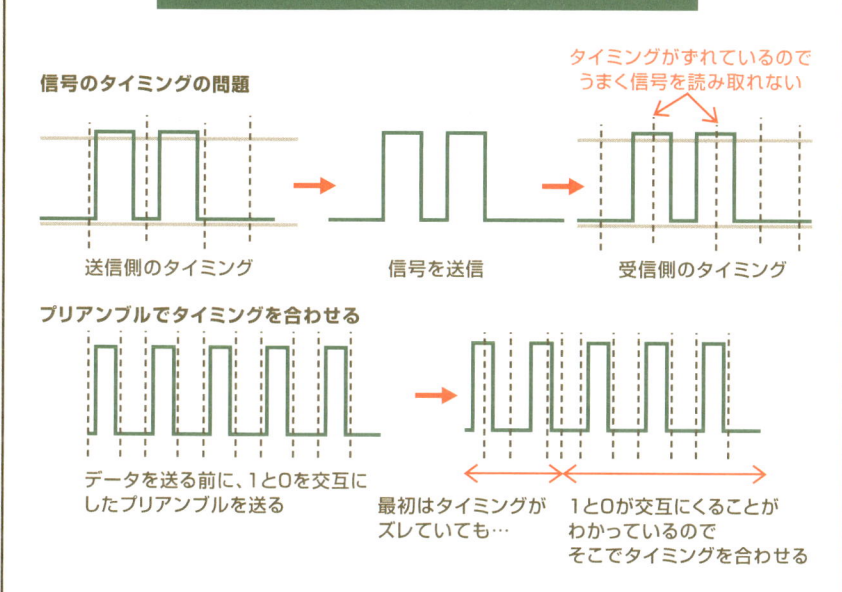

信号のタイミングの問題

送信側のタイミング → 信号を送信 → 受信側のタイミング

タイミングがずれているので
うまく信号を読み取れない

プリアンブルでタイミングを合わせる

データを送る前に、1と0を交互にしたプリアンブルを送る

最初はタイミングがズレていても…

1と0が交互にくることがわかっているのでそこでタイミングを合わせる

ネット君の今日のポイント

- レイヤー2は信号が届く範囲でのデータのやり取りを考える。
- レイヤー2ではWANとLANでルールが異なる。
- LANでは「イーサネット」がデファクトスタンダード。

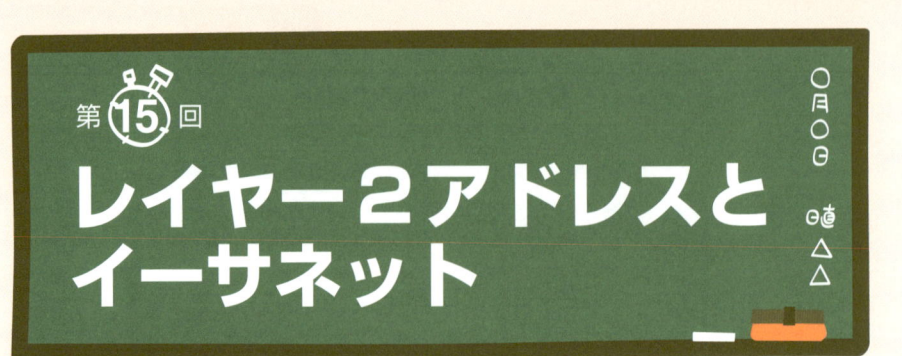

第15回 レイヤー2アドレスとイーサネット

●アドレスとキャスト

さてさて、ネット君。レイヤー2の話をしていこう。レイヤー2は「セグメント」という範囲でどのようにデータをやり取りするか、を考えるレイヤーだ。

セグメント、信号が届く範囲でしたっけ（P37参照）。マルチアクセスネットワークで言えばハブにつながっている範囲、ポイントツーポイントネットワークで言えばコンピューターとコンピューターの範囲、ですよね。

その通り。レイヤー2では、その範囲のやり取りに関するルールが決められている。そして前回、LANのレイヤー2ではイーサネットがデファクトスタンダードのルールだ、という話をしたな。

はいはい。レイヤー2はLANとWANで使うルールが違うっておっしゃってましたよね。LAN用はイーサネットを使う、と。

うむ。そこで今回は、イーサネットでどのように「信号が届く範囲でデータをやり取りするか」を説明していくが、まず覚えてほしいのが、**アドレス**［Address］だ。そして、このアドレスをどのように書くか、どのように割り振るかということを**アドレッシング**［Addressing］という。まずイーサネットでのアドレッシングを覚えてもらおう。

アドレス……住所ですか？　なんの住所なんですか？

データを送る相手と自分を特定するデータのことだ。データ通信はデータを送って、向こうからもデータが返ってくることが普通だ。そのため、こっちの住所も教えておく必要があるから、必ず「あて先」と「送信元」の住所を伝えるのだよ。

第15回 レイヤー2アドレスとイーサネット

🐥 ふむふむ、役割的には本当に「住所」と同じなんですね。データを送る先と、データを送った自分自身の住所がデータ通信には必要ってことですね。

🎓 そういうことだ。さて、このアドレスだが、**データの送り方によって3種類存在する**。データの送り方は**ユニキャスト**[Unicast]、**ブロードキャスト**[Broadcast]、**マルチキャスト**[Multicast]の3種類(*1)があり、それぞれ使用するアドレスとしてユニキャストアドレス、ブロードキャストアドレス、マルチキャストアドレスを使う。

🐥 3種類もアドレスがあるんですか？ それと、ユニキャスト、ブロードキャスト、マルチキャスト？ う～ん、どう違うかわかりません。

🎓 うむ、説明しよう。ユニキャストは「1対1」のデータ通信のことだ。これがもっとも一般的だな。次がブロードキャスト、これは「1対全」、つまり**全員あてのデータ通信**のことだ。レイヤー2のブロードキャストでは「セグメント内の全機器」の意味になる。最後がマルチキャスト、これは「1対多」の**複数の機器あてのデータ通信**だ。(図15-1)

🐥 ふむふむ。1人相手に送るか、全員相手に送るか、複数人相手に送るか。それぞれにアドレスがあるってことですね。

● MACアドレス

🎓 さて、このアドレスだが。基本としてまず覚えておいてほしいことは、**それぞれの機器はユニキャストアドレスを最低1つ持つ**ということだ。このそれぞれの機器が持つユニキャストアドレスをあて先として、他の機器はその機器あてにデータを送ることになる。

🐥 最低1つ？ じゃあ2つ以上持つ機器もあるってことですか？ 住所が2つとか変な感じですけど。

🎓 ルーターのように複数のインターフェースを持つ機器は**インターフェースごとにユニキャストアドレスを持つ**のだよ。そしてもう1つ、**ユニキャストアドレスはユニークでなければいけない**。ユニークは「他に同じものがない（一意）」という意味だ。同じユニキャストアドレスを持つ機器が複数ある場合、あて先の特定ができないのだな。(図15-2)

(*1) **3種類** もう1つエニーキャスト[anycast]がありますが、この講座では省略させていただきます。

図15-1　3つのキャストと3つのアドレス

あて先を特定するアドレスには、1対1のユニキャスト、1対全のブロードキャスト、1対多のマルチキャストがある

ユニキャスト… 特定の1台あてのデータ通信

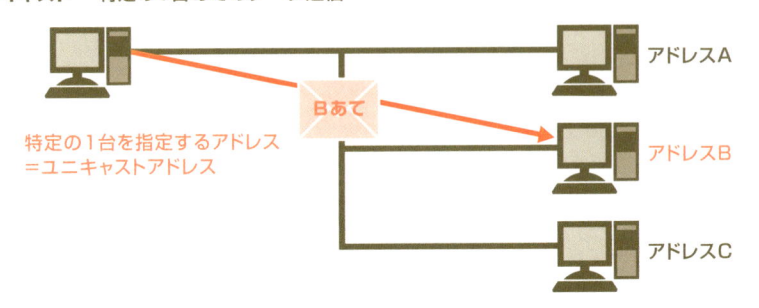

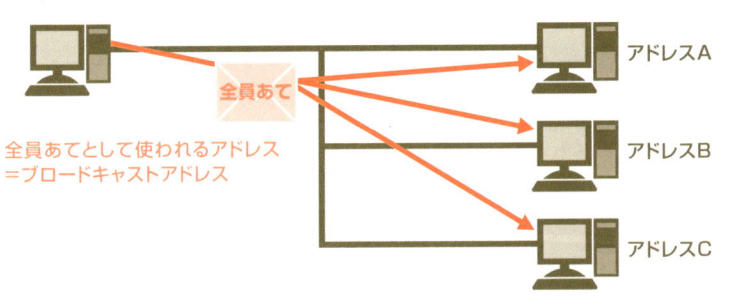

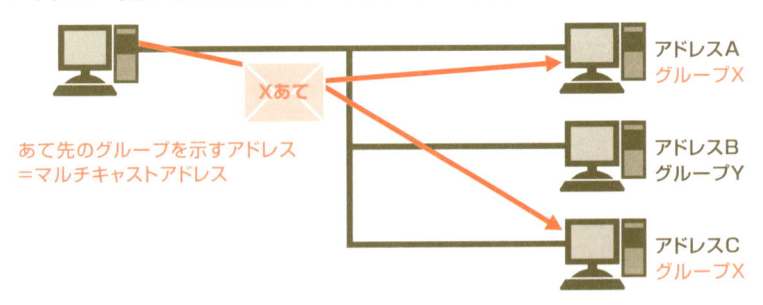

Bあて

アドレスA
アドレスB
アドレスC

特定の1台を指定するアドレス
＝ユニキャストアドレス

ブロードキャスト…全機器あてのデータ通信

全員あて

アドレスA
アドレスB
アドレスC

全員あてとして使われるアドレス
＝ブロードキャストアドレス

マルチキャスト…複数の機器（機器のグループ）あてのデータ通信

Xあて

アドレスA　グループX
アドレスB　グループY
アドレスC　グループX

あて先のグループを示すアドレス
＝マルチキャストアドレス

第15回 レイヤー2アドレスとイーサネット

図15-2 ユニークなユニキャストアドレス

コンピューターは最低1つユニークな
ユニキャストアドレスを持つ必要がある

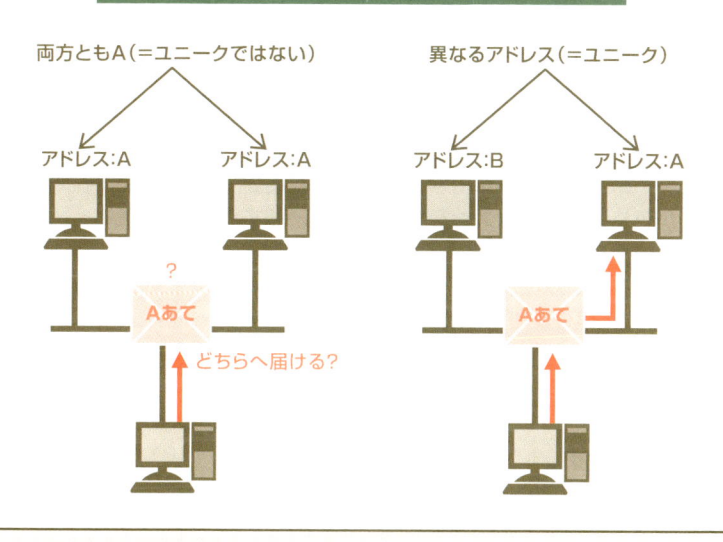

両方ともA（＝ユニークではない）　　異なるアドレス（＝ユニーク）

アドレス:A　アドレス:A　　アドレス:B　アドレス:A

Aあて　どちらへ届ける？　　Aあて

まぁ、そりゃそうですね。同じ住所の家が複数あったら、どこを指すのかわからないですからね。

その一方で、マルチキャストアドレスは同じアドレスを持つ機器が複数あってよい。これはマルチキャストアドレスは「グループの番号」という扱いだからだ。マルチキャストに送りたい場合はグループあてに送り、そのグループに所属している機器が受け取るからだ。

ユニキャストアドレスは同じアドレスの機器があってはいけない。マルチキャストアドレスは「グループの機器」が同じアドレスを持つ、ですか。

そういうことだ。マルチキャストのグループに所属している機器は、「ユニキャストアドレス」と「マルチキャストアドレス」の2つを持つことになる。そしてブロードキャストアドレスは「全員あて」になるので、このアドレスあてに送信されたデータは全機器が無条件で受け取らなければならない。

う〜ん、つまりあて先が「インター博士」はユニキャストで博士が受け取る、「インター博士の研究室のみなさん」はマルチキャストで博士と僕が受け取る、「みんな」はブロードキャストで全員が受け取る、って感じですか？

そのイメージでよい。さて、イーサネットで使われるアドレスだが、これは **MAC アドレス** [Media Access Control Address] と呼ばれるアドレスだ。このアドレスは**インターフェースにつけられた固定のアドレス**となる。

インターフェースにつけられた固定アドレス？ コンピューターじゃなくて、インターフェースですか？ それに固定ってことは、インターフェースが変わるとアドレスも変わるってことですか？

そうだ。インターフェースが故障して別のインターフェースに交換したりすると、MAC アドレスが変更されることになる。
この MAC アドレスだが、**48 ビット**の値で、4 ビットごとに 16 進数に直して書く。

16 進数……0、1、2、3、4、5、6、7、8、9、A（10）、B（11）、C（12）、D（13）、E（14）、F（15）で、16 になったら 1 桁繰り上がる数字、でしたよね。

うむ、それだ。MAC アドレスの先頭 24 ビットはベンダーコード (*2) と呼ばれるインターフェースを製造したメーカーの番号、後半 24 ビットは製造したメーカーがつけた番号（ベンダー割り当てコード）だ。つまり「どこのメーカーが作った」「何番目のインターフェース」という意味になる。
（図 15-3）

……？ どこが作った、何番目のインターフェース？ それが「アドレス」、住所なんですか？

まぁ、理解しやすいようにアドレス＝住所という話をしたが、「あて先がユニークに特定できる」ものであれば、別に本来の意味である住所っぽくなくてもよい、ってことだな。では今回はこれぐらいにしておこう。

あいあい。3 分間ネットワーク基礎講座でした〜♪

(*2) ベンダーコード　OUI [Organizationally Unique Identifier] が正式名称。LAN の規格団体である IEEE のホームページで調べることができる。

図15-3 MACアドレス

48ビットで、16進数12桁で表記されるアドレス

ビット	00000000	00001101	01100001	01110110	01101101	01101110
16進表記	00	0D	61	76	6D	6E

00-0D-61 → ベンダーコード
76-6D-6E → ベンダー割り当てコード

Windows XPでMACアドレスを表示させると…(ipconfig /all)

```
C:\>ipconfig /all

Windows IP Configuration

        Host Name . . . . . . . . . . . . : XP01
        Primary Dns Suffix  . . . . . . . :
        Node Type . . . . . . . . . . . . : Unknown
        IP Routing Enabled. . . . . . . . : No
        WINS Proxy Enabled. . . . . . . . : No

Ethernet adapter ローカル エリア接続:

        Connection-specific DNS Suffix  . :
        Description . . . . . . . . . . . : Realtek RTL8139/810x Family Fast Eth
ernet NIC
        Physical Address. . . . . . . . . : 00-0D-61-76-6D-6E
        Dhcp Enabled. . . . . . . . . . . : No
```

ネット君の今日のポイント

- 1対1のユニキャスト、1対全のブロードキャスト、1対多のマルチキャストがある。
- 機器は1つ以上のユニキャストアドレスを持つ。
- イーサネットではアドレスとしてMACアドレスが使われる。

○月○日 ネット君

第16回 イーサネット

●イーサネットフレーム

さてさて、LANでのレイヤー2の話を続けよう。LANでのレイヤー2は、**イーサネット**というルールが使われていると説明した。前回はこのイーサネットで使われている住所、アドレスの話をしたな。

はい、MACアドレスでしたよね。ベンダーコードとメーカーがつけた番号からなる「アドレス」で、このアドレスを使ってあて先や送信元を特定する、という話でした。

うむうむ。さて、そのアドレスを使って「誰から」「どこへ」を決定するわけだが、このアドレス情報をヘッダーに記述して送信する。ヘッダーのことを覚えているかね、ネット君？ カプセル化のところで説明したな？

ヘッダー、カプセル化……。え〜っと、データにそのレイヤーの制御データをつけていくのがカプセル化。ヘッダーはそのときつける制御データ（P55参照）。

そうだ。イーサネットでは「イーサネットヘッダー」と「イーサネットトレーラー」をデータグラムにつけて、「イーサネットフレーム」にカプセル化する。このイーサネットフレームが信号になってケーブルで運ばれるわけだな。この「イーサネットヘッダー」と「イーサネットトレーラー」だが、どのような制御データかというと、図を見てもらおう。（図16-1）

ええっと、ヘッダーにつくのは、あて先のアドレス、送信元のアドレス、ペイロードの中身を識別するタイプ。トレーラーにはエラーチェックを行うFCS［Frame Check Sequence］(*1) ？

(*1) **FCS** サイクリック符号（巡回符号）方式［Cyclic Redundancy Check］と呼ばれるエラーチェックデータ。

図16-1　イーサネットフレーム

イーサネットで使用するレイヤー2PDU

イーサネットフレーム
最小64バイト〜最大1518バイト

イーサネットヘッダー　14バイト
イーサネットトレーラー　4バイト

あて先MAC アドレス	送信元MAC アドレス	タイプ	ペイロード	FCS
48ビット	48ビット	16ビット	368〜12000ビット	32ビット

←先頭

ペイロードの中で運ぶデータ（レイヤー3PDU）の種類を特定する値
（IPデータグラムなら16進数で0800が入る）

イーサネットヘッダーとトレーラーによってカプセル化されるレイヤー3PDU
（運ばれるデータ）

エラーチェック用ビット列

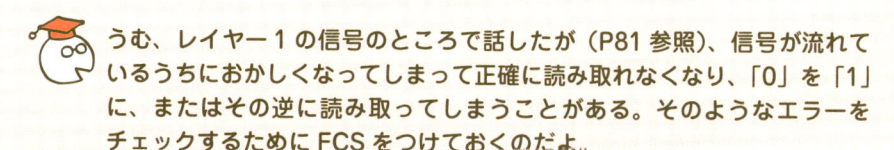

※1バイト…8ビット

うむ、レイヤー1の信号のところで話したが（P81参照）、信号が流れているうちにおかしくなってしまって正確に読み取れなくなり、「0」を「1」に、またはその逆に読み取ってしまうことがある。そのようなエラーをチェックするためにFCSをつけておくのだよ。

へ〜、じゃあもしFCSによって「正確に読み取れなくてエラーだよ」ってなったら、どうなるんですか？　エラーを直すんですか？

基本的に、通信途中でビットがおかしくなったエラーを直すことはできない（*2）。なぜなら「正しいデータ」かどうかは、エラーが起きていないものを受け取らない限りわからないからだ。FCSはエラーが起きているかどうかはわかるが、どの状態が正しいかまではわからない。例えばネット君、君が「商品を100000個ください」という手紙をもらったとして、それがあまりに桁が多すぎて、間違っていることはわかった。では正しい状態にどうやってする？

（*2）エラーを直すことはできない　ハミング符号と呼ばれるエラーチェックコードをつければ直すことはできる。だが複数のビットがエラーの場合はハミング符号でもできない。

ん、ん〜。それは手紙を送ってもらった人に聞くしかないかなぁ。

つまり、また送り直してもらうしかないわけだな。このように通信途中でのエラーは直すことができない。よって、**エラーがあったフレームは破棄される**。その時点で捨てられて、そこから先の処理は行わない、ということになる。なお、**破棄したことは送信側には通知しない**。

●イーサネットの動作

さて、ではイーサネットがどのようにデータを送信しているか、を説明しよう。まずネット君、LANではハブを使ったマルチアクセスネットワークを採用していることが多い。ハブを使った場合、信号はどうなるんだった？

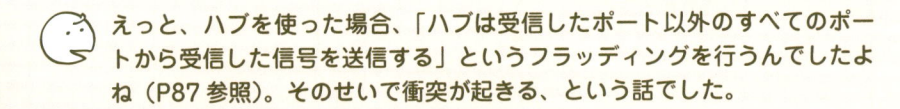

えっと、ハブを使った場合、「ハブは受信したポート以外のすべてのポートから受信した信号を送信する」というフラッディングを行うんでしたよね（P87参照）。そのせいで衝突が起きる、という話でした。

うむうむ、いいぞ、大事なのはその2点だ。「フラッディングにより、ハブにつながっているすべての機器に信号が届いてしまう」「衝突が発生する」、この2つの点から、イーサネットを説明しよう。まず、「すべての機器に届いてしまう」点だな。
ハブを使ったマルチアクセスネットワークの場合は信号、つまりデータはすべての機器に届いてしまう。そこで、イーサネットでは**受信したフレームのあて先MACアドレスを見て、自分あて以外のフレームを破棄する**。(図16-2)

なるほど、「特定のあて先のみ届ける」わけではなくて、「自分があて先の場合以外はデータの中を見ない」ということですね。

そういうことだ。あて先アドレス以外のコンピューターは受け取っても破棄して、中身を見ないようにしているわけだな。極論を言えば、アドレスというものはこの「あて先が自分かどうか」をチェックするためにつけられていると言ってもいいだろう。

ふむふむー、フレームにつけられているアドレスを見て、自分かどうかチェックする、と。そういえばマルチキャストやブロードキャストの場合はどうなるんですか？

第16回 イーサネット

図16-2 イーサネットの動作

ハブによりすべての機器に届いたフレームは、あて先MACアドレスを持つ機器以外は破棄する

① 送信コンピューターがユニキャストでフレームを送信すると、すべての機器に届く

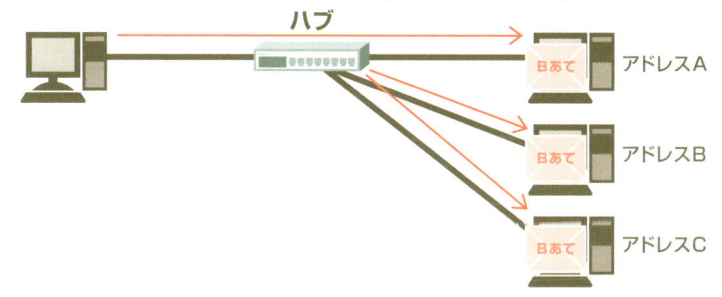

ハブ

アドレスA
アドレスB
アドレスC

② 受信したフレームのあて先MACアドレスが自分のMACアドレスでないコンピューターはフレームを破棄する

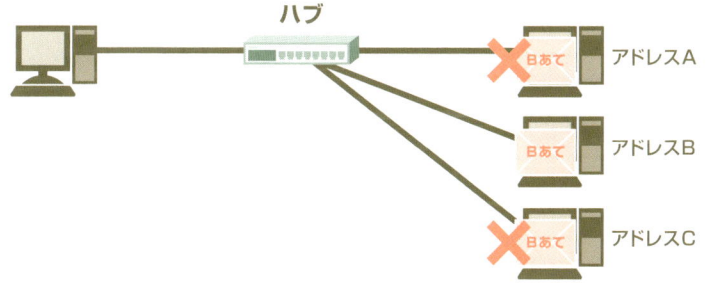

ハブ

アドレスA
アドレスB
アドレスC

> マルチキャストの場合は、マルチキャストアドレスにグループの番号が入っているので、自分がそのグループの一員ならば受け取り、それ以外ならば破棄。ブロードキャストは全員あてだから必ず受け取ることになる。さて、イーサネットのポイント2つ目は「衝突」だ。

> マルチアクセスネットワークの場合、同時に信号を送ると、途中で信号が衝突しちゃって読み取れなくなる可能性があるんでしたよね（P83参照）。これは防がなければいけないってお話でした。

> そうだ。イーサネットでは「信号を送るタイミングをずらす」ことによって、「なるべく衝突が起きない」ようにしている。これには **CSMA/CD** ［Carrier Sense Multiple Access / Collision Detection］と呼ばれる **アクセス制御** を行う。

図 16-3 CSMA/CD

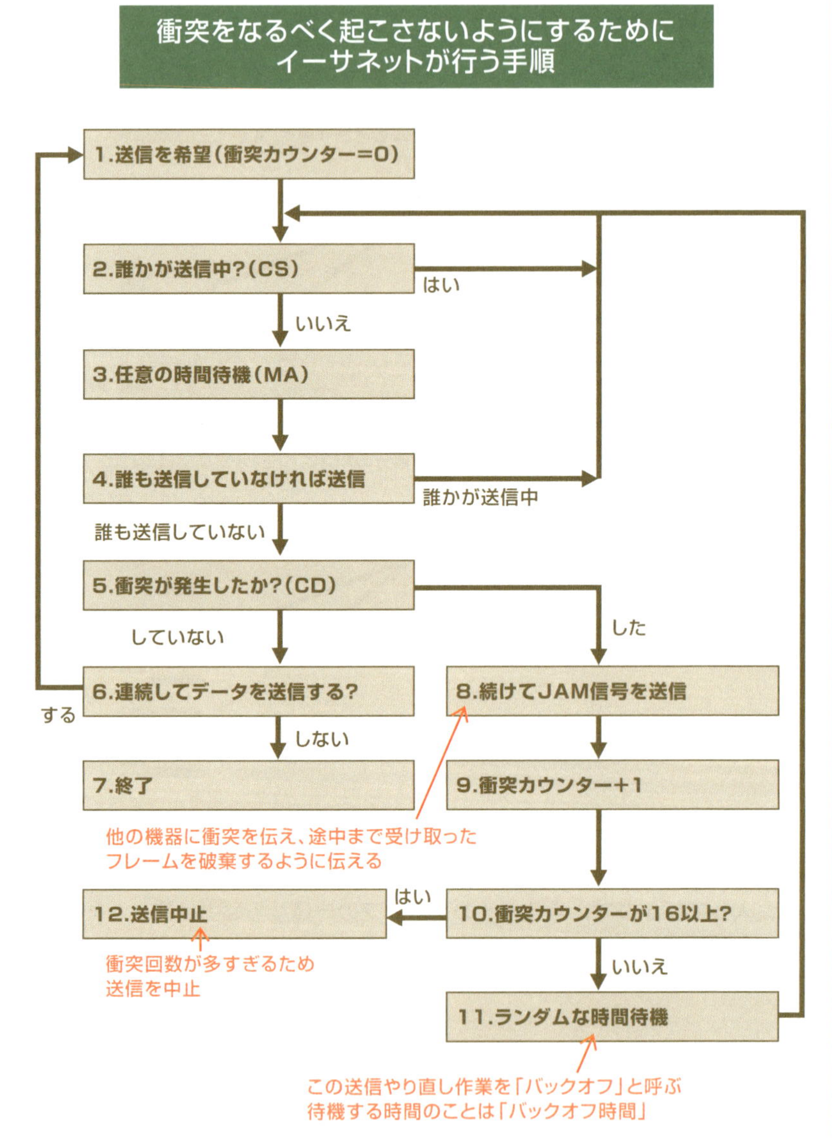

衝突をなるべく起こさないようにするためにイーサネットが行う手順

1. 送信を希望（衝突カウンター＝0）
2. 誰かが送信中？（CS）
   - はい → 2へ戻る
   - いいえ → 3へ
3. 任意の時間待機（MA）
4. 誰も送信していなければ送信
   - 誰かが送信中 → 2へ戻る
   - 誰も送信していない → 5へ
5. 衝突が発生したか？（CD）
   - していない → 6へ
   - した → 8へ
6. 連続してデータを送信する？
   - する → 1へ戻る
   - しない → 7へ
7. 終了
8. 続けてJAM信号を送信

　　他の機器に衝突を伝え、途中まで受け取った
　　フレームを破棄するように伝える

9. 衝突カウンター＋1
10. 衝突カウンターが16以上？
    - はい → 12へ
    - いいえ → 11へ
11. ランダムな時間待機 → 2へ戻る
12. 送信中止

　　衝突回数が多すぎるため
　　送信を中止

　　この送信やり直し作業を「バックオフ」と呼ぶ
　　待機する時間のことは「バックオフ時間」

第16回 イーサネット

🧒 しーえすえむえー、すらっしゅ、しーでぃー。なんか難しそうな名前ですね。あとアクセス制御ってなんですか？

👨‍🏫 インターフェースにつながっているケーブルへ信号を流すという「アクセス」を「制御」すること、だ。このCSMA/CDを簡単に言えば、「誰かが送信中なら送信しない（キャリア検知：CS）。誰も送信していなかったら送信できる（多重アクセス：MA）。送信後に衝突が起きたらもう一度やり直す（衝突検出：CD）」だな。(図16-3)

🧒 ははぁ、なんかそう言われるとわかりやすい気がします。でも博士、なんで「誰かが送信中なら送信しない」なのに、「送信後に衝突が起きたら」なんですか？ 誰も送信してないことを確認してから送信するなら、衝突が起きそうにないですよ？

👨‍🏫 それは2台がほぼ同時にキャリア検知してしまった場合だ。その場合は2台とも「誰も送信していない」と判断してしまうので、2台が送信してしまう。よって、衝突が発生するのだ。こればっかりはキャリア検知でも防げない。だから、「なるべく衝突が起きない」ようにしている、と言ったのだよ。

🧒 なるほど。タイミングをずらすことはずらすけど、たまたま一致しちゃうと防げないってことですね。

👨‍🏫 そういうことだな。では今回はここまでとして、また次回としよう。

🧒 了解っす。3分間ネットワーク基礎講座でした〜♪

ネット君の今日のポイント

- イーサネットではあて先と送信元のMACアドレス、エラーチェックなどをヘッダー、トレーラーとしてつける。
- 受信したフレームのあて先が自分以外の場合は破棄をする。
- 衝突をなるべく防ぐためにCSMA/CDを使う。

第17回 スイッチ

●ハブとスイッチ

前回はイーサネットについて説明した。カプセル化、イーサネットの動作、CSMA/CD について説明したな。

はい、イーサネットヘッダーとトレーラーの内容と、イーサネットとアドレスの話、あと衝突をどうやって防ぐか、という話でした。

うむ、その最後の話をもう一度しよう。イーサネットの CSMA/CD は衝突を「防ぐ」わけではなく、「起こりにくくする」ものだ。つまりイーサネットの CSMA/CD では衝突はなくならない。衝突ドメインという言葉を説明したな？

はい、衝突ドメインは「その範囲内のコンピューターが送信すると他のコンピューターの送信と衝突する可能性がある」範囲でしたよね（P86 参照）。この範囲内のコンピューターの台数は少なくなければいけない、ってことでしたよね？

そうだ。衝突ドメイン内のコンピューターの台数が多いと、CSMA/CD を使っていてもどうしても「2 台のコンピューターが同時に送信をする」可能性があがる。CSMA/CD を思い出してもらえばわかるが、衝突が発生するとそのコンピューターはしばらく待機して、また送信し直す。衝突ドメインのコンピューターの台数が多い場合、送信→衝突→再送信→衝突……ということが起き、ものすごく**効率が悪い**状態になってしまう。

ん〜、そうなるとまともにデータが送信できなくなりますね。送っても送っても衝突が発生して、やり直しになっちゃうんですから。

第17回 スイッチ

そういうことだ。衝突が発生しないようにするには、「信号を送るタイミングをずらす」と「信号が通る道を分ける」という方法があった。この「信号が通る道を分ける」ための機器が今回説明する**スイッチ**［Switch］(*1)だ。これを**ハブの代わりに使用する**。

ハブの代わりに？　ハブは複数のコンピューターをつなぐ機器ですよね。じゃあスイッチも同じように複数のコンピューターをつなぐんですか？

そうだ。スイッチはハブと同じように複数のポートを持っている。コンピューターをハブと同じようにスイッチにつなぐことによって、他のコンピューターとの間で信号のやり取りができるようになる。使い方としては、単純にハブをスイッチに置き換えるだけでいい。
　さて、スイッチがどうやって衝突を防ぐか、という話だが。これは「どこで衝突が起きているか」ということがポイントになる。実は、現在LANで使われているUTPや光ファイバーのケーブルは、「送信の信号」と「受信の信号」が分かれて流れている。つまり、ケーブル上では自分が送信した信号と、相手から送られてくる信号が同時に流れても衝突は発生しない。

え、そうなんですか？　じゃあ衝突はどこで起きるんですか？

衝突はハブで発生する。2つ以上の機器からハブが同時に信号を受け取ると、ハブはそれを分けて流すことができない。よって、そこで衝突が発生する。（図17-1）

● MACアドレスフィルタリング

そこで、スイッチの中で**受け取ったフレームを別々に流せるように処理を行い衝突を防ぐ**。どのように行うかと言うと、**MACアドレスフィルタリング**と**バッファリング**の2つを行う。
　まず、MACアドレスフィルタリングは「学習」と「スイッチング」という動作から成り立っている。まず、学習だ。これは**受信したフレームの送信元MACアドレスを記録する**ことだ。これにより、**受信したポートとMACアドレスを結び付ける**。（図17-2）

(*1) **スイッチ**　一般的には「スイッチング・ハブ」「イーサネットスイッチ」「レイヤー2スイッチ」などと呼ばれる。

図 17-1　衝突が起きる場所

衝突はケーブル上では発生せず、ハブ上で発生する

UTPや光ファイバーでは「送信」と「受信」が別で扱われるので、同時に送信と受信が行われても衝突は発生しない

衝突しない

ハブに同時に信号が届くと、1つのポートに同時に2つのフレームを送信することになるので、そこで衝突が発生する

ハブ

衝突!!

🐱 え～っと、流れてきたフレームの送信元MACアドレスと、それを受信したポートの対応表を作るってことですか。なんのためにこんなことするんです？

🎓 それは次のスイッチングのためだ。ともかく、この「学習」により**スイッチはポートにつながっているコンピューターのMACアドレスを記憶する**ということだ。つまり、「このポートの先にこのMACアドレスを持つコンピューターがありますよ」と覚えるのだな。なお、この対応表を**アドレステーブル**と呼ぶ。

🐱 確かに、この「学習」だと、ポートの先につながっているコンピューターを覚えることになりますね。それで、次がスイッチング？

🎓 そうだ。フレームを受信したスイッチは、**フレームのあて先MACアドレスを見て、そのMACアドレスがあるポートのみからフレームを送信する**。それ以外のポートからは送信しない。ここでどうやって「あて先MACアドレスがあるポート」がわかるかというと、先ほど「学習」したアドレステーブルから調べるわけだな。(図17-3)

図17-2 MACアドレスの学習

スイッチは受信したフレームの送信元MACアドレスと受信したポートの対応を学習する

AからBへのイーサネットフレーム

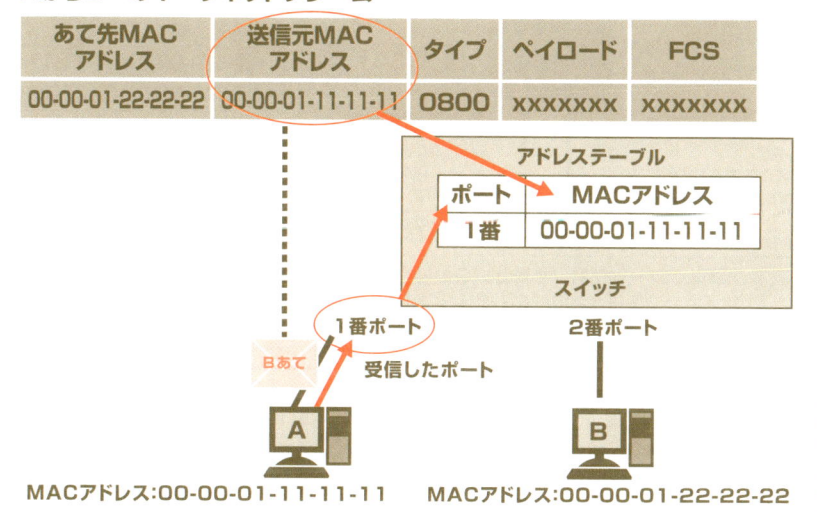

あて先MACアドレス	送信元MACアドレス	タイプ	ペイロード	FCS
00-00-01-22-22-22	00-00-01-11-11-11	0800	xxxxxxx	xxxxxxx

アドレステーブル

ポート	MACアドレス
1番	00-00-01-11-11-11

スイッチ

1番ポート（受信したポート）　2番ポート

Bあて

A　MACアドレス:00-00-01-11-11-11
B　MACアドレス:00-00-01-22-22-22

🐱 ふむふむー。例えばポート3に00-00-01-33-33-33があるってアドレステーブルがあった場合、あて先MACアドレスが00-00-01-33-33-33のフレームがスイッチに届いたら、ポート3からのみフレームを送信して、他のポートからはフレームを送信しないってことですね。

🎓 うむ、その通り。その結果、**別のあて先あてのフレームが同時にスイッチに到着しても衝突が発生しなくなる**。ハブならばどのようなフレームが届いてもフラッディングしようとして、同時に届いた場合は衝突が発生するが、スイッチではそのようなことが起きなくなる、ということだ。

🐱 う〜ん、確かにそうなるかな。AからBへ、とCからDへがスイッチに届いたとしても、BあてはBがつながっているポートだけ、DあてはDがつながっているポートだけからしか送信されないなら、衝突しないですよね。

図17-3　MACアドレスのフィルタリング

アドレステーブルからあて先MACアドレスに対応するポートを調べ、そのポートからのみ送信をする

① アドレステーブルにポートにつながっているコンピューターのMACアドレスが学習済みだとする

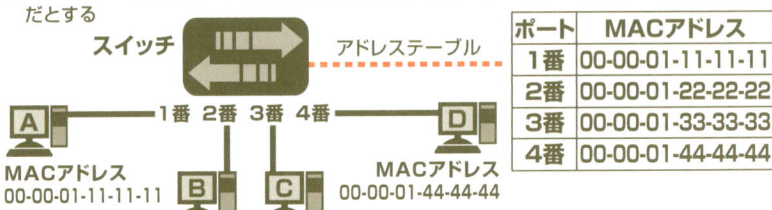

ポート	MACアドレス
1番	00-00-01-11-11-11
2番	00-00-01-22-22-22
3番	00-00-01-33-33-33
4番	00-00-01-44-44-44

② スイッチにフレームが届いた場合。(この場合00-00-01-33-33-33:C宛)アドレステーブルからそのMACアドレスを探す

ポート	MACアドレス
1番	00-00-01-11-11-11
2番	00-00-01-22-22-22
3番	00-00-01-33-33-33
4番	00-00-01-44-44-44

③ アドレステーブルに載っている対応するポート(この場合3番ポート)から送信するそれ以外の2番、4番からは送信しない

ポート	MACアドレス
1番	00-00-01-11-11-11
2番	00-00-01-22-22-22
3番	00-00-01-33-33-33
4番	00-00-01-44-44-44

④ そのため、違うあて先へのフレームが同時に届いたとしても衝突が発生しなくなる

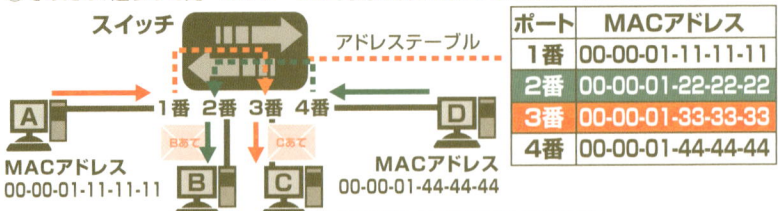

ポート	MACアドレス
1番	00-00-01-11-11-11
2番	00-00-01-22-22-22
3番	00-00-01-33-33-33
4番	00-00-01-44-44-44

第17回 スイッチ

🎓 この動作は MAC アドレスによって送信するポートを濾す（フィルターする）ことから、MAC アドレスフィルタリング、と呼ぶ。この MAC アドレスフィルタリングの注意点だが、スイッチはまずアドレスを「学習」してポートと MAC アドレスの対応表であるアドレステーブルを作る。逆に言えばその MAC アドレスが送信元のフレームを受け取る前の「学習できていない」状態では、MAC アドレスフィルタリングできない。
この場合、つまり「学習前の MAC アドレスあてのフレームを受けとった」場合と、あて先が 1 台だけではないマルチキャスト（*2）とブロードキャストがあて先のフレームを受け取った場合は、ハブと同じようにフラッディングする。

🐱 あー、送信するポートがわからないからですか、これはしょうがないですよね。……そういえば、博士？　「別のあて先あてのフレームが同時にスイッチに到着しても衝突が発生しなくなる」とおっしゃってましたけど、これが「同じあて先のフレームが同時に到着した」場合はどうなるんですか？　衝突しちゃいませんか？

🎓 うむ、それがもう 1 つのスイッチの動作である「バッファリング」の出番、というわけだ。だがそれは次回にしよう。

🐱 はいなー。3 分間ネットワーク基礎講座でした〜♪

（*2）マルチキャスト　マルチキャストあてのフレームを受け取った場合でも、MAC アドレスフィルタリングを実行する方法はある。IGMP スヌーピングと呼ばれる方法を使う。

ネット君の今日のポイント

- 衝突はハブで発生する。
- スイッチは「MAC アドレスフィルタリング」と「バッファリング」で衝突を防ぐ。
- あて先 MAC アドレスに対応したポートからのみフレームを送信するのが MAC アドレスフィルタリング。

○月○日　晴　ネット君

第18回 全二重イーサネット

●バッファリング

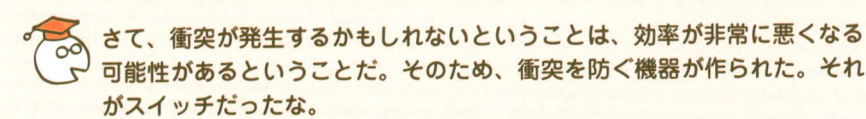

さて、衝突が発生するかもしれないということは、効率が非常に悪くなる可能性があるということだ。そのため、衝突を防ぐ機器が作られた。それがスイッチだったな。

ですね。スイッチはMACアドレスフィルタリングで「別のあて先へのフレームが同時にスイッチに到着しても衝突を起こさなくする」ことができます。じゃあ、同じあて先のフレームが同時に届いたらどうなるんですか？　って話が前回のヒキでした。

うむうむ、それをするのが**バッファリング**だと話したな。バッファリングとは**バッファー**［Buffer］を使った処理を行うことだ。バッファーとは、一時的にデータを記憶しておくことができる記憶装置（メモリー）のことだ。ネット君、同じあて先のフレームが同時に届いたときのことを考えてみたまえ。どうなる？

どうなるって、同じあて先のフレームが同時に届くと、そのあて先がつながっているポートから送信しようとしますよね。でも、出口は1つしかないのに、フレームは2つあるんですから、そこで衝突が発生するんじゃないんですか？

確かにその通り。よって、衝突が起こらないように**衝突しそうなフレームをバッファーに一時的に退避させる**。あて先が同じフレームが2つ届いた場合、1つは送信して、もう1つは一時的にバッファーに退避させる。そして1つ目のフレームの送信が終わったら、退避させていたフレームを送信させる。これがバッファリングだ。（図18-1）

ははぁ、確かにそうすれば出口でぶつかることはなくなりますね。一時退避場所を用意しておいてあげるんだ。

第18回　全二重イーサネット

図18-1　バッファリング

同じあて先へのフレームが同時に届いた場合、一時的に退避させる

①同じあて先へのフレームがほぼ同時に届いた場合は…

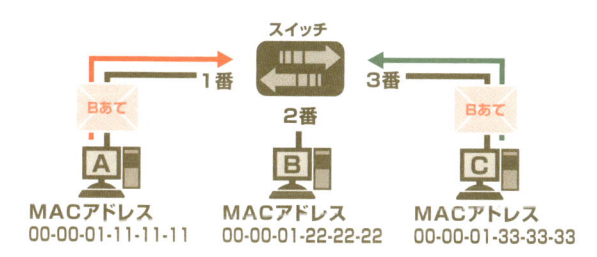

②あとから届いた方をバッファーに退避させ、先のフレームの送信が終わってから送信する

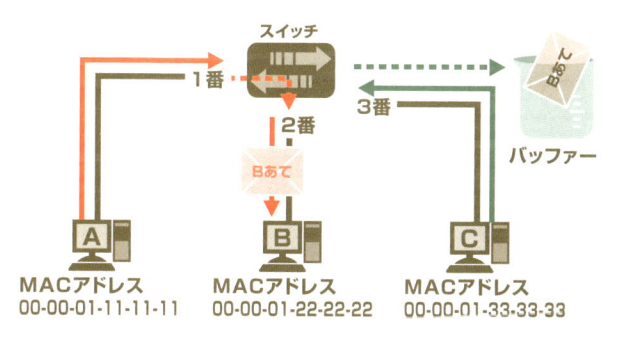

🎓 そういうことだな。ただし、これには1つ問題がある。それはバッファーの容量だ。もし同じあて先へのフレームが次から次へと来た場合、バッファーに退避させるのはいいが無限に退避できるわけではない。記憶装置の容量は有限だからな。

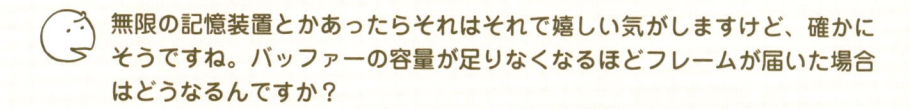

🐤 無限の記憶装置とかあったらそれはそれで嬉しい気がしますけど、確かにそうですね。バッファーの容量が足りなくなるほどフレームが届いた場合はどうなるんですか？

🎓 **バックプレッシャー[Back Pressure]** または **IEEE802.3x** という規格を使うことで送信を調整するのだ。簡単に言えば、バッファーが不足しそうだなと判断したら、送信を止めてもらうのだよ。**(図18-2)**

🙂 なるほどなるほど、「バッファーがいっぱいだから、通信を止めてー」ってお願いするわけですね。ちなみに、なんで2種類あるんですか？

🎓 それは、スイッチが次に話す全二重イーサネットに対応しているならばIEEE802.3xを使うが、そうでないならバックプレッシャー方式を使うからだ。ともかく、**スイッチを使うことで衝突がなくなる**ことがわかったかね？

🙂 はい、MACアドレスフィルタリングとバッファリングを使うことで、衝突が発生しなくなるんですね。すごいですね、スイッチ。

🎓 そうだな。ここで衝突ドメインのことを思い出してほしいのだが、衝突ドメインとは「その範囲にある機器では衝突の可能性がある」範囲のことだった。スイッチを使うと衝突が発生しなくなる。
つまり**衝突ドメインはスイッチで分割される**のだ。衝突ドメインは小さくなければならない。これをスイッチが実現して、データ通信の効率をあげる、ということになる。

図18-2　バックプレッシャー/IEEE802.3x

バッファーがあふれそうになった場合、衝突を伝える信号またはポーズフレームによりそれ以上の送信を中断させる

バックプレッシャー方式

- ①バッファーメモリーがあふれそう
- ②送信を継続中（半二重）
- ③JAM信号（衝突を知らせる）を送信
- ④衝突が起きたと判断し送信を中断する

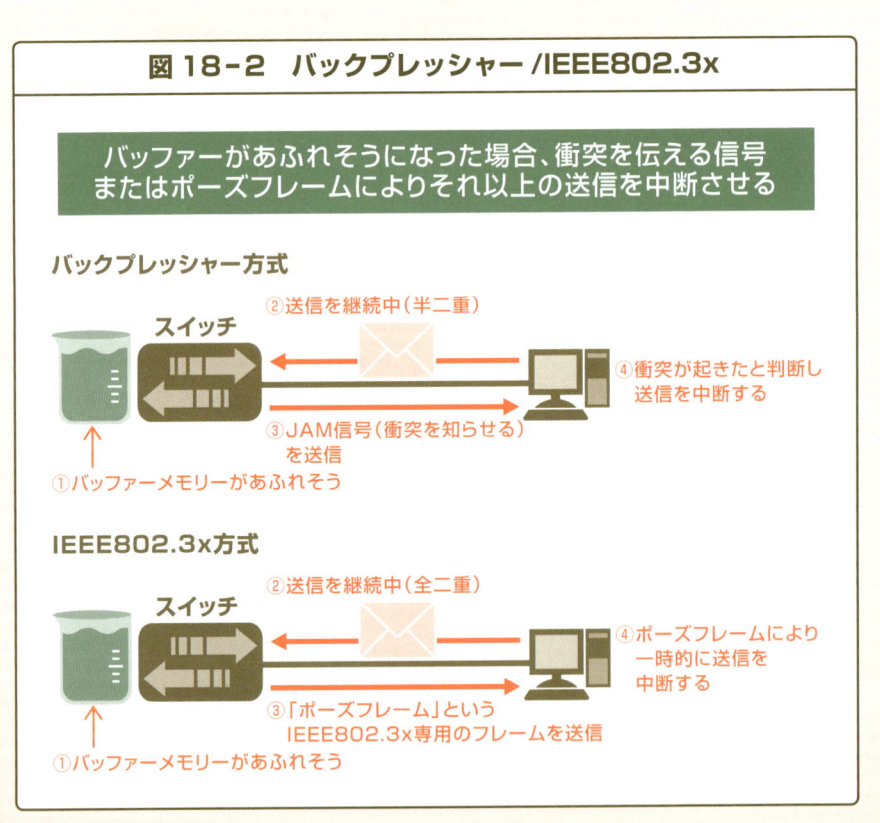

IEEE802.3x方式

- ①バッファーメモリーがあふれそう
- ②送信を継続中（全二重）
- ③「ポーズフレーム」というIEEE802.3x専用のフレームを送信
- ④ポーズフレームにより一時的に送信を中断する

●全二重イーサネット

さてさて、今説明したように「スイッチを使うと衝突が発生しなくなる」。だがここで思い出してほしいのは、イーサネットでは衝突をなるべく防ごうとして、CSMA/CD を使っていた（P105 参照）。
だが、よくよく考えればスイッチを使えば衝突が起きないのに、わざわざ CSMA/CD でさらに衝突を防ごうとするのは無駄だろう？ なんと言っても **CSMA/CD は半二重通信**で、効率が悪いしくみだからな。

まぁ、確かにスイッチのおかげで衝突が発生しないなら CSMA/CD はいらないですよね。で、博士？ 半二重通信ってなんですか？ 半分だけ二重？ 二重ってなんですか？

まてまて、一度に質問しない。まず、半二重通信［Half-Duplex］とは「誰かが送信中（自分は受信中）は送信できない」「自分が送信中は受信ができない」という通信方式のことだ。イメージとしてはトランシーバーを思い出してくれればいい。

トランシーバー……。あれは確かに自分が喋っていると、他の人の声は聞こえないですよね。反対に聞いているときはこっちから喋れない。CSMA/CD はこの「半二重通信」なんですか？

そうだ。まずキャリア検知があるため「誰かが送信中はデータを送信しない」。一方で「自分が送信中は衝突を防ぐため他のコンピュータが送信してこない」つまり、受信しない。よって、CSMA/CD は半二重通信なのだよ。
一方、「同時に送信と受信ができる」方式を**全二重通信**［Full-Duplex］と呼ぶ。スイッチを使った場合、衝突を恐れる必要がない。なので CSMA/CD を使う必要がない。そのため、この**全二重通信を行うことができる**というわけだ。このようにスイッチを使って全二重通信を行うことを、全二重イーサネット（*1）と呼ぶ。（図18-3）

は〜、送信と受信が同時にできるようになって、便利になる、と。すごいなぁ、スイッチ。

(*1) **全二重イーサネット** ただし、スイッチと、コンピューターのインターフェース双方が全二重イーサネット対応の製品である必要がある。

図18-3　全二重イーサネット

衝突が発生しなくなることにより、全二重通信が可能になる

①ハブで衝突が発生するため、受信中は受信のみ。送信中は他が送信してこない（受信しない）。よってハブを使ったイーサネットは半二重通信

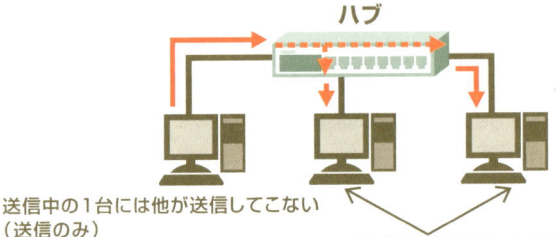

ハブ

送信中の1台には他が送信してこない（送信のみ）

この2台は他が送信中なので送信できない（受信のみ）

②スイッチでは衝突が発生せず、またケーブル上でも衝突が発生しないため、送信中でも受信ができる。よってスイッチを使ったイーサネットは全二重通信ができる

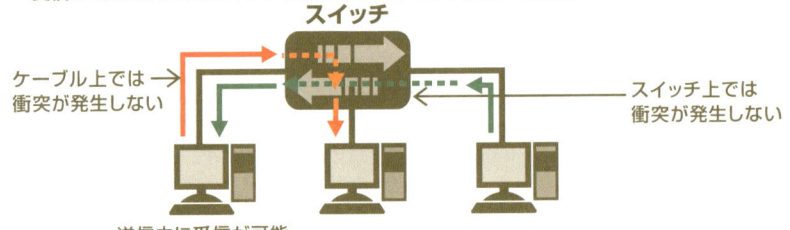

スイッチ

ケーブル上では衝突が発生しない

スイッチ上では衝突が発生しない

送信中に受信が可能

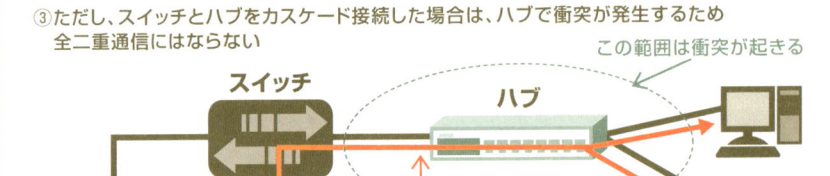

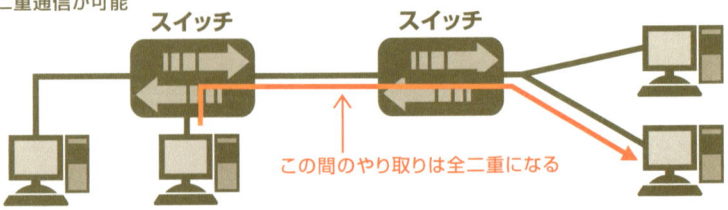

③ただし、スイッチとハブをカスケード接続した場合は、ハブで衝突が発生するため全二重通信にはならない

スイッチ　　ハブ

この範囲は衝突が起きる

この間のやり取りは半二重になる

④スイッチ同士でカスケード接続を行えば衝突が発生しないため、どの通信でも全二重通信が可能

スイッチ　　スイッチ

この間のやり取りは全二重になる

第18回 全二重イーサネット

🎓 例えば 5 台のコンピューターがハブにつながっているとして、ケーブルが 100Mbps だったとしよう。そうすると、5 台のコンピューターがそれぞれ 100M ビットのデータを送信したい場合、ハブでは同時に送信できないから、1 台が 100M ビット送ったあとに、次のコンピューターが送って……、を繰り返すので、結果として 5 秒かかる。1 台あたり 20Mbps 分しか使えない計算になるわけだ。だが、スイッチを使った全二重イーサネットなら？

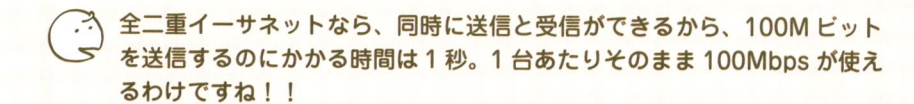

🙂 全二重イーサネットなら、同時に送信と受信ができるから、100M ビットを送信するのにかかる時間は 1 秒。1 台あたりそのまま 100Mbps が使えるわけですね！！

🎓 そういうことだ。CSMA/CD でハブに 100 台つながっているなら 1/100 の 1Mbps になる。つまり接続台数で割った分しか使えないのに対し、全二重イーサネットならケーブル分がそのまま使える。ということで現在では、スイッチが普及して全二重イーサネットが当たり前になってきているな。

🙂 そりゃそうですよね、明らかにそっちの方が優れていますもんね。

🎓 では今回はここまでとしよう。次回からはレイヤー 3 について説明する。

🙂 あい、了解です。3 分間ネットワーク基礎講座でした〜♪

ネット君の今日のポイント

- バッファリングにより同じあて先へのフレームの衝突を防ぐ。
- スイッチを使うことにより、CSMA/CD を使う必要がなくなり全二重イーサネットになる。

補講 ②

「パケットキャプチャを使っちゃおう」

　こんにちは、おねーさんです。レイヤー1・2の説明が本編では終わってるかと思います。イーサネットの話とかね。でも、「こういうデータを送ってる」って説明されても、なかなかピンとこないですよね。普通にコンピューターを使ってるだけでは、どんなデータがどんな形で送られてるかってわかりませんから。

　データが実際にどんな内容で送られているかって、結構気になりませんか？　実は、あるソフトを使うと、見ることができちゃいます。それは「パケットキャプチャソフト」って呼ばれているソフトです（ネットワークアナライザなどとも呼ばれてます）。パケットキャプチャソフトをパソコンにインストールすると、あら不思議、受け取ったり送ったりするデータを見ることができます。

　パケットキャプチャソフトは、NICが受け取ったイーサネットフレームを、全部表示するソフトです。「受け取った」ものを表示するので、あて先が自分以外のフレームでも、全部見ることができちゃいます。ネットワークの管理をする人々や、ネットワークソフトを作る人達は、どのようなデータが流れているか、その中身はなんなのかを調べることをしますので、こういうソフトをよく使います。

　ネットワークのプロが使っているので「手に入らない」「難しい」と思うかもしれませんが、現在はフリーソフトとしてネットでダウンロード可能なものが結構あります。フリーソフトとして有名なものでは、Wireshark（http://www.wireshark.org/）があります。

　パケットキャプチャソフトのいいところは、なんといっても、実際にどんなデータが流れているか見ることができるという点です。この「3分間ネットワーク基礎講座」で説明されている通りにデータがやり取りされ、そのデータの中身も説明通りだったりするのは、なかなか感動しますよ。みなさんも一度インストールして、勉強したことの確認などに使われるといいと思います。

　ただし、パケットキャプチャソフトは流れているフレームを全部表示することができてしまいます。なので、使い方によっては「盗聴」という形で悪用することもできちゃいますので、注意して使ってくださいね。

3章
IPアドレッシング

第19回 レイヤー3の役割と概要

●ネットワーク

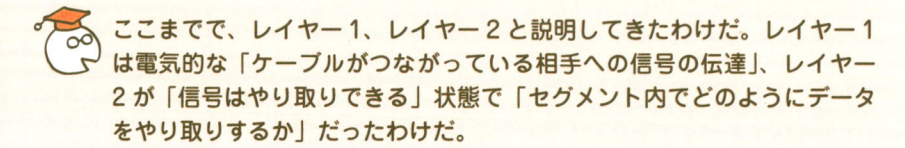

> ここまでで、レイヤー1、レイヤー2と説明してきたわけだ。レイヤー1は電気的な「ケーブルがつながっている相手への信号の伝達」、レイヤー2が「信号はやり取りできる」状態で「セグメント内でどのようにデータをやり取りするか」だったわけだ。

> は、はい。そうでしたよね。レイヤー1がケーブルを伝って信号を渡す役目、レイヤー2がその上で「信号をうまくやり取りするための手順」を考えている役目、というか。信号をデータとして受け取ったり、衝突が起きないようにしたり、とか。

> そうだな。以前、OSI参照モデルのところで話したことを忘れないように（P47参照）。上位のレイヤーは下位のレイヤーのことを考えない。「信号を運ぶ」のがレイヤー1の役目で、その上位であるレイヤー2は「信号が運ばれている前提」で、コンピューターや機器間でデータをやり取りする役目を担う、ということだ。

> 逆に、下位であるレイヤー1は、上位のレイヤー2のために働く、でしたっけ。レイヤー2が「このタイミングでこうやってデータを送るんだー」って言ったら、「じゃあ信号を送ります」みたいな感じ？

> そうだな、このレイヤーの上下間の関係を忘れないように。さて、今回からはレイヤー3を説明しよう。レイヤー3を理解するために、まず「セグメント」の説明をしよう。

> セグメント……それって第1章でも第2章でも話がでましたよね（P36参照）。え〜っと、ルーターなしに分岐でつながっている範囲？

簡単に言えば、**ルーターとルーターの間の範囲**とでも考えておくのがいいかな。このセグメント内でデータのやり取りをするのがレイヤー2の役割だった。だがそれでは、セグメント内のコンピューター同士でしか、データのやり取りができないことになってしまう。そこで、セグメントを超えたやり取りをするにはどうするのだった？

え〜っと、確か前の章で「パケット交換機であるルーターを通って別のセグメントへデータを送る」「それを考えるのはレイヤー2より上のレイヤー3だ」とおっしゃってましたよね（P91参照）。

そう、つまりセグメント内ではなく**セグメント間でのデータのやり取りを行うのがレイヤー3**ということだ。ただし、セグメント、という言葉はどちらかと言えばレイヤー1・2で使う言葉なので、レイヤー3ではこれと同じ範囲のことを指して**ネットワーク**という言葉を使う。

ネットワーク？「なにかとなにかが網状につながっていてなにかを運ぶ」、それがネットワーク、でしたよね（P12参照）？

それは広義のネットワークだな。レイヤー3で使う「ネットワーク」という言葉は狭義のネットワークで、「セグメント」と同意義、つまり**ルーターとルーターで分断されたコンピューターのグループ**という意味になる。（図19-1）

●インターネットワーク

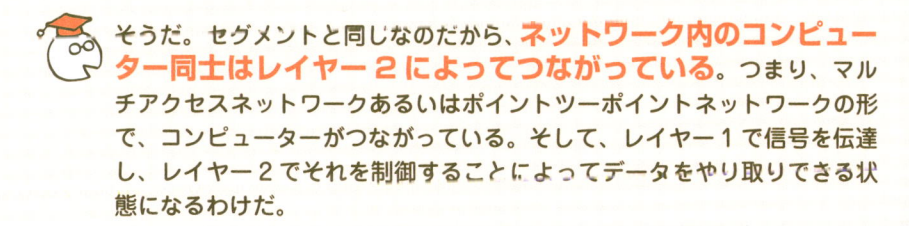

もうちょっと詳しく説明しよう。ネットワークとは「コンピューターのグループ」で、レイヤー2までの「セグメント」と同じ範囲のことだったな。

ええ、なんか紛らわしい話ですよね。要は「ルーターとルーターで分断された」範囲ですよね？

そうだ。セグメントと同じなのだから、**ネットワーク内のコンピューター同士はレイヤー2によってつながっている**。つまり、マルチアクセスネットワークあるいはポイントツーポイントネットワークの形で、コンピューターがつながっている。そして、レイヤー1で信号を伝達し、レイヤー2でそれを制御することによってデータをやり取りできる状態になるわけだ。

図 19-1　ネットワーク

ルーターとルーターで分断されたコンピューターのグループ

ルーターによって区切られた範囲にある
コンピューターのグループが「ネットワーク」
ハブ・スイッチはネットワークを分断しない

ハブ

…ルーター

ハブ

この3台のコンピューターは
同一の「ネットワーク」に
所属している

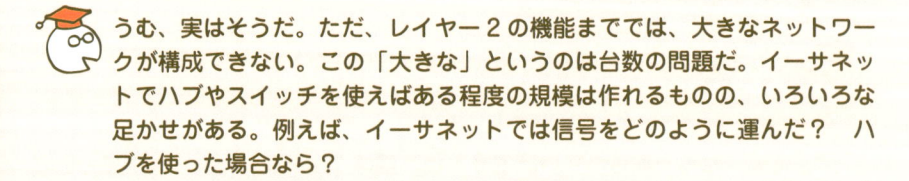

ルーターとルーター間の
ポイントツーポイントネットワークも
「ネットワーク」

🐱 ふむふむ。つまり、ネットワーク内ならば、レイヤー2まででデータがやり取りできてしまうわけですね？　レイヤー3は特に必要ない、と？

🎓 うむ、実はそうだ。ただ、レイヤー2の機能まででは、大きなネットワークが構成できない。この「大きな」というのは台数の問題だ。イーサネットでハブやスイッチを使えばある程度の規模は作れるものの、いろいろな足かせがある。例えば、イーサネットでは信号をどのように運んだ？　ハブを使った場合なら？

🐱 ハブを使った場合なら、送信側が出した信号は、ハブによってつながっている全部の機器に届きますよね（P86参照）。でも、それはスイッチを使えばいいんじゃないんですか？

🎓 スイッチを使うと衝突がなくなることはなくなるが、スイッチの「ブロードキャストを制御しない」という点は解決されない。

🐱 スイッチは確か、マルチキャスト、ブロードキャスト、まだ覚えていないアドレスあてのフレームはフラッディングするんでしたよね（P109参照）。それに問題があるんですか？

うむ、ブロードキャストを送信すると、そのブロードキャストが届く範囲の全コンピューターがそれを受け取り、自分に関係があるかどうかを確認しなければならない。つまり、その分コンピューターの処理が増えるわけだ。台数が増えれば増えるほど、ブロードキャストの総数も増える。こうなると、それを確認する処理もまた多くなってしまうわけだ。

あー、台数が多くなると頻繁にブロードキャストが送信されることになり、その分確認処理が頻繁に起きちゃうわけですか。じゃあ、レイヤー3の機能ならブロードキャストをどうにかできるんですか？

うむ、あとで説明するが**ルーターを越えてブロードキャストは流れない**のだ。つまり、1つの大きなネットワークを複数のネットワークに分割することにより、ブロードキャストが届く範囲を制限できるのだ。**(図19-2)**

なるほどー。ネットワークを分断することで、ブロードキャストが流れる量が減るんですね。

そういうことだ。さて、次に問題になるのは「ネットワークとネットワークの間」でどうやってデータをやり取りするか、ということになる。レイヤー2までの機能はあくまでも「同じセグメントの機器」、簡単に言えば「隣接機器へのデータ通信」の機能だった。

レイヤー2は、ケーブルが直接つながっているか、ハブやスイッチでつながっているコンピューターでのデータ通信、でしたよね。レイヤー2までの機能では、ネットワークとネットワークの間のやり取りができない？

そうだ。この「ネットワーク間でデータをやり取りすること」を**インターネットワーク**［Internetwork］と呼ぶ。または単にインターネット［Internet］とも呼ぶ。**(図19-3)**

インターネット？　え？　あの、ホームページとか見る？

そっちは固有名詞の「インターネット」だ。［INTERNET］［The Internet］［The Net］と英語では書かれるな。そうではなく、「ネットワーク間でのデータ伝送」という意味でインターネット（ワーク）という言葉を使う。英文とかで［Internet］と書かれていることがあるが、それを固有名詞の「インターネット」と勘違いすると意味が通らないぞ。

図19-2 ネットワークを分ける理由

ブロードキャストが届く範囲を限定することにより、ブロードキャストの問題を解決する

① スイッチで構成されたネットワークでは、1台が送信したブロードキャストがすべてのコンピューターに届く

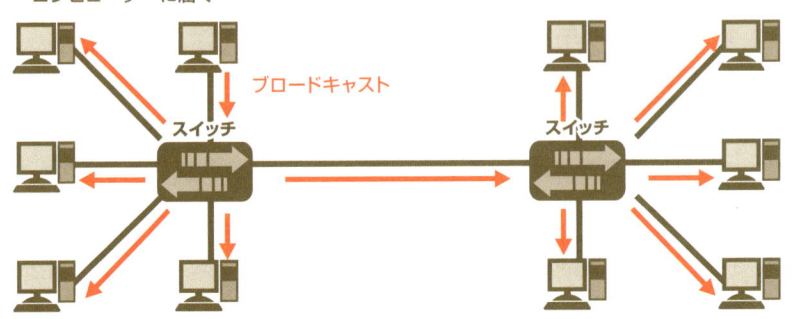

台数が多いと、ブロードキャストの回数が増え、各コンピューターがブロードキャストを処理する回数が増えてしまう

② ルーターはブロードキャストを中継しないので、ルーターを越えてブロードキャストは流れない

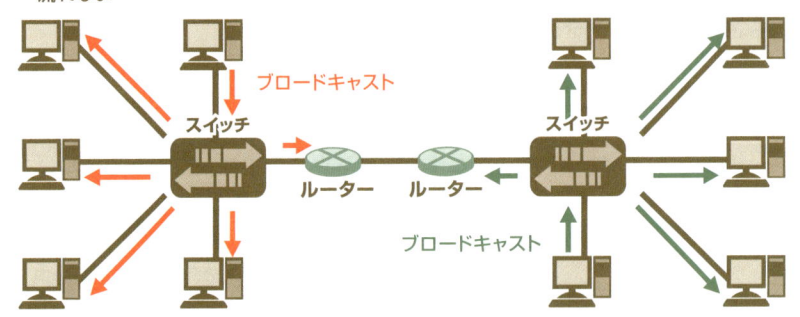

全体の台数が多くなっても、それぞれのネットワークにしかブロードキャストは届かないため、各コンピューターが処理するブロードキャストの量は少なくてすむ

は、はい、気をつけます。

つまり、**レイヤー3はインターネットワークを実現**することがその役割となる。インターネットワークにより、**離れた位置にあるコンピューター同士がデータ通信をできるようになる**というわけだ。詳しい話は次回以降にしよう。

図 19-3　インターネットワーク

ネットワークとネットワークをつないで、異なるネットワークにある
コンピューター同士がデータ通信を行えるようにする

① レイヤー2までの機能は、そのネットワーク内の隣接機器へのデータ通信

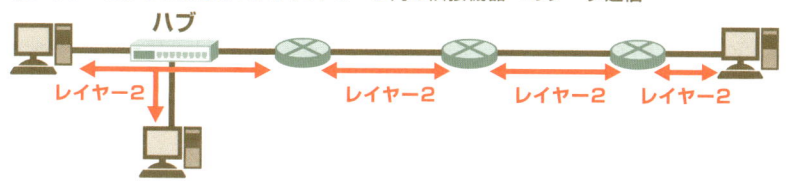

レイヤー2 ／ レイヤー2 ／ レイヤー2 ／ レイヤー2

② レイヤー3では離れた位置にある他のネットワーク内の機器とのデータ通信を実現する

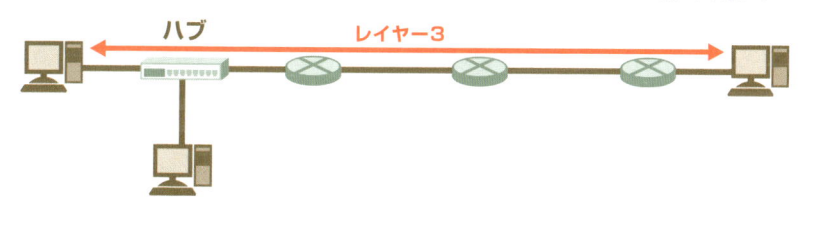

レイヤー3

はい。3分間ネットワーク基礎講座でした〜♪

ネット君の今日のポイント

- 狭義のネットワークはルーターで区切られた「コンピューターのグループ」。
- ネットワーク間でデータ通信をすることをインターネットワークと呼ぶ。
- レイヤー3でインターネットワークを実現する。

○月○日　○曜　ネット君

第20回 インターネットプロトコル

●レイヤー3の役割とIP

さてさて、レイヤー3の概要について前回話したわけだ。レイヤー3は「インターネットワーク」を実現することがその役割だった。

はい。インターネットワークにより、ネットワークとネットワークの間でデータがやり取りできるようになるんですよね。そうすることで、離れた場所にあるコンピューター同士でデータ通信ができるようになる、と。

そういうことだな。では、その「インターネットワーク」を実現するために必要なことを説明しよう。ここで考えることは大きく分けて2つある。まず1つ目が**アドレッシング**だ。

アドレッシング？ アドレッシングっていうのは、え～っと、アドレスをどのように書いて、どのように割り振るか、という話でしたよね。MACアドレスのときに説明した（P96参照）。

そうだ。レイヤー2のイーサネットではアドレスとしてMACアドレスを使ったが、レイヤー3ではMACアドレスは使用しない。なぜならば、MACアドレスは「場所が特定できない」アドレスだからだ。

ん～っと、MACアドレスは前半24ビットが「メーカーの番号」であるベンダーコード、後半の24ビットがメーカーがつけた番号、でしたよね（P100参照）。確かに「どこにある」っていう場所の情報はないなぁ。

レイヤー2の「セグメント内」でのデータのやり取りでは、これでも問題ない。なんと言っても台数が少ないからな。だが、レイヤー3のようにネットワークをまたいで他のネットワークへデータを運ぶとなると、台数も飛躍的に多くなるため、「どこ」という情報がないのは無理がある。つまり、**レイヤー3のためのアドレス**が必要となる。

第20回 インターネットプロトコル

🐥 ん、んんん？ つまり、レイヤー2で使う「MACアドレス」と、レイヤー3で使うアドレスが違う？ アドレスが2つ必要ってことですか？

🎓 うむ、**レイヤー2とレイヤー3で2つのアドレスを使用する**ということだ。レイヤー3で使用するアドレス、これは**論理アドレス**と呼ばれるが、このアドレスには**どこにあるかという位置情報**がある。それにより、あて先を探し出すことができるわけだな。

レイヤー2で使われるアドレスは「物理アドレス」と呼ばれる。MACアドレスがそうだ。「物理アドレス」と「論理アドレス」の違いは、アドレスに位置情報が含まれるかどうかだ。位置情報は**どこのネットワークにある、どのコンピューター**という情報の組み合わせで表現される。（図20-1）

🐥 「どこにある」「どのコンピューター」……、普通の住所ですよね、それって。「東京都新宿区」にある「市谷左内町21-13」とかと一緒ってことですか。

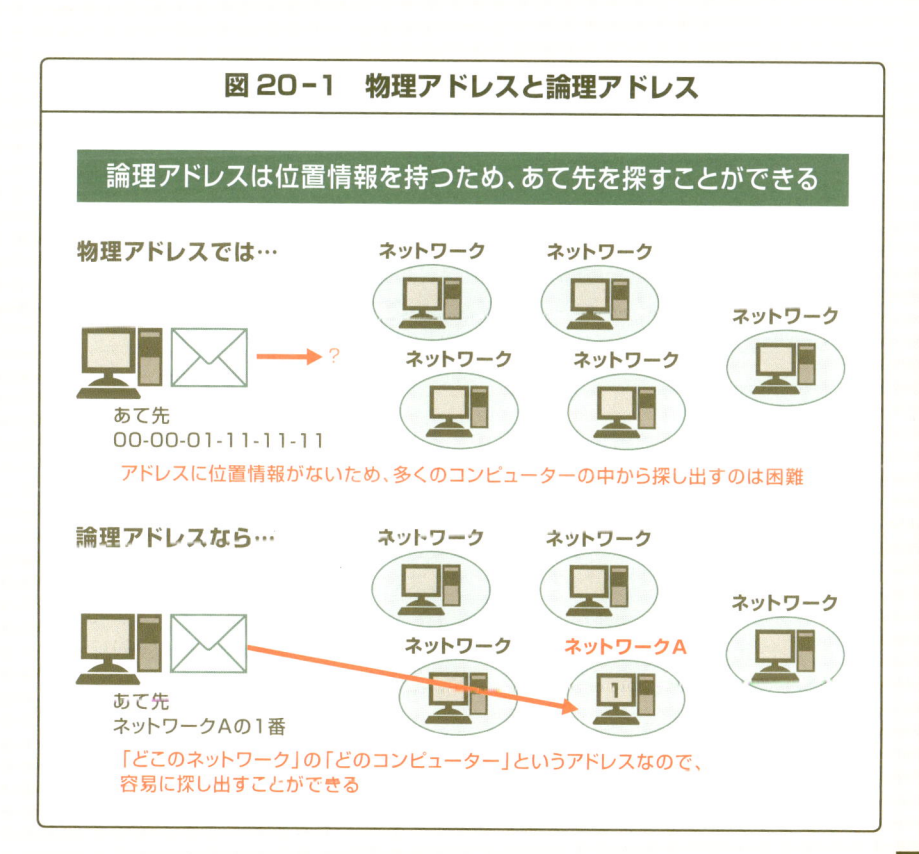

図20-1　物理アドレスと論理アドレス

論理アドレスは位置情報を持つため、あて先を探すことができる

物理アドレスでは…

あて先
00-00-01-11-11-11

アドレスに位置情報がないため、多くのコンピューターの中から探し出すのは困難

論理アドレスなら…

あて先
ネットワークAの1番

「どこのネットワーク」の「どのコンピューター」というアドレスなので、容易に探し出すことができる

3 IPアドレッシング

そうだな、論理アドレスは「住所」や「電話番号」「郵便番号」と同じ形だ。さて、アドレッシングに続いてレイヤー3の2つ目の役割が**ルーティング**〔routing〕だ。日本語だと「経路選択」だな。これは**あて先までどのような道筋でいくか**ということを決定する。

例えば、複数のネットワークがつながっている状態で、届けたいあて先が、いくつかのネットワークを経由した先にあるとする。このような場合、**どのネットワークを経由していくか**を決定しておく必要がある。

ネットワークを経由していく。つまり、あて先がXだとすると、Aというネットワークを経由して、次にBというネットワークを通って、さらにCというネットワークを経由して、Xまで行くよ、と決めておく、ということですか?

その通り。この経由するネットワークを決めるのが「ルーティング」だ。そして、それを行う機器が「ルーター」だな。パケット交換機の説明のところで、「パケットをあて先につながっている回線を選んでそこへ送り出す」と説明しただろう(P33参照)? この作業がルーティングなのだよ。**(図20-2)**

ふむふむー。「あて先につながっている回線」の「回線」はルーターとルーターをつなげている回線のことだから、それってネットワークですよね。つまり、「あて先につながっているネットワークを選んでそこへ送り出す」ことが、ルーティング?

そういうことだな。この2つ、「アドレッシング」と「ルーティング」によりインターネットワークを行うためのプロトコルとして、TCP/IPプロトコル群で使われるのが**IP**〔Internet Protocol〕だ。

● インターネットプロトコル

IPは「インターネット(ワーク)のプロトコル」だから、その役割がそのまま名前になっているわけだ。まず、**TCP/IPではIPを必ず使用する**ことを覚えておくといい。そして、このIPは現在2つのバージョンが使われている。IPバージョン4〔IP version4〕とIPバージョン6〔IP version6〕だ。略してIPv4、IPv6と呼ばれている。現在一般的に使われているのは古いバージョンのIPv4だ。なお、この2つのバージョンには**互換性がない**。

互換性がない、ってことは、どちらかしか使えないってことですよね?

第20回 インターネットプロトコル

図20-2 ルーティング

あて先がつながっている回線へデータを送るように指定する

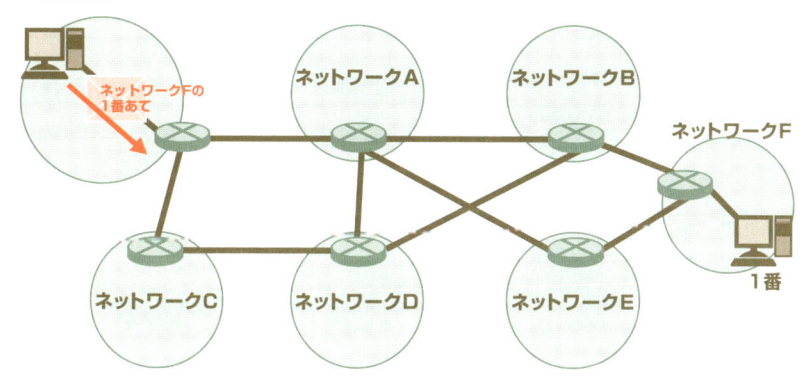

① ネットワークFの1番あてだが、ネットワークFへの道筋はA→B→F、C→D→B→Fなど複数ある

② それぞれのルーターがネットワークFへの回線を指定することにより「道筋」ができる

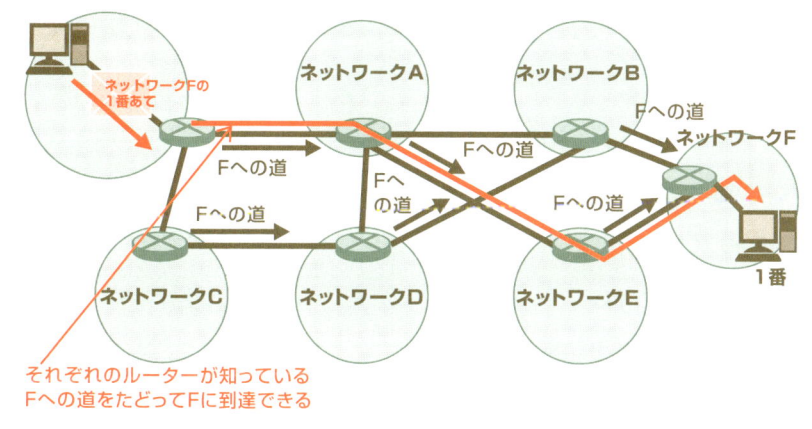

それぞれのルーターが知っているFへの道をたどってFに到達できる

3 ─ IPアドレッシング

いや2つとも使えるコンピューターもある。最近のOSはどちらも使えるな。互換性がないというのは、IPv4しか使えないコンピューターは、IPv6を使っているコンピューターとデータのやり取りができない、ということだ。それから、IPv6は今後普及していくバージョンだ。今はまだ古いバージョンであるIPv4の方が優勢だ、ということだな。

図20-3　IPヘッダー

あて先・送信元のIPアドレスや
ルーティングで使用する値などがある

IPデータグラム	
IPヘッダー 20バイト+α（オプション）	ペイロード （上位のレイヤー4PDUなどが入る） 0〜8キロバイト

上から順に並んでいる

	名前	ビット	説明
1	バージョン	4	IPのバージョン
2	ヘッダー長	4	IPヘッダーの長さ
3	サービスタイプ	8	パケットの優先度/重要度
4	データ長	16	IPヘッダーとペイロードをあわせた長さ
5	ID	16	データグラムの識別番号
6	フラグ	3	データグラムを分割しているかどうかの判別
7	フラグメントオフセット	13	分割した場合、元に戻す際に使う
8	TTL	8	パケットの生存時間
9	プロトコル	8	上位プロトコルの指定
10	ヘッダーチェックサム	16	IPヘッダーのエラーチェック用コード
11	送信元IPアドレス	32	送信元の論理アドレス
12	あて先IPアドレス	32	あて先の論理アドレス
(13)	オプション	n	特別な設定をする際に使うなくてもよい

第20回　インターネットプロトコル

はははぁ、古い方が優勢なんですか。新しいのがあるならそっちにパパッと乗り換えちゃえばいいのに。

先ほども説明したように、TCP/IPで必ず使用するプロトコルがIPだ。そのため、IPのバージョンを変更するとなると、それこそインターネットのすべての機器がそれに対応しなければならない。なので、そう簡単にはいかないというのが実情だ。それはともかく、IPはインターネットワークを実現するための機能を持っている。

インターネットワークの実現というと、「アドレッシング」と「ルーティング」ですね！！

そうなる。IPがインターネットワークを実現するために行っていることは、IPがデータにつけるヘッダーを見るとよくわかる。つまり、**IPヘッダー**だな。なお、レイヤー3PDU、つまりデータにIPヘッダーがついた状態のPDU（P54参照）は **IPデータグラム** [Datagram] と呼ばれる。(図20-3)

IPヘッダーと、IPデータグラム。カプセル化ですね。ん～～～、なにがあるかわかりそうな、わからなそうな……。

このIPヘッダーで特に大事なのは、送信元とあて先の **IPアドレス** だな。IPアドレスというのは、IPというプロトコルで決められた「論理アドレス」のことだ。IPではこのIPアドレスを使用して、あて先や送信元を特定する。では次回からこのIPによるアドレッシングの説明をしよう。今回はここまで。

あいさー。3分間ネットワーク基礎講座でした～♪

（ネット君の今日のポイント）

● 位置情報を持つアドレスが論理アドレス。
● あて先までの経路選択を行うのがルーティング。
● TCP/IPでインターネットワークを実現するのがIP。

○月○日　噫ネット君

3　IPアドレッシング

第21回 IPアドレス その1

● IPアドレスの特徴

さて、インターネットワークに必要なものが、「アドレッシング」と「ルーティング」だった。この2つを行い、TCP/IP でインターネットワークを実現するためのプロトコルが IP、というわけだ。

でした。それで、今回は「アドレッシング」を説明するんでしたよね。IP で決められたアドレス「IPアドレス」でしたっけ。

そうだな。まず、IPアドレスのような論理アドレスの特徴として、「階層型」である、ということがあげられる。前回も説明したが、論理アドレスはそのアドレス自体に意味がある。

「どこにある」「どのコンピューター」という情報でしたよね（P129 参照）。

「どこにある」「どのコンピューター」、という情報をさらに分割して「Aにある」「Aの中のBにある」「Cというコンピューター」のようにすることができる。このようなアドレスを階層型(*1)アドレスと呼ぶ。

なるほど。住所みたいに「東京都」の「新宿区」の「市谷左内町」の「21-13」みたいな構造ってことですね。……っていうことは、住所も階層型アドレス？

うむ、住所も「階層型アドレス」だ。さて次の特徴だが、IPアドレスは**ネットワーク管理者がコンピューターに割り当てる**。MACアドレスは IEEE がつけたベンダーコードと、ベンダーがつけた割り当てコードから成り立っていて、使用する側は変更不可能だったわけだ。

(*1) 階層型　一方、MACアドレスのように階層型ではないアドレスは平面型と呼ばれる。

そうでしたよね。インターフェースに固定のアドレスだったわけですよね。

だが論理アドレスは、そのネットワークの管理者が必要に応じて自由につけることができる。そして、論理アドレスは MAC アドレスのような物理アドレスと違い、**ネットワークの接続ごとにつける**。

ん？ ネットワークの接続ごとってどういうことですか？ インターフェースにつけられている MAC アドレスとの違いがわからないです。だって、ネットワークとコンピューターをつなげる仲介役がインターフェースでしょ？

物理アドレスと違う点は、例えばあるインターフェースが故障して違うインターフェースに切り替えたとしても、論理アドレスは変わらない。つまり、インターフェースがどれかにかかわらず、接続ごとに論理アドレスがつけられるのだよ。(図 21-1)

ははぁ、MAC アドレスみたいに固定的じゃないってことですか。

そういうことだ。それから論理アドレスは「どこにある」「どのコンピューター」という意味なので、**所属するネットワークが変わった場合、論理アドレスも変わる**ことになる。

へへぇ。MAC アドレスはインターフェースに付属しているから、どこにあっても同じアドレスになるのに。論理アドレスはコンピューターの場所を変えるとアドレスも変わるってことですね。

そういうことだ。あとは、そうだな。MAC アドレスのときに説明した 3 つのアドレスの話を覚えているか？

えっと、「ユニキャストアドレス」「マルチキャストアドレス」「ブロードキャストアドレス」でしたよね (P97 参照)。

そうだ。論理アドレスにも、この**ユニキャスト・マルチキャスト・ブロードキャストの 3 種類のアドレス (*2) がある**。そして、ユニキャストアドレスの論理アドレスのうち**ネットワークを示す番号は接続されているすべてのネットワークでユニークである**必要がある。

図21-1　論理アドレスをつける

ネットワークの接続点ごとに、管理者が決定したアドレスをつける

使用するアドレスを決定する

管理者

物理アドレスはインターフェースに固定の値

2つ接続点があるなら、このホストは2つの論理アドレスを持つ

交換

インターフェースが壊れた場合でも論理アドレスは変更されない
（物理アドレスは変更される）

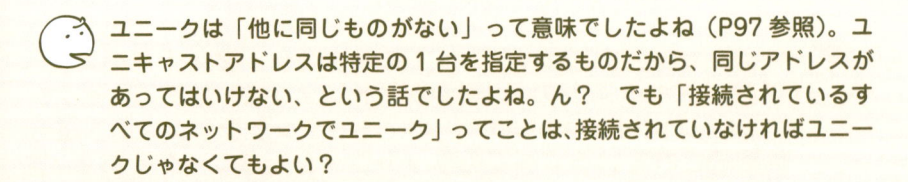

> ユニークは「他に同じものがない」って意味でしたよね（P97参照）。ユニキャストアドレスは特定の1台を指定するものだから、同じアドレスがあってはいけない、という話でしたよね。ん？　でも「接続されているすべてのネットワークでユニーク」ってことは、接続されていなければユニークじゃなくてもよい？

(*2) 3種類のアドレス　IPv4で使われるIPアドレスは「ユニキャスト」「マルチキャスト」「ブロードキャスト」だが、IPv6では「ユニキャスト」「マルチキャスト」「エニーキャスト」になる。

第21回 IPアドレス その1

🧑‍🏫 そうだ。独立したネットワーク同士ならかまわない。通信するときに区別する必要がないからな。一方、コンピューターの番号は**所属するネットワーク内でユニーク**でなければならない。

🙂 ということは、別のネットワークに所属しているなら、同じ番号でもよいってことですか？

🧑‍🏫 そういうことだ。同じ「新宿1番」という住所でも、市が違えば別の住所とちゃんとわかるだろう？ つまり違うネットワークに同じ番号を持つものがいても、ネットワークの番号が違えば、結果的にユニークになる。（図21-2）

🙂 なるほどなるほど。つまり、ネットワークの番号＋コンピューターの番号という形になれば、必ずユニークになる、と。

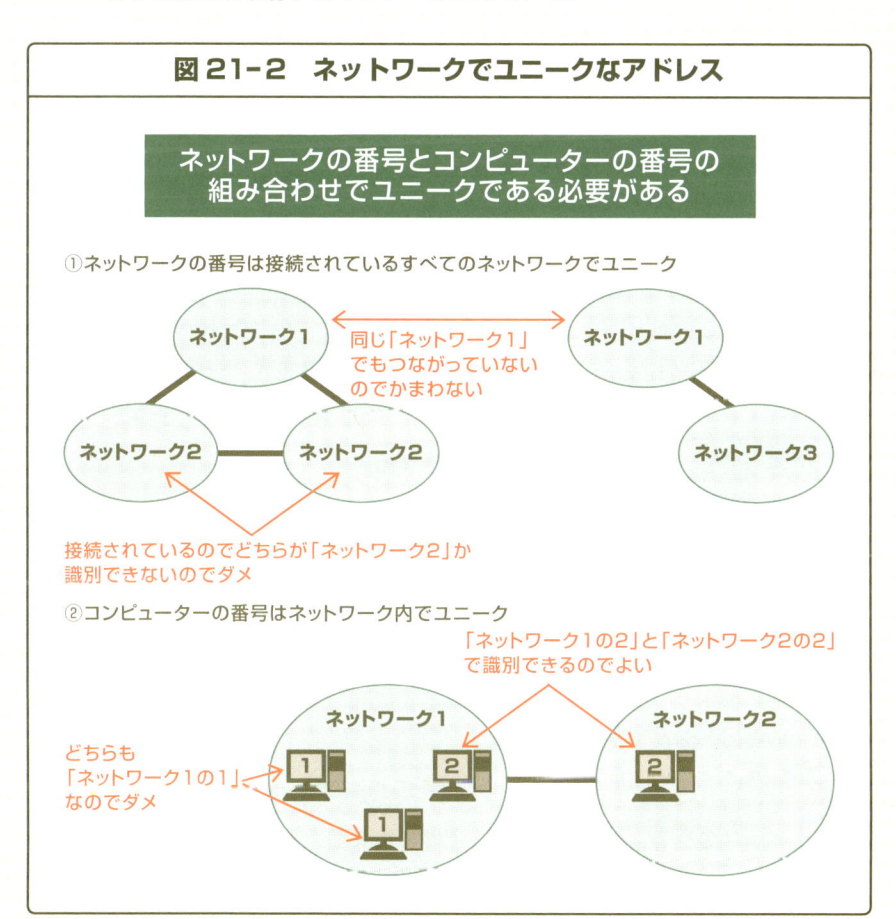

図21-2 ネットワークでユニークなアドレス

ネットワークの番号とコンピューターの番号の組み合わせでユニークである必要がある

①ネットワークの番号は接続されているすべてのネットワークでユニーク

- 同じ「ネットワーク1」でもつながっていないのでかまわない
- 接続されているのでどちらが「ネットワーク2」か識別できないのでダメ

②コンピューターの番号はネットワーク内でユニーク

- どちらも「ネットワーク1の1」なのでダメ
- 「ネットワーク1の2」と「ネットワーク2の2」で識別できるのでよい

● IP アドレス

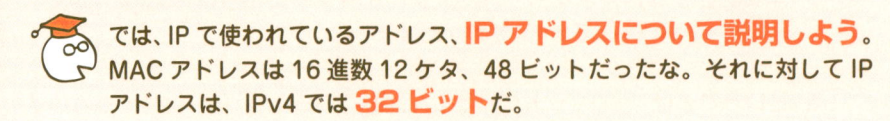

では、IP で使われているアドレス、**IP アドレスについて説明しよう**。MAC アドレスは 16 進数 12 ケタ、48 ビットだったな。それに対して IP アドレスは、IPv4 では **32 ビット**だ。

IPv4 ではってことは、IPv6 では違うんですか？

IPv6 では 128 ビットだ。今回の講義では IPv4 について説明するので、**IP アドレスは 32 ビット**と覚えておいて今のところ問題ない。**32 ビット**だ。**32 ビット**。

なんか、32 ビットをやけに強調しますね。

うむ。IP アドレスは、10 進数で表記されるので、実体がビットであるということを忘れてしまうことがあるのだ。いいか、32 **ビット**だぞ。忘れるなよ。つまり、次のような形になる。（図 21-3）

ははぁ、**8 ビットごとに 10 進数にして表記する**。そして **8 ビットの間にはドットを入れる**、と。

うむ。この 8 ビットごとの区切りを**オクテット**［Octet］という。一般的に 8 ビットは「バイト」［Byte］という単位を使うことが多いが、ネットワークではこのオクテットを使う。

おくてっと？　カルテットみたいですね。

そうだな。カルテットは四重奏という意味だが、オクテットは八重奏という意味もある。この 4 つのオクテット、つまり 32 ビットで**「ネットワークの番号」の「コンピューターの番号」**を表す。

で、博士？　どこが「ネットワークの番号」で、どこが「コンピューターの番号」なんですか？

それは、**クラス**というものによって決まる。というわけで、次回は IP アドレスのクラスについて話す。ではまた次回。

第21回 IPアドレス その1

図21-3 IPアドレス

32ビットで、オクテットごとに10進数にして、区切りにドットを入れて表記する

ビット（2進数）で記述	11000000101010000010101000000001
オクテットで分割	11000000 | 10101000 | 00101010 | 00000001
オクテットを10進数に	192　　168　　42　　1
オクテットの区切りとしてドットを入れる	192 . 168 . 42 . 1

通常はこの表記法で記述する
（ドット付き10進表記）

　　　　　第1オクテット　第2オクテット　第3オクテット　第4オクテット
　　　　　11000000 ｜ 10101000 ｜ 00101010 ｜ 00000001

　　　　　　192　　.　　168　　.　　42　　.　　1

先頭から第1オクテット、第2オクテット…と呼ぶ

はいな。3分間ネットワーク基礎講座でした～♪

ネット君の今日のポイント

- IPアドレスは階層型で、32ビットのアドレス。
- IPアドレスは「ネットワークの番号」と「コンピューターの番号」の組み合わせ。
- ネットワークの番号は接続されている全ネットワークでユニーク、コンピューターの番号はそのネットワーク内でユニーク。
- 8ビットを1オクテットとして、4つのオクテットに分割して表記する。

○月○日
日直 ネット君

3 IPアドレッシング

第22回 IPアドレス　その2

● IPアドレスのクラス

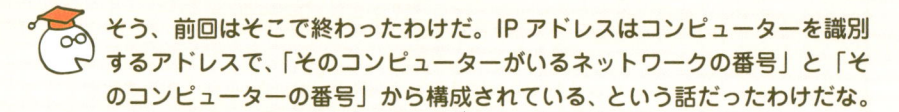

で、博士？　どこが「ネットワークの番号」で、どこが「コンピューターの番号」なんですか？

そう、前回はそこで終わったわけだ。IPアドレスはコンピューターを識別するアドレスで、「そのコンピューターがいるネットワークの番号」と「そのコンピューターの番号」から構成されている、という話だったわけだな。

そうでした。で、IPアドレスは32ビットで、「ネットワークの番号」の「コンピューターの番号」を示すんですよね。どこまでが「ネットワークの番号」で、どこからか「コンピューターの番号」なんですか？　それを決めるのが「クラス」とか言ってましたけど、それはなんですか？

まぁ、落ち着け。まず、ネットワークの番号、「ネットワーク番号」と呼ぼう、これは「接続されているすべてのネットワークでユニーク」だったな。インターネットの場合、インターネットに接続しているネットワーク全部でユニークだ。
ネットワーク番号を好き勝手に番号を決められては困るので、インターネットでは **ICANN** (*1) [The Internet Corporation for Assigned Names and Number] という組織によって、実際に番号を使う組織に割り当てられている。

あいしーえーえぬえぬ？　使う組織？　割り当てられる？

(*1) ICANN　読みは「アイキャン」。インターネットでのIPアドレスやドメイン名を管理する非営利団体。

IPアドレスをユニークにするために管理する団体で、ICANNによりIPアドレスを実際に使うプロバイダーや企業などに割り当てられるのだ。イメージ的にはICANNがIPアドレスを持っていて、それを企業やプロバイダーに「貸し出す」という感じだな。ICANNはこの「貸し出す」際に、その割り当てられる組織の規模によって、貸し出すIPアドレスの範囲を変えている。これを**クラス**という。

割り当てられる組織の規模によって、IPアドレスの範囲を変える？　大きい規模の組織にはこっちの範囲、小さい規模の組織にはこっちの範囲、とかですか？

そうだ。**クラスは5つ、A～Eの5つに分けられている。**クラスAは最初の8ビット、つまり最初のオクテットがネットワーク番号で、残りがコンピューターの番号だ。クラスBは、16ビットと16ビット。クラスCは24ビットと8ビットになる。（図22-1）

クラスDとクラスEはどうなんです？

図22-1　クラス分け

IPアドレスを組織の規模でA～Cに分け、その範囲のアドレスを割り振る

クラス	第1オクテット	第2オクテット	第3オクテット	第4オクテット
	ネットワークの番号	コンピューターの番号		
A	0xxxxxxx	xxxxxxxx	xxxxxxxx	xxxxxxxx
B	10xxxxxx	xxxxxxxx	xxxxxxxx	xxxxxxxx
C	110xxxxx	xxxxxxxx	xxxxxxxx	xxxxxxxx
D	1110xxxx	xxxxxxxx	xxxxxxxx	xxxxxxxx
E	1111xxxx	xxxxxxxx	xxxxxxxx	xxxxxxxx

クラスDとEは特別なアドレスで、商用には割り当てられない。DとEのIPアドレスを要求する組織があっても、このアドレスは使われないのだよ。

それではこれらのクラスをどうやって識別するかと言えば、**最初のオクテットの先頭の何ビットかで判別する**。例えば、IPアドレス32ビットの、1ビット目と2ビット目が「1」「0」ならば、それはクラスBなのだよ。

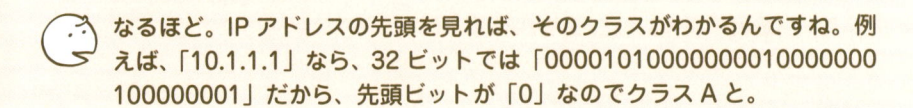

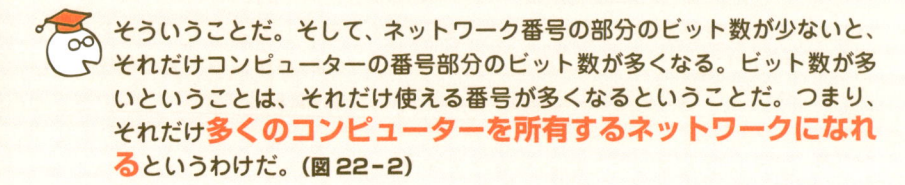

なるほど。IPアドレスの先頭を見れば、そのクラスがわかるんですね。例えば、「10.1.1.1」なら、32ビットでは「00001010000000010000000100000001」だから、先頭ビットが「0」なのでクラスAと。

そういうことだ。そして、ネットワーク番号の部分のビット数が少ないと、それだけコンピューターの番号部分のビット数が多くなる。ビット数が多いということは、それだけ使える番号が多くなるということだ。つまり、それだけ**多くのコンピューターを所有するネットワークになれる**というわけだ。(図22-2)

図22-2 クラスと規模

クラスによりコンピューターの番号のビット数が決まり、これにより組織が持つことができるIPアドレス数が決定される

クラス	規模	ネットワークの数(※)	1つのネットワークが持つIPアドレスの数
A	政府・研究機関・大企業(特にインターネットの創設に関わったアメリカの企業・研究機関が多い)	128個	16,777,216個
B	大〜中規模企業	16,384個	65,536個
C	中〜小規模企業プロバイダー	2,097,152個	256個
D	マルチキャスト用		
E	研究用		

(※)特別な役割を持つネットワークも含む

ん～っと。クラス A なら、ネットワーク番号 8 ビット。コンピューターの番号が 24 ビット。つまり 2 の 24 乗で、16,777,216 個のコンピューターを持てるってことですね。

そうだ。そこで、大きい規模のネットワークには A を、小さい規模には C を割り振る。そうだな。一番近い例は、市外局番だな。ネット君、なぜ東京と大阪だけ市外局番は 03、06 と 2 桁なんだね？ 横浜市や京都市は 3 桁の 045、075。旭川市や松本市は 0166、0263。東京の小笠原村は 04998 だ。なぜ桁が違う？

町の規模ですか？ 大きい都市は市外局番の桁数が小さくて、小さい町村は桁数が大きい？

そうだ。電話番号は必ず 10 桁。市外局番が大きいと、市内局番＋加入者番号の部分が小さくなる。つまり番号の数が減るわけだ。東京なら 10 桁－2 桁の 8 桁、つまり 0～99999999 の番号がある。1 億個だな。

小笠原村なら、市外局番は 5 桁で、残りは 10－5 の 5 桁。0～99999 だから 10 万個。もし東京で 10 万個しか電話番号がなかったら、そりゃ大変ですね。

うむ。IP アドレスも電話番号の 10 桁と同様に、使えるのは必ず **32 ビット**と決まっている。ネットワーク番号＝市外局番と考えればクラスの意味がわかるだろう。

このように、クラスに分けて IP アドレスを割り振る方式を**クラスフルアドレッシング** [Classfull Addressing] という。このクラスフルが IP アドレッシングの前提になっているので、決して忘れないように。

●予約済みアドレス

さて、ネットワーク番号が何ビットかは、割り振られたクラスによって決まる。ICANN が割り振るのはこのネットワーク番号までだ。ネットワーク番号を割り振れば、コンピューターの番号、これをホスト番号（*2）というが、ホスト番号はそのネットワークの管理者が勝手に決める。

（*2）**ホスト番号**　ホスト [Host] とは、コンピューターなどデータ通信の主体となる機器のことを指す。

図22-3 ネットワークアドレスとブロードキャストアドレス

> ホスト番号のビットがすべて0、
> すべて1のアドレスは特別な意味を持つ

クラスCのネットワークの番号が192.168.10のネットワークの場合

①ネットワークアドレス

第1オクテット	第2オクテット	第3オクテット	第4オクテット
ネットワーク番号			ホスト番号
11000000	10101000	00001010	00000000
192	168	10	0

すべて0

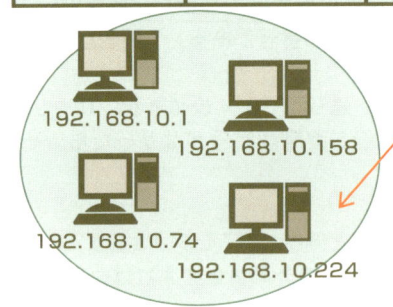

192.168.10.1
192.168.10.158
192.168.10.74
192.168.10.224

これらのホストが所属するネットワークそのものを示すアドレスとして192.168.10.0を使う

②ブロードキャストアドレス

第1オクテット	第2オクテット	第3オクテット	第4オクテット
ネットワーク番号			ホスト番号
11000000	10101000	00001010	11111111
192	168	10	255

すべて1

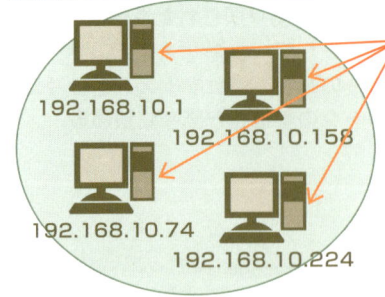

192.168.10.1
192.168.10.158
192.168.10.74
192.168.10.224

これらの192.168.10.0に所属するホストすべてを示すアドレスとして192.168.10.255を使う

🐱 ん、ん〜っと。さっきの例で言えば、ネットワーク番号が「東京都」と決まったあとは、「東京都」の管理者が「新宿区市谷左内町21-13」と決めるわけですね。

👨‍🏫 そういうことだ。ただし、このホスト番号の中には**特別な意味を持つため実際のコンピューターに割り振ってはいけないアドレス**が存在する。どんなアドレスかというと、**ホスト番号のビットがすべて0**になるアドレスと、**ホスト番号のビットがすべて1**のアドレスだ。

🐱 ホスト番号がすべて0とすべて1…。例えば、クラスCでネットワーク番号が192.168.10の場合、192.168.10.0と192.168.10.255のことですね?

👨‍🏫 そう、それぞれ**ネットワークアドレス、ブロードキャストアドレス**という。ブロードキャストは前も説明したな、「全員あて」のアドレスだ。一方、ネットワークアドレスは、そのネットワークそのものを表すときに使うのだ。**(図22-3)**
例えば、電話番号で「東京都」そのものを示したい場合どうする? 東京都の市外局番は「03」だが、電話番号は10桁だ。「03」だけでは桁が足りない。よって、03-0000-0000という電話番号で「東京都」を示す、ということにしてあるわけだ。ではまた次回にしよう。

🐱 了解。3分間ネットワーク基礎講座でした〜♪

ネット君の今日のポイント

- IPアドレスは規模に応じて割り振る範囲が決まっており、それはクラスと呼ばれる。
- クラスによりネットワーク番号を示す部分のビット数が決まっている。
- ホスト番号のビットがすべて0のアドレスはネットワークアドレス。
- ホスト番号のビットがすべて1のアドレスはブロードキャストアドレス。

第23回 サブネッティング

●ネットワークを分割する

さて、IPアドレスはクラスによってネットワーク番号とホスト番号から構成されており、組織の規模によってネットワーク番号のビット数が決まる、という話だったわけだ。

クラスの話ですね。ICANNが組織の規模によって、割り振るIPアドレスのクラスを決める。クラスが決まるとそれによりネットワーク番号のビット数が決まる、でしたよね。

そうだ。では、IPアドレスのクラスAを例に考えてみよう。クラスAのネットワークは、ホスト番号が24ビットある。つまり、16,777,214台(*1) のホスト（コンピューター）を所有できる。ネット君がクラスAアドレスを持つ超大規模ネットワークの管理者になったとする。なんともチャレンジャブルな雇用だが、それはいい。そこでそうだな、このネットワークでは800万台のコンピューターを持つことにする。これに番号を割り振るのが、ネットワーク管理者たる君の仕事だ。

800万台に割り振るんですか。大変そうだなぁ。1から順番に割り振るのが簡単かな。こっちのコンピューターが1番、2番……、と割り振っていくんですよ。

ネット君、自分がどれだけ無茶を言っているかわかっているのか？　それは人口800万人の大都市の、それぞれの住所を1番から連番で割り振ります、と言っているのと同じ意味だぞ。「ネットさんの住所は、A市569万3478番地です」と言われても、それがどこだかわからないぞ？　1つヒントをやろう。IPアドレスは階層型だ。

(*1) **16,777,214台**　2の24乗は16,777,216だが、そこからネットワークアドレス、ブロードキャストアドレスを引くため、16,777,214台となる。

第23回 サブネッティング

🐱 うぅ？ ……。階層型というのは、Aの中のBの中の…って形にできるんですよね……。そうか、**大きなネットワークを小さないくつかのネットワークに分割する**！

🎓 そうだ。階層型だから、大きなネットワークの中の小さなネットワークという形にできる。このように分割された小さなネットワークのことを**サブネットワーク**［Subnetwork］、または**サブネット**［Subnet］と呼ぶ。

🐱 小さなネットワーク、サブネットワーク。大きなネットワークを小さく分割して、管理しやすくする、と。確かに大きな単位を小さな単位に分割するとわかりやすくなりますよね。

🎓 サブネットに分割する際には、サブネットワークを表す番号であるサブネット番号が必要だ。だが、IPアドレスは32ビットで固定なので、新たにサブネット番号を付け足すわけにはいかない。よって、**ホスト番号のビットを、サブネット番号とホスト番号に分割する**。

🐱 **ホスト番号の一部を削って、サブネット番号を作り出す**わけですね。

🎓 そうだ。例を出そう。クラスBネットワークの、172.16.0.0がある。このホスト番号16ビットを、サブネット番号6ビット、ホスト番号10ビットに分割する。この状態で、サブネットワーク1番の、ホスト番号1番コンピューターのIPアドレスは図のようになる。**（図23-1）**

🐱 172.16.4.1ですか？ なんか、4番サブネットの1番コンピューター、にも見えてしまいますね。

🎓 それは、10進数の表記法に惑わされているだけだ。あくまでも**IPアドレスはビット**なのだ。オクテットごとにドットをつけて表記するのは、人間が見やすくするためだけだ。

●サブネットマスク

🎓 何ビットをサブネット番号に使うかについて話そう。前も話した通り、ホスト番号はそのネットワークの管理者が決定する（P143参照）。サブネット番号の部分も元はホスト番号の部分から流用しているだけだ。ICANNに関係なく、そのネットワークの管理者が勝手に決めることができる。

図23-1 サブネットワーク

大きなネットワークを複数の小さなサブネットワークに分割する

172.16.0.0クラスBネットワーク → いくつかの小さなネットワーク（サブネットワーク）に分割する

サブネットには識別用にサブネット番号をつける

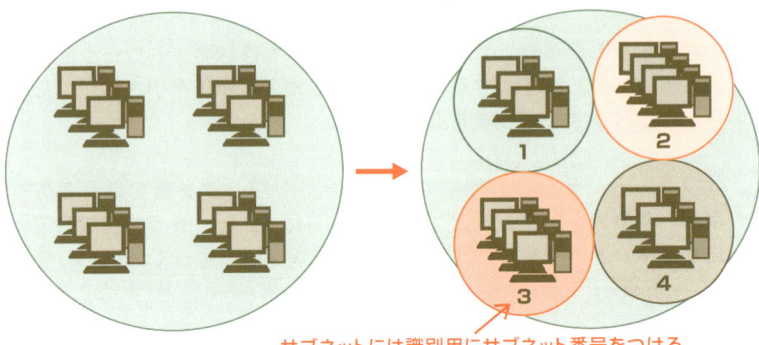

	第1オクテット	第2オクテット	第3オクテット		第4オクテット
サブネット化前	ネットワーク番号		ホスト番号		
	172	16	4		1
サブネット化後	10101100	00010000	000001	00	00000001
	ネットワーク番号		サブネット番号		ホスト番号

172.16.0.0ネットワークのサブネット1番の1番コンピューター

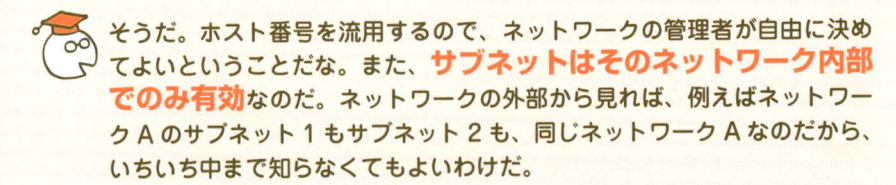

🐱 ネットワーク番号はICANNがクラスを使って決める。ホスト番号は、その中でそのネットワーク管理者が決める、ですよね。

🎓 そうだ。ホスト番号を流用するので、ネットワークの管理者が自由に決めてよいということだな。また、**サブネットはそのネットワーク内部でのみ有効**なのだ。ネットワークの外部から見れば、例えばネットワークＡのサブネット１もサブネット２も、同じネットワークＡなのだから、いちいち中まで知らなくてもよいわけだ。

🐱 まぁ、そうなるわけですか。横浜市が区に分割されていたとしても、外から見ればそれは同じ横浜市になる、というわけですかね。

第23回　サブネッティング

うむ、そうなる。そして、このようにサブネット化することを**サブネッティング**［Subnetting］と呼ぶ。ここで、サブネッティングの例を見てみよう。次の図は、192.168.100.0 のクラス C ネットワークを例としている。見てわかる通り、**サブネットの数を多くすると、各サブネットのホスト数は減少する**。（図23-2）

サブネット部にビット数をとられちゃうから、サブネットごとのホスト数が減る、と。

図23-2　サブネット化の例

サブネット部のビット数により、サブネットの数とサブネットごとに使用できるIPアドレスの数が決まる

第1オクテット	第2オクテット	第3オクテット	第4オクテット		サブネットの最大数	サブネットごとのホストの数
			サブネット部	ホスト部		
11000000	10101000	01100100	-	00000000	なし	254台
			0	0000000	2個	126台
			00	000000	4個	62台
			000	00000	8個	30台
			0000	0000	16個	14台
			00000	000	32個	6台
			000000	00	64個	2台
			0000000	0	128個	0台
			00000000	-	256個	0台

例えば、サブネットが10個必要な場合はサブネット部4ビット、ホスト部4ビットになるためサブネットごとには最大14台までとなる
また、ホストが各サブネットに50台ある場合は、サブネット部2ビット、ホスト部6ビットになるため、サブネットの数は最大4つまでとなる

さて、このサブネッティングがらみで問題が1つある。それはコンピューターが**どのネットワークに所属しているか**という問題だ。これは経路選択の際に非常に重要だ。つまり、**IPアドレスのどこまでがネットワークアドレスか**がわからなければ、それが自分と同じネットワークなのか、それとも違うネットワークなのかがわからなくなってしまう。

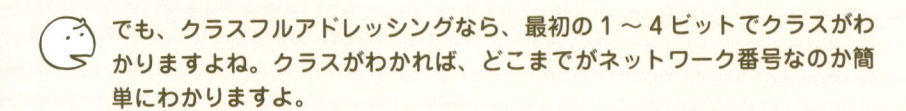

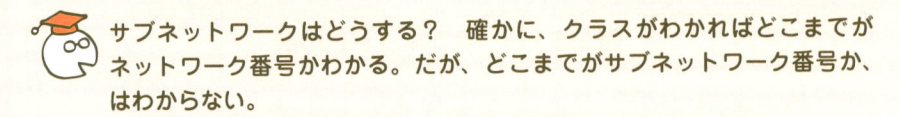

でも、クラスフルアドレッシングなら、最初の1〜4ビットでクラスがわかりますよね。クラスがわかれば、どこまでがネットワーク番号なのか簡単にわかりますよ。

サブネットワークはどうする？ 確かに、クラスがわかればどこまでがネットワーク番号かわかる。だが、どこまでがサブネットワーク番号か、はわからない。

そうか。サブネットワークはネットワーク管理者が任意に決められるんでしたね。

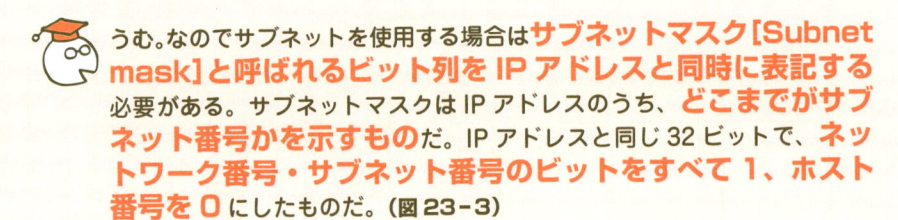

うむ。なのでサブネットを使用する場合は**サブネットマスク[Subnet mask]と呼ばれるビット列を IP アドレスと同時に表記する**必要がある。サブネットマスクはIPアドレスのうち、**どこまでがサブネット番号かを示すもの**だ。IPアドレスと同じ32ビットで、**ネットワーク番号・サブネット番号のビットをすべて1、ホスト番号を0**にしたものだ。（図23-3）

ははぁ。IPアドレスと同じように書くんですね。それで、サブネットマスクとIPアドレスのビットの同じ位置を比較して見るわけですね。

そういうことだ。簡単に言えば、**サブネットマスクのビットが1の部分がネットワーク番号**だ。サブネットマスクとIPアドレスを組み合わせれば、そのIPアドレスのネットワーク番号とサブネット番号のビット数がわかる、ということになる。
この**IPアドレスとサブネットマスクは必ずセットで記述**する。

え、なぜですか？ サブネッティングしてなければ、クラスでどこまでがネットワーク番号かわかりますよね。

確かにそうだが、それは次のクラスレスアドレッシングにも関連する。というわけで、また次回だ。

了解。3分間ネットワーク基礎講座でした〜♪

第23回 サブネッティング

図23-3 サブネットマスク

ネットワーク番号とサブネット番号のビット数を
示すために、IPアドレスと一緒に記述する

IPアドレス

第1オクテット	第2オクテット	第3オクテット		第4オクテット
172	16	4		1
10101100	00010000	000001	00	00000001
ネットワーク番号		サブネット番号		ホスト番号

IPアドレスに対応した
サブネットマスク

第1オクテット	第2オクテット	第3オクテット		第4オクテット
ネットワーク番号		サブネット番号		ホスト番号
11111111	11111111	111111	00	00000000
255	255	252		0

ネットワーク部のビットは1 　　　ホスト部のビットは0

「IPアドレス172.16.4.1、サブネットマスク255.255.252.0」と並べて記述する

3 IPアドレッシング

ネット君の今日のポイント

● ネットワークを小さなネットワーク（サブネット）に区切る。

● サブネットワークを使用する場合、IPアドレスはネットワーク番号、サブネット番号、ホスト番号になる。

● ネットワーク番号、サブネット番号のビット数を示すためにサブネットマスクを使用する。

第24回 クラスレスアドレッシング

●クラスフルとクラスレス

> さて、これまでIPアドレスの話をしてきたな。IPアドレスは32ビットで、ネットワーク番号とホスト番号からなる。サブネッティングをした場合は、ネットワーク番号、サブネット番号、ホスト番号になるな。

> はい、でした。ネットワーク番号は、ICANNからクラスによって割り当ててもらって、ホスト番号はその組織の管理者がつける、でしたね。サブネット番号はホスト番号から流用して作り出す、と。

> うむ、そうだ。もう一度まとめると、IPアドレスはコンピューターの場所を示すもので、「そのコンピューターが所属するネットワークの番号」と「そのコンピューターの番号」を組み合わせたもの、ということだったな。

> ですです。「そのコンピューターが所属するネットワークの番号」は、ICANNが決めた「クラス」でビット数が決まるんですよね。組織の規模からクラスが決まって、そこでそのネットワークで使えるIPアドレスの数が決まる、と。

> あぁ、確かにその通りなのだが。実を言うと、その話はすでに過去の話だ。今はクラスによるIPアドレスの割り振りは行われていない。

> え? えぇぇ? どういうことですか? じゃあ、今までの話は意味ないってことですか?

> いやいや。IPアドレスを理解するには、クラスの話から入る方がわかりやすいのだよ。ともかく、今はクラスフルアドレッシングは使われていない。インターネットの普及に伴い、IPアドレスを必要とする組織が多くなった。そうなると、クラスフルアドレッシングでは問題があったのだ。

第24回 クラスレスアドレッシング

- 問題？ IPアドレスを必要とする組織が多くなるってことは、IPアドレスをたくさん使うってことですよね？ それで問題が？

- そうだ、問題がある。クラスフルアドレッシングは、3つのクラス、A・B・Cというはっきり言って大雑把な区分けしかない。クラスAなら約1600万、Bなら約6万5千、Cなら256のIPアドレスだ。例えば、3000個分のIPアドレスが必要ならどうする？

- 3000なら、Cの256じゃ足りないから、Bになりますよね。でも65000のうち3000しか使わないなら、もったいないかなぁ。

- その通りだ。つまり、大きさの区分が3つしかないから、その区分にぴったり当てはまらないとどうしても無駄が多くなる。使われないIPアドレスが増えてしまうわけだな。インターネットが急速に普及してIPアドレスを必要とする組織が増えてしまった結果？（図24-1）

- そうなると、無駄が多いのは問題になりますね。クラスによる割り振りのせいで使われていないIPアドレスはあるんだけど、割り当てるIPアドレスがなくなってしまう？

- そういうことだな。そこで登場したのが、**クラスレスアドレッシング**〔Classless Addressing〕だ。

●クラスレスアドレッシング

- **クラスという区分けをなくしたアドレッシング**がクラスレスアドレッシングだ。クラスの固定的な割り振りをやめ、自由に割り振りができるようになるわけだな。

- えっと、割り振りっていうのはアレですよね、ネットワーク番号を割り振るってことですよね、ICANNが。クラスを使わないってことは、どうなるんです？

- クラスを使っていれば、クラスによってネットワーク番号に使うビット数が自動的に決まり、それによってホスト番号に使うビット数も決まるわけだ。それに対してクラスレスの場合、クラスを使わず、必要に応じたビット数にするわけだな。例えば、ネットワーク番号が18ビット必要で、その番号を「1010 0000 0000 0001 01」にする、といったように決められる。

図24-1　クラスフルアドレッシングの問題

クラスにぴったり当てはまらないと、使用しないIPアドレスができてしまう

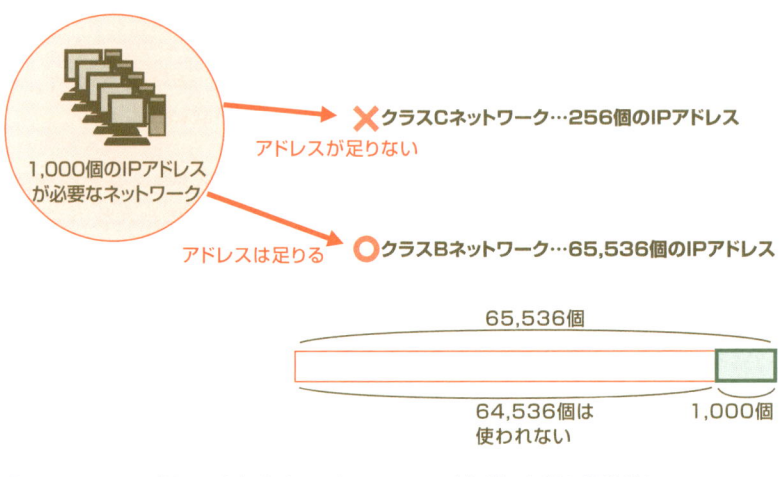

1,000個のIPアドレスが必要なネットワーク

✗ クラスCネットワーク…256個のIPアドレス
　アドレスが足りない

◯ クラスBネットワーク…65,536個のIPアドレス
　アドレスは足りる

65,536個
64,536個は使われない　　1,000個

① クラスCの256個では少なすぎるため、クラスBの割り当てを望む組織が多い
　→クラスBネットワークが不足する
　→クラスBの65,536個では多すぎて使われないアドレスが多い
② クラスAネットワーク（約1,600万個のIPアドレス）では使われていないアドレスが多い
　→IPアドレスが不足する傾向になった

🐣 へぇ、必要に応じてビット数を決めるって、どのように決めるんですか？

🧑‍🏫 それは、必要なIPアドレスから決めるのだよ。例えばネットワーク番号が18ビットならば、ホスト部に使えるのは32－18で14ビット、約16000個が、使えるIPアドレスの数ということになる。このように、必要なIPアドレスの個数からネットワーク番号を決めるわけだ。
あとは、そうだな。もともとはクラスによる割り振り、クラスフルアドレッシングが行われていたから、そのクラスを「まとめて」1つにしてしまうということもできる。これを**スーパーネット**［Super Network］と呼んだりする。（図24-2）

🐣 え〜っと、これはアレですか。クラスCのネットワークを8つ集めて、大きなネットワークにする、ということですか？

図24-2 スーパーネット

クラスCのネットワークをまとめて、1つのネットワークとして運用する

2,000個のアドレスが必要なネットワーク

クラスCではアドレスが足りない
クラスBではアドレスが多すぎる

192.168.32.0〜192.168.39.0の8つのクラスCネットワーク
1つのネットワークは256個のIPアドレス×8＝2,048個

- 192.168.32.0
- 192.168.33.0
- 192.168.34.0
- 192.168.35.0
- 192.168.36.0
- 192.168.37.0
- 192.168.38.0
- 192.168.39.0

8つのクラスCをまとめて、2,048個のIPアドレスを持つネットワークとする

	第1オクテット	第2オクテット	第3オクテット	第4オクテット
192.168.32.0	1100 0000	1010 1000	0010 0000	0000 0000
192.168.33.0	1100 0000	1010 1000	0010 0001	0000 0000
192.168.34.0	1100 0000	1010 1000	0010 0010	0000 0000
192.168.35.0	1100 0000	1010 1000	0010 0011	0000 0000
192.168.36.0	1100 0000	1010 1000	0010 0100	0000 0000
192.168.37.0	1100 0000	1010 1000	0010 0101	0000 0000
192.168.38.0	1100 0000	1010 1000	0010 0110	0000 0000
192.168.39.0	1100 0000	1010 1000	0010 0111	0000 0000

21ビットをネットワーク番号とする

ホスト番号として11ビット使うと
000 00000000〜111 11111111
の2,048個ある

192.168.32.0（ネットワーク番号21ビット）
の2,048個のIPアドレスを持つスーパーネット

そうだ。クラスという垣根がなくなったクラスレスアドレッシングだからできることだな。今まで使っていたクラス割りによるクラスCのネットワークを、まとめて1つとして運用するわけだ。

無駄が少なく、便利なので現在ではこのクラスレスアドレッシングが主流になっている。ネットワークで使う機器もクラスレスアドレッシングが使える機器が今では一般的だな。さてこの便利なクラスレスアドレッシングだが、問題がある。サブネットマスクのときに説明した問題だ。

サブネットマスクのときに？　え～っとなんでしたっけ……、どこまでがネットワーク番号のビットかわからない（P150参照）？

そう、それだ。クラスがないので、どこまでがネットワーク番号のビットかわからない。よって、**どこまでがネットワーク番号かを示す値**をつける必要がある。

サブネットマスクのようにですか？　というか、サブネットマスクを使えばいいじゃないんですか？

うむ、サブネットマスクでもよい。正確に言えば、サブネットマスクはクラスフルネットワークのサブネッティングで使うものであって、クラスレスアドレッシングで使うものではない。ただ、実際はサブネットマスクも使ってはいる。

本来はサブネットマスクではなく**プレフィックス長** (*1) [Prefix-Length] というものを使う。プレフィックス長は**ネットワーク番号の長さを示す値**で、これをIPアドレスと一緒に書くわけだ。**(図24-3)**

え～っと、IPアドレスのうしろにスラッシュを書いて、それでそのうしろにプレフィックス長を書くんですね。

そうだ。プレフィックス長があれば、ネットワーク番号のビット数がわかる、というしくみだな。サブネットマスクと役割的にはほぼ同一だ。なので、実際はサブネットマスクを代わりに使ったり、サブネットマスクの代わりにプレフィックス長を使ったりする。

さて今回はここまでとしよう。ではまた次回。

了解っす。3分間ネットワーク基礎講座でした～♪

(*1) **プレフィックス長**　またはCIDR [Classless Inter-Domain Routing] 表記とも呼ぶ。

第24回 クラスレスアドレッシング

図24-3 プレフィックス長

「サブネットマスク」と同様に
「ネットワーク番号」のビット数を表す値

	第1オクテット	第2オクテット	第3オクテット	第4オクテット
192.168.32.0	1100 0000	1010 1000	0010 0000	0000 0000

21ビットをネットワーク番号とする　　11ビットがホスト番号

↓

192.168.32.0 / 21

アドレスのうしろにスラッシュを書き
そのうしろにネットワーク番号のビット数
（プレフィックス長）を記述する

サブネットマスクの255.255.248.0
とほぼ同じ意味

↓

255	255	248	0
1111 1111	1111 1111	1111 1000	0000 0000

21ビット

3　IPアドレッシング

ネット君の今日のポイント

- クラスフルアドレッシングは無駄が多い。
- クラスを使わない割り当て方式がクラスレスアドレッシング。
- クラスレスでは、プレフィックス長でネットワーク番号のビット数を表す。

○月○日　●ネット君

第25回 DHCP

●送信元の IP アドレスと MAC アドレス

さて、ネット君。IP アドレスについての「クラスフルアドレッシング」「サブネットマスク」「クラスレスアドレッシング」について説明したわけだ。では、この IP アドレスはなんのために必要だったかな？

え？　それは、あて先や送信元を特定するため、じゃなかったでしたっけ？

そうだ。データ通信を行う際には、あて先や送信元を特定するためにアドレスが必要だ。このアドレスとして、レイヤー 3 では IP アドレスを使用する。IP アドレスは、IP ヘッダーに「送信元 IP アドレス」と「あて先 IP アドレス」として記述されるわけだ。それで、もう 1 つアドレスがあったよな？

ありましたね。レイヤー 2 のイーサネットで使っている MAC アドレスですよね。イーサネットヘッダーに「送信元 MAC アドレス」と「あて先 MAC アドレス」が書かれています。

そうだ。よって、イーサネットを使って IP データグラムをやり取りするためには、**4 つのアドレス**が必要、ということになる。つまり、**「あて先 MAC アドレス」「送信元 MAC アドレス」「あて先 IP アドレス」「送信元 IP アドレス」**の 4 つだ。
ではこの **4 つのアドレスがどのように決まるか**を考えてみよう。
まず、送信元 MAC アドレス、つまり送信元である自分の MAC アドレスだ。**これは送信するインターフェースの MAC アドレスを使う**。

えっと、MAC アドレスってインターフェースに固有のアドレスでしたよね。ってことは、送信するインターフェースに固有の MAC アドレスを送信元として使うんですね。

そういうことだ。ではもう1つ、送信元のIPアドレスがどのように決まっているかを考えよう。送信元のIPアドレスは、送信するインターフェースに設定されているIPアドレスを使う。では、どのようにIPアドレスが設定されているかというと、「静的」と「動的」の2種類がある。

静的は**手動でIPアドレスを設定する**方法だ。ネットワーク管理者が決めたIPアドレスを、自分でコンピューターに入力する。もう1つが、「動的」、自動的にIPアドレスがコンピューターに設定される方法だ。これは**DHCP**［Dynamic Host Configuration Protocol］と呼ばれるプロトコルを使う。

● DHCP

DHCPは、**割り当てるIPアドレスを管理し、実際に割り当て作業を行うサーバー**［Server］と、**割り当ててもらうクライアント**［Client］から成り立つ。

DHCPのサーバーのことを、**DHCPサーバー**というが、DHCPサーバーソフトと呼ばれる専用ソフトを実行している。一方、クライアントは**DHCPクライアント**と呼ばれ、DHCPクライアントソフトを実行する。（図25-1）

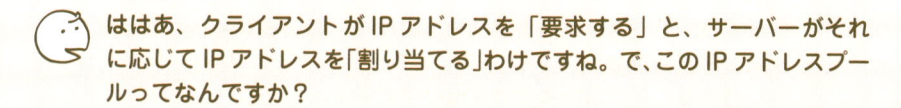

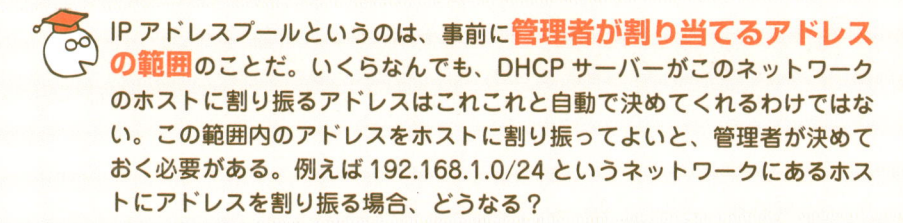

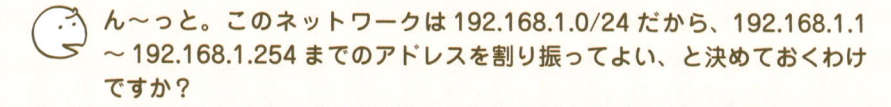

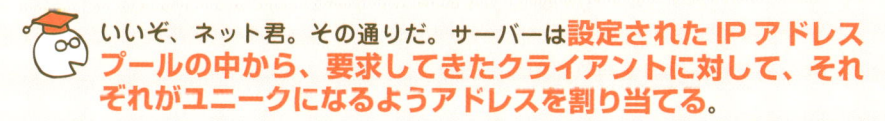

ははあ、クライアントがIPアドレスを「要求する」と、サーバーがそれに応じてIPアドレスを「割り当てる」わけですね。で、このIPアドレスプールってなんですか？

IPアドレスプールというのは、事前に**管理者が割り当てるアドレスの範囲**のことだ。いくらなんでも、DHCPサーバーがこのネットワークのホストに割り振るアドレスはこれこれと自動で決めてくれるわけではない。この範囲内のアドレスをホストに割り振ってよいと、管理者が決めておく必要がある。例えば192.168.1.0/24というネットワークにあるホストにアドレスを割り振る場合、どうなる？

ん〜っと。このネットワークは192.168.1.0/24だから、192.168.1.1〜192.168.1.254までのアドレスを割り振ってよい、と決めておくわけですか？

いいぞ、ネット君。その通りだ。サーバーは**設定されたIPアドレスプールの中から、要求してきたクライアントに対して、それぞれがユニークになるようアドレスを割り当てる**。

図25-1 DHCPの概略

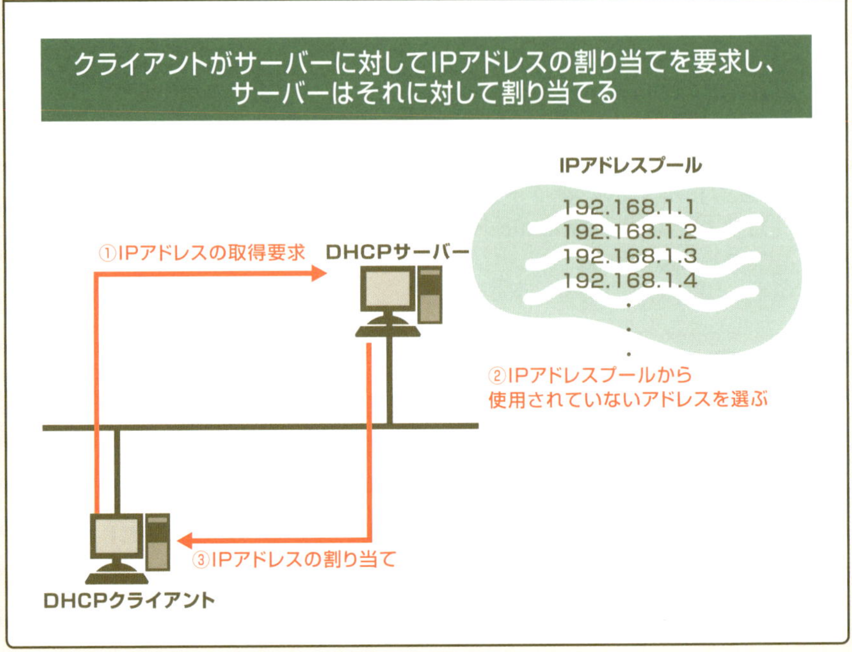

クライアントがサーバーに対してIPアドレスの割り当てを要求し、サーバーはそれに対して割り当てる

IPアドレスプール
192.168.1.1
192.168.1.2
192.168.1.3
192.168.1.4

①IPアドレスの取得要求 → DHCPサーバー

②IPアドレスプールから使用されていないアドレスを選ぶ

③IPアドレスの割り当て → DHCPクライアント

😀 なるほど。管理者は範囲だけ決めておけば、あとはサーバーが自動的に割り振ってくれるわけですね。で、ユニークってことは同じIPアドレスを割り当てることがないようにするわけですね。

🎓 うむ。もう1つネットワーク管理者は、事前にIPアドレスの **リース期限** を決定しておく必要がある。これまで割り当てると言ってきたが、実際はサーバーが持つプールから、IPアドレスを貸し出す、という表現が一番近いかもしれん。

😀 ははぁ。クライアントは貸し出してもらって、使うという形ですか。サーバーがIPアドレスを持っていて、それをホストに貸し出す、と。それには貸し出し期限があるってことですね。

🎓 うむ。それでなぜ期限をもうけるかというと、例えばIPアドレスを割り当てはいいが、そのあと、そのホストが移動してしまったり故障してしまった場合どうなる？ サーバーはIPアドレスを割り当てたので、そのIPアドレスは使われていると思っているぞ。

第25回 DHCP

🐱 そうなると、そのコンピューターに割り当てた IP アドレスは使えなくなってしまいますよね。結局、IP アドレスを持ち逃げされた形になってしまいますね。

🎓 そうだ。なので、IP アドレスには貸し出し期限を設けておく。クライアント側は、継続して使いたければ、期間延長を申し出るという形になる。では DHCP でやり取りされる内容、**DHCP メッセージ**とその動作を考えよう。いろいろと項目があって難しそうだが、ここで大事なのは、**オプション**だ。このオプションこそが、現在 DHCP が主流になった理由だ。（図 25-2）

🐱 へぇ、随分とたくさんの項目があるんですね。で、オプション？ クライアントの設定？

図 25-2　DHCP メッセージ

アドレスやオプション設定などの情報を持つ※1

| イーサネットヘッダー | IPヘッダー | UDPヘッダー | DHCPメッセージ |

オクテット	名前	説明
1	オペレーションコード	クライアント→サーバー…1 サーバー→クライアント…2
4	クライアントIPアドレス	現在のクライアントのアドレス（再リース時のみ）
4	割り当てIPアドレス	サーバーが割り当てたアドレス
4	サーバーIPアドレス	サーバーのアドレス
16	クライアントハードウェアアドレス	クライアントのMACアドレス
可変	オプション	メッセージタイプ（※2）とクライアントの設定（サブネットマスク・デフォルトゲートウェイ・DNSサーバーアドレス・リース期限など）

※1 DHCPメッセージには他にも項目があるが、ここではその一部を抜粋して載せている
※2 メッセージタイプは図25-3で説明しているDISCOVERなどのメッセージの種類

3 IP アドレッシング

図 25-3　DHCP の動作

> DISCOVER、OFFER、REQUEST、ACKの4つのメッセージを
> クライアントとサーバーでブロードキャストを使ってやり取りする

① クライアントはDHCP DISCOVERメッセージをブロードキャストする

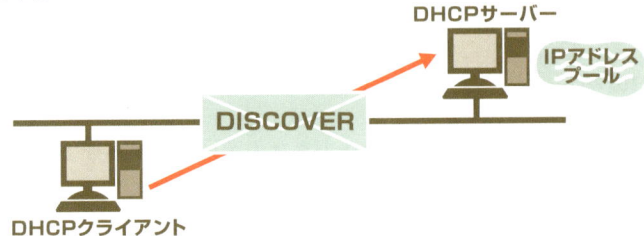

② DISCOVERを受け取ったサーバーは割り当てるIPアドレスをプールから選び、それをクライアントにブロードキャストして通知する（DHCP OFFER）

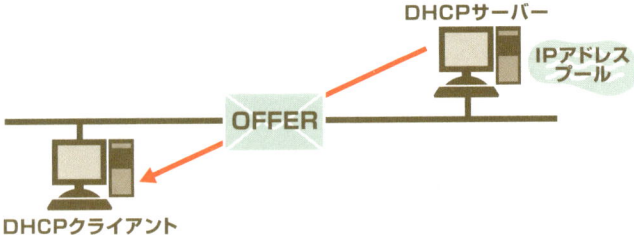

③ クライアントはOFFERで受け取ったIPアドレスで問題なければDHCP REQUESTをサーバーにブロードキャストする

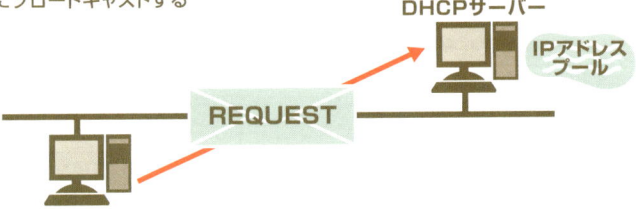

④ REQUESTを受け取ったサーバーは、問題なければDHCP ACKを送る
その際、サブネットマスクなどオプション設定もACKに入れて送る

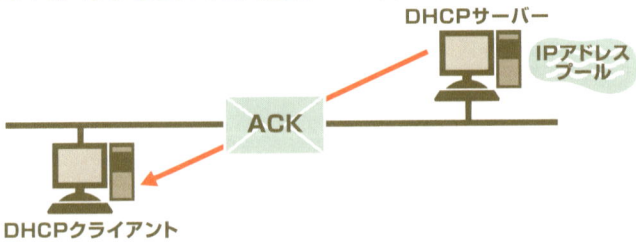

第25回 DHCP

そうだ。DHCPはIPアドレスだけでなくその他のネットワークの設定情報を送ることができる。なので、動的ホスト設定（*1）プロトコル、と呼ばれるのだよ。さて、次はDHCPの実際の動作を説明しよう。**(図25-3)**

は～。やり取りはブロードキャストを使って、全員あてに送るんですね。

そうだ、**ブロードキャスト**を使う。コンピューターが起動した時点で**はクライアントは誰にメッセージを送ればよいかわからない**から、全員あてに送ってしまうわけだ。

なるほど。自分がどこへ送っていいか、自分がどのネットワークに所属しているかわからないから、全員あてに送る、と。そうすればなにがなんだろうが受信するってことですね。

そうだ。なかなかうまくできているだろう？　さて、では今回はここまで。次回は、あて先MACアドレスをどうやって知るかの話をする。

了解。3分間ネットワーク基礎講座でした～♪

（*1）ホスト設定　DHCPで設定できるものには、サブネットマスク、デフォルトゲートウェイ、DNSサーバー、リース期限などがある。

ネット君の今日のポイント

- 4つのアドレスがデータのやり取りには必要である。
- 送信元MACアドレスは送信するインターフェースに固定のアドレスを使う。
- 送信元IPアドレスは手動の静的と、DHCPを使った自動の動的がある。
- 各クライアントはDHCPサーバーが持つアドレスプールから、IPアドレスを割り振ってもらう。

○月○日　暗　ネット君

第26回 ARP

●アドレス解決プロトコル

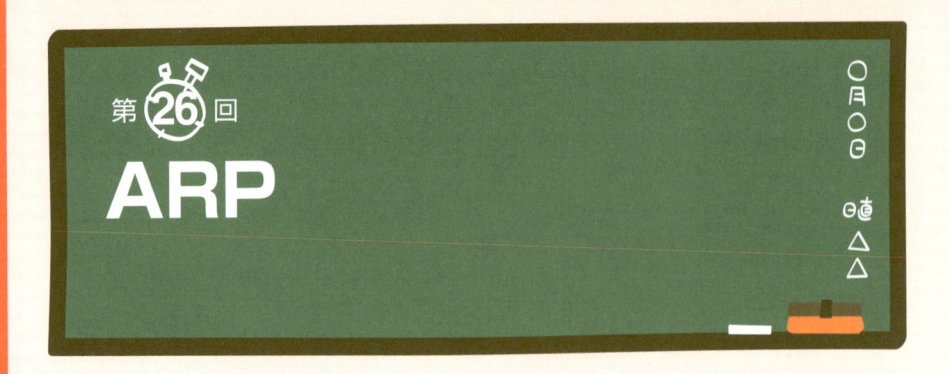

さて、通信には4つのアドレスが必要だった。送信元のIPアドレスとMACアドレス、あて先のIPアドレスとMACアドレスだ。前回はそのうち2つのアドレスを決定する方法を説明したな。

はい。送信元、つまり自分のMACアドレスは送信するインターフェースに固定のアドレスを使う。送信元IPアドレスは、送信するインターフェースに手動かDHCPで設定されたIPアドレスを使うんでしたよね。

そうだ。これで送信元のアドレスは2つとも決定したわけだ。残りはあて先のIPアドレスとMACアドレスだ。まず、**あて先のMACアドレスはあて先のIPアドレスが決定したあとで決まる**。

へ～。じゃあ、あて先のIPアドレスはどうやって決まるんですか？

それは次回の話だ。実際の順番とは前後するが、先にあて先MACアドレスの決定方法を説明する。ここでは、すでにあて先のIPアドレスが決まり、続いてあて先のMACアドレスを決定することになったとしよう。ここで使われるのが **ARP**［Address Resolution Protocol］だ。

えーあーるぴー？　［Resolution］は「解決」だから…

日本語では「アドレス解決プロトコル」だな。読みは「アープ」だ。ARPは**「このIPアドレスのホストさん、あなたのMACアドレスを教えて」と聞くプロトコル**だ。これにより「MACアドレスがわからない」状態を「解決」する。だから「アドレス解決プロトコル」だ。（図26-1）

第26回 ARP

図26-1 ARPの基本

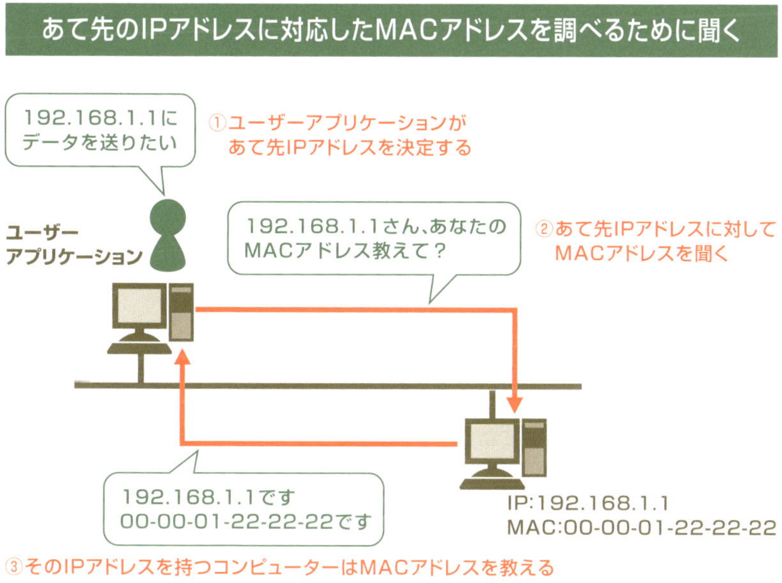

あて先のIPアドレスに対応したMACアドレスを調べるために聞く

- 192.168.1.1にデータを送りたい
- ユーザーアプリケーション
- ①ユーザーアプリケーションがあて先IPアドレスを決定する
- 192.168.1.1さん、あなたのMACアドレス教えて？
- ②あて先IPアドレスに対してMACアドレスを聞く
- 192.168.1.1です 00-00-01-22-22-22です
- IP:192.168.1.1 MAC:00-00-01-22-22-22
- ③そのIPアドレスを持つコンピューターはMACアドレスを教える

な、なんか随分とわかりやすい名前というか。……、でも博士？ あて先のMACアドレスがわからないとデータを送信できないんですよね？ その状態でどうやって「MACアドレスを教えて」と聞けるんですか？

● ARPテーブルとARP

うむ、それについて説明しよう。まず、データ転送を希望するコンピューターは、あて先のIPアドレスを決定する。そのあと、**あて先MACアドレスを知るためにARPテーブルを参照**する。

ARPてーぶる？ ARPがよくわかってないのにいきなり見知らぬ言葉がきましたよ？

ARPテーブルは**IPアドレスとMACアドレスの対応表**だ。このIPアドレスのコンピューターのMACアドレスはコレ、という情報が載っている。「192.168.0.1のMACアドレスは00-40-26-f4-1a-02です」という表があるわけだ。

🙂 じゃあ、**ARP テーブルにあて先 IP とあて先 MAC の対応があれば、その時点であて先 MAC アドレスがわかる**わけですね。さっきの「教えて」って聞くのはいらないのでは？

🎓 そうだ、必要ない。だが、**ARP テーブルにあて先 IP とあて先 MAC の対応がない場合**には、あて先 MAC アドレスがわからない。よって、ARP テーブルに知りたい IP と MAC の対応を載せなければならない。
よって「この IP アドレスのホストさん、あなたの MAC アドレスを教えて」と ARP を使って聞き、その結果を ARP テーブルに載せる。それによりあて先の MAC アドレスがわかるようになるわけだな。この「教えて」という動作を **ARP 要求**と呼ぶ。**ARP 要求はブロードキャストでネットワーク内の全コンピューターに送信される**。

🙂 あーなるほど。あて先の MAC アドレスがわからないので、とりあえず全員に送っちゃうんですね？ DHCP でもブロードキャストを使ってましたよね。

🎓 そうだな、誰に送っていいかわからないときにブロードキャストはよく使われる。ともかく、ARP 要求を受け取ったコンピューターのうち、指定された IP アドレスを持つコンピューターだけが **ARP 応答**を返す。要は「教えて」って聞かれたので、「自分の MAC アドレスはこうですよ」という答えを返すわけだな。

🙂 なるほど、「教えて」って聞かれたから「こうだよ」って返すわけですね。そうすれば、教えてもらった側はその IP アドレスに対応した MAC アドレスを知ることができますね。

🎓 そういうことになる。ARP 応答を受け取ったコンピューター、つまり ARP 要求を送信した側だな、このコンピューターは ARP の結果を **ARP テーブルに載せる**。これにより、あて先の MAC アドレスが決定されることになるわけだ。**(図 26-2)**
さてこの ARP テーブルだが、ARP テーブルに載っている IP アドレスと MAC アドレスの対応は**一定時間で消去される**。そうだな、300 秒たつと消える設定になっていることが多いな。

🙂 え？ 消えちゃうんですか？ せっかく ARP によって入手した IP アドレスと MAC アドレスの対応を？ 300 秒……5 分で？

第26回 ARP

図26-2　ARPの動作

ブロードキャストでARP要求を送り、対応するコンピューターだけが応答する

① 送信を希望するコンピューターはまず自身のARPテーブルを参照する

ARPテーブル
192.168.1.10
＝
00-00-01-aa-aa-aa

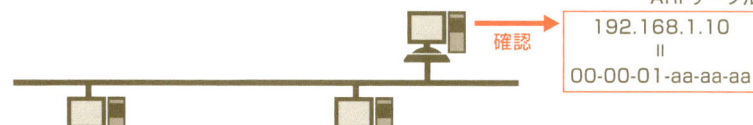

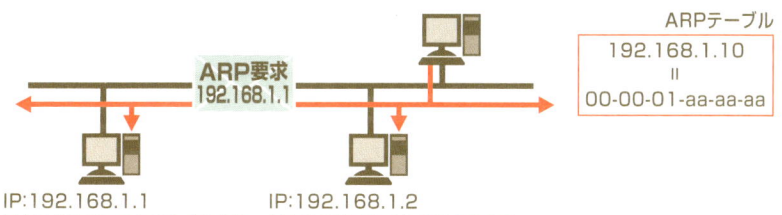

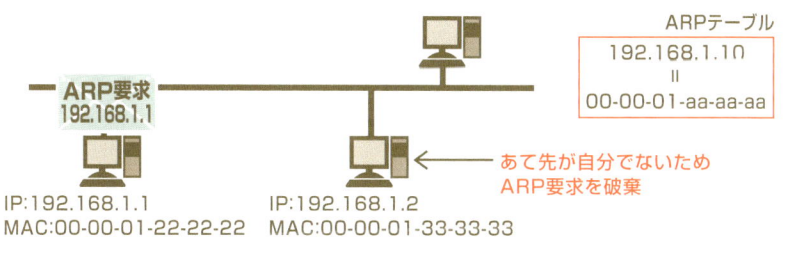

確認

IP:192.168.1.1
MAC:00-00-01-22-22-22

IP:192.168.1.2
MAC:00-00-01-33-33-33

② ARPテーブルにあて先IPアドレスがない場合、ARP要求をブロードキャストする

ARP要求
192.168.1.1

ARPテーブル
192.168.1.10
＝
00-00-01-aa-aa-aa

IP:192.168.1.1
MAC:00-00-01-22-22-22

IP:192.168.1.2
MAC:00-00-01-33-33-33

③ ARP要求のあて先を確認し、自分だった場合は応答する。そうでない場合は破棄する

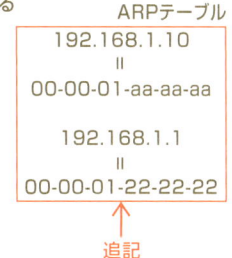

ARP要求
192.168.1.1

ARPテーブル
192.168.1.10
＝
00-00-01-aa-aa-aa

あて先が自分でないため
ARP要求を破棄

IP:192.168.1.1
MAC:00-00-01-22-22-22

IP:192.168.1.2
MAC:00-00-01-33-33-33

④ ARP応答を受け取ると、ARPテーブルに応答の結果を追記する

ARP応答
00-00-01-22-22-22

ARPテーブル
192.168.1.10
＝
00-00-01-aa-aa-aa

192.168.1.1
＝
00-00-01-22-22-22

追記

IP:192.168.1.1
MAC:00-00-01-22-22-22

IP:192.168.1.2
MAC:00-00-01-33-33-33

3 IPアドレッシング

そうだ。一応手動で IP アドレスと MAC アドレスの対応を ARP テーブルに設定すれば消えることはないが、まず通常はそんなことはしない。

なんでですか？　消えない方がいいじゃないですか。消えたら、IP アドレスと MAC アドレスの対応がわからなくなって、また ARP 要求、ARP 応答のやり取りをすることになるんですよね？

そうだ。だが、MAC アドレスはインターフェースに固定のアドレスのため、もしインターフェースが故障して別のインターフェースに交換すると、MAC アドレスが変わってしまう。例えば ARP テーブルが消えない設定だったとしよう。もし、ARP によって IP アドレスに対応した MAC アドレスを入手したのち、インターフェースが故障したらどうなる？

どうなるって……。そうですね、インターフェースを交換するので、そのコンピューターの MAC アドレスが変更になりますよね。

一方、IP アドレスはインターフェースが故障して交換しても変更しないと前に説明したな。つまり、IP アドレスは前のまま、MAC アドレスは新しい値になる。よって、ARP テーブルが消えない設定なら先ほど ARP で入手した IP アドレスと MAC アドレスの対応はどうなる？

えぇっと、ARP テーブルに載っている IP アドレスと MAC アドレスの対応は、MAC アドレスが変更になったので一致しなくなっちゃいますね……、それって困りません？

もちろん困る。IP アドレスに対応した MAC アドレスが間違っていることになるからな。そうなると、間違った MAC アドレスあてにデータを送ることになりデータが届かなくなってしまう。(図 26-3)

しかも ARP テーブルは消えないから、ず〜っと間違ったままになってしまいますね。あぁ、そうか。だから消えるのか。

わかったようだな。よし、では今回はここまでとしよう。

いぇっさー。3 分間ネットワーク基礎講座でした〜♪

第26回 ARP

図26-3　ARPを消去する理由

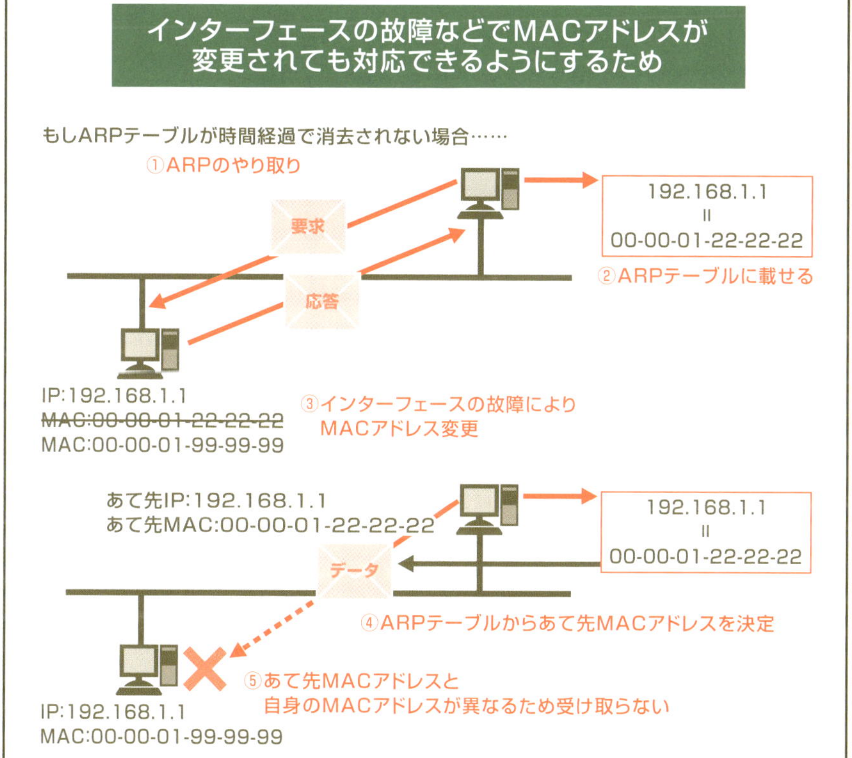

インターフェースの故障などでMACアドレスが
変更されても対応できるようにするため

もしARPテーブルが時間経過で消去されない場合……

①ARPのやり取り

要求
応答

192.168.1.1
＝
00-00-01-22-22-22

②ARPテーブルに載せる

IP:192.168.1.1
~~MAC:00-00-01-22-22-22~~
MAC:00-00-01-99-99-99

③インターフェースの故障により
　MACアドレス変更

あて先IP:192.168.1.1
あて先MAC:00-00-01-22-22-22

データ

192.168.1.1
＝
00-00-01-22-22-22

④ARPテーブルからあて先MACアドレスを決定

⑤あて先MACアドレスと
　自身のMACアドレスが異なるため受け取らない

IP:192.168.1.1
MAC:00-00-01-99-99-99

ネット君の今日のポイント

- あて先MACアドレスを知るにはARPを使用する。
- IPアドレスとMACアドレスの対応表であるARPテーブルを持つ。
- ARPテーブルは一定時間で消去される。

〇月〇日　ネット君

第27回 DNS

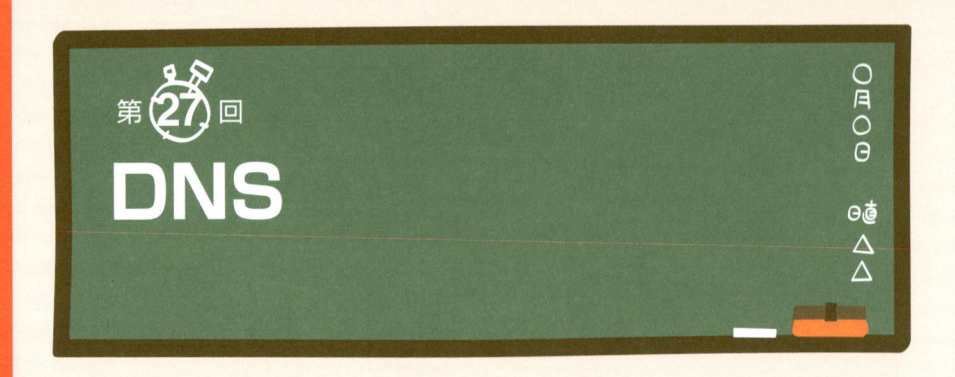

●あて先 IP アドレスを知る

さてデータ通信に必要な4つのアドレスを入手する方法だ。送信元のMACアドレス、IPアドレス、あて先のMACアドレスを入手する方法は説明したな。

インターフェースに固定なのが送信元MACアドレス、手動かDHCPで入手するのが送信元IPアドレス。ARPで入手するのがあて先MACアドレス、ですね。

今回は最後の1つ。**あて先IPアドレスを知る**方法だ。まず、一番簡単な方法は……

方法は？

データ転送を望むアプリケーションやユーザーが、**あて先のIPアドレスを知っている**という形だ。
例えば、ブラウザにあて先IPアドレスを手動で入力して、Webページを見に行くことができる。そのようにユーザーが入力したり、使うアプリケーションに登録されていればいい。

そりゃ確かにそうですね。最初からIPアドレスがわかっていれば問題ないですね。

そういうことだ。このように、データ転送をしたい相手のIPアドレスが最初からわかっていれば、データは転送できる。しかし、困ったことに普通人間というのは、単なる数字の羅列を覚えるのは不得手だ。

そうですよねぇ。数字って語呂合わせでもしないと覚えづらいですよね。僕なんか大学の学籍番号をよく間違えますよ。

それは君がネット君だからだ。以上。Q.E.D.。ともかく、単なる数字であるIPアドレスは覚えにくい。なので、**ドメイン名**［Domain Name］というものが使われる。

● DNS

ドメイン名とは、要は送信する相手の**コンピューターの名前**のことだ。覚えやすいよう、英数字で構成される。一番いい例は、WWWで使われているhttp://のうしろにある文字列だな。

http://のうしろ？　じゃ、技術評論社のホームページが置いてあるコンピューターは、「www.gihyo.jp」って名前ってことですか？

そうだ。もちろん、他のコンピューターと区別するために、**ユニークな名前**でなければならない。さて、インターネットでユニークな名前でなければならないということは？

ということは……？　もしかして、IPアドレスのネットワーク番号と同じように、管理する組織があるってことですか？

うむ、いいぞネット君。その通り、**ドメイン名はIPアドレス同様ICANNが管理している**。ともかく、ドメイン名により**送信したい相手を簡単に覚えることができる**ようになったわけだ。ただ問題は、やはり**データ送信にはIPアドレスが必要**という点だ。

あ〜、それはそうですね。IPアドレスを直接覚えるのは難しいから、名前をつけました。じゃ、名前とIPアドレスにどういう関係があるんですか？

うむ、それを決めるのが、**DNS**［Domain Name System］だ。DNSは**名前とIPアドレスを対応させるシステム**だ。名前とIPアドレスの対応データベースを持っている**DNSサーバー**に対して**問い合わせ**を行い、あて先のIPアドレスを手に入れるのだ。（図27-1）

ははぁ。このDNSサーバーっていうのは、どこにあるんですか？　世界中のドメイン名を覚えている必要があるから、やっぱりICANN？

図27-1　DNS

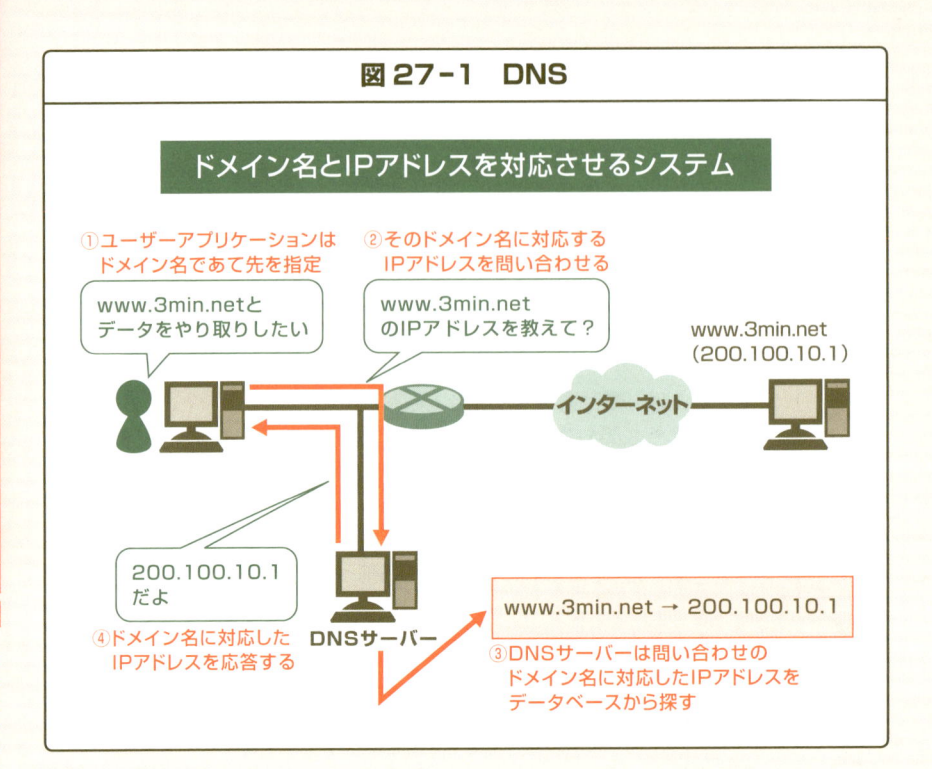

ドメイン名とIPアドレスを対応させるシステム

①ユーザーアプリケーションはドメイン名であて先を指定

www.3min.netとデータをやり取りしたい

②そのドメイン名に対応するIPアドレスを問い合わせる

www.3min.netのIPアドレスを教えて？

www.3min.net（200.100.10.1）

インターネット

200.100.10.1だよ

④ドメイン名に対応したIPアドレスを応答する

DNSサーバー

www.3min.net → 200.100.10.1

③DNSサーバーは問い合わせのドメイン名に対応したIPアドレスをデータベースから探す

🎓 誰が世界中のドメイン名を覚えていると言った？ **DNS サーバーは各組織に1つずつ**あり、**その組織のドメイン名のみを管理**している。

🐱 えっ？　その組織のドメイン名のみを管理って。じゃあ、他の組織のドメイン名から IP アドレスを知りたい場合はどうするんですか？

🎓 もっともな疑問だ。**他の組織のホスト名、ドメイン名は、その組織の DNS サーバーに聞く**のだ。先ほどの例は、実際はこうなる。DNS とは、世界中のドメイン名・ホスト名を管理する一種の**分散型データベース**だということだ。（図27-2）

🐱 なるほど。知ってるところへ聞きにいくわけですね。名前のデータベースがあちこちに分散してるから、分散型データベース、と。

🎓 そういうことだな。今回は、DNS の基本だ。覚えておくように。

🐱 基本ってことは応用もある？

第27回 DNS

図27-2 他の組織のドメイン名を調べる

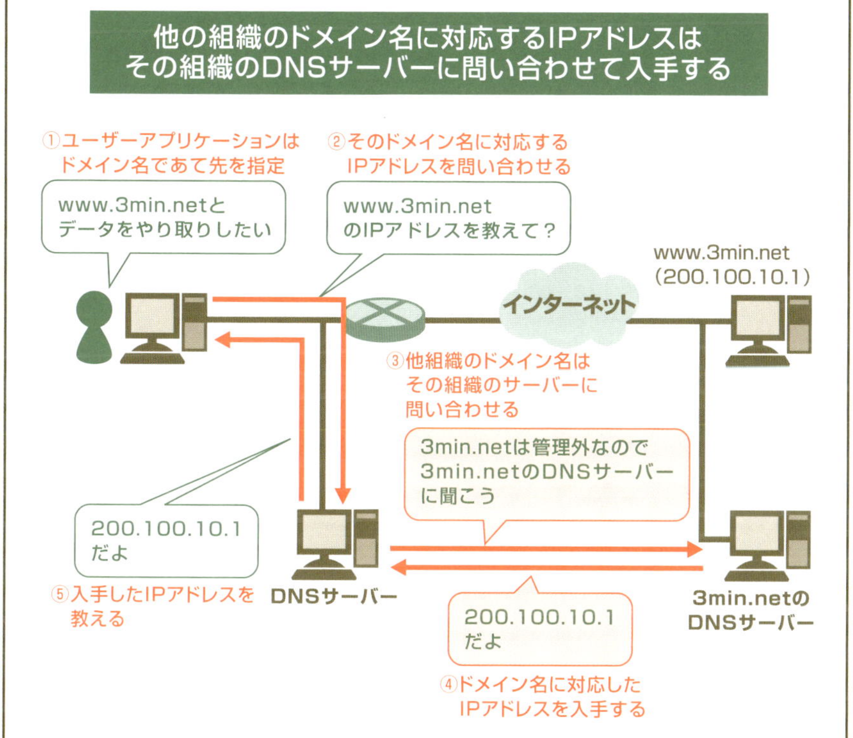

他の組織のドメイン名に対応するIPアドレスは そのドメイン名に対応する その組織のDNSサーバーに問い合わせて入手する

① ユーザーアプリケーションは ドメイン名であて先を指定

② そのドメイン名に対応する IPアドレスを問い合わせる

www.3min.netと データをやり取りしたい

www.3min.net のIPアドレスを教えて？

www.3min.net (200.100.10.1)

インターネット

③ 他組織のドメイン名は その組織のサーバーに 問い合わせる

3min.netは管理外なので 3min.netのDNSサーバー に聞こう

200.100.10.1 だよ

⑤ 入手したIPアドレスを 教える

DNSサーバー

200.100.10.1 だよ

④ ドメイン名に対応した IPアドレスを入手する

3min.netの DNSサーバー

応用も、もちろんある。詳しくはこの書籍のシリーズの1つ「3分間 DNS基礎講座」を読んでくれ。それはともかく、なんと言ってもDNSは**現在のインターネットを支える基幹技術**なのだからな。今現在、インターネットはすべてドメイン名でサービスを行うようになっている。DNSがなければ、インターネットは立ち行かないようになっているのだよ。

そういえばそうかも。Webサイトでも、メールでも、IPアドレスを直接打ち込むことってほとんどないですからね。

図27-3　データ転送をするまでの流れ

DHCP、ARP、DNSを使って4つのアドレスを決定する

①自分のIPアドレスは手動またはDHCPから割り振られ、
　MACアドレスは自動的にわかっている

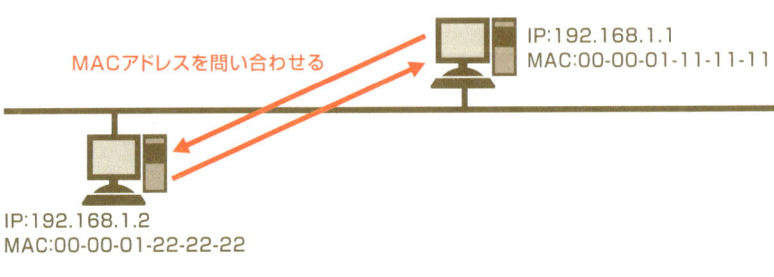

DHCPサーバー → IPアドレス割り振り → IP:192.168.1.1　MAC:00-00-01-11-11-11

IP:192.168.1.2　MAC:00-00-01-22-22-22

②ユーザーアプリケーションがあて先のドメイン名を決定すると
　DNSでIPアドレスを取得する

DNSサーバー ←IPアドレスを問い合わせる→ IP:192.168.1.1　MAC:00-00-01-11-11-11

IP:192.168.1.2　MAC:00-00-01-22-22-22

③IPアドレスが決定後、ARPによりMACアドレスを取得する

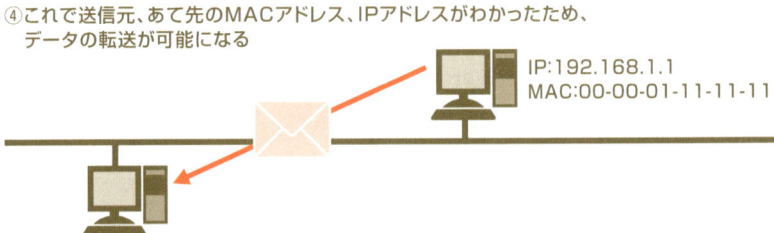

MACアドレスを問い合わせる　　IP:192.168.1.1　MAC:00-00-01-11-11-11

IP:192.168.1.2　MAC:00-00-01-22-22-22

④これで送信元、あて先のMACアドレス、IPアドレスがわかったため、
　データの転送が可能になる

IP:192.168.1.1　MAC:00-00-01-11-11-11

IP:192.168.1.2　MAC:00-00-01-22-22-22

第27回　DNS

●4つのアドレス・完結編

さて、長きにわたり説明してきた4つのアドレスもこれでおしまいだ。ここでおさらいをしてみよう。データ転送を希望するコンピューターがあったとする。まず送信元のアドレスは？

送信元MACアドレスは、NICを取り付けたら自動的にわかります。送信元IPアドレスは、手動かDHCPで割り振られてわかっています。

うむ。それでデータ転送をするのだが、ユーザーもしくはアプリケーションが**あて先のドメイン名**を決定すると？

DNSであて先IPアドレスがわかります。

そうだ。ここは手動でIPアドレスを入力してもかまわない。どちらにしろ、あて先IPアドレスがわかると？

ARPであて先MACアドレスがわかり、データ転送が可能になります。（図27-3）

うむうむ。この流れを忘れないように。次回からは、データ転送が可能になったので、インターネットワークでのデータ転送について説明する。

いぇっさー。3分間ネットワーク基礎講座でした〜♪

> **ネット君の今日のポイント**
>
> ● ユーザーもしくはアプリケーションがあて先を決定する。
> ● IPアドレスがわかっていれば、それを使用することもできる。
> ● ホスト名がわかっている場合はDNSを使用する。
> ● DNSサーバーに対し、ホスト名に対応するIPアドレスを問い合わせる。

3―IPアドレッシング

補講 ③

「IPアドレスとドメイン名のことを知っちゃおう」

　　こんにちは、おねーさんです。いよいよレイヤー3でIPアドレスが登場しました。第22回で説明されていますが、インターネットで使われているIPアドレスは、とある団体によって管理されています。それについての話をちょっと。

　IPアドレスを管理している団体は、本編にもあった通り、ICANNです。ICANNはIPアドレス、DNSのドメイン名、ASの番号（第32回で説明しています）を管理しています。正確に言えば、管理しているのはその下部組織で、ICANNは管理や割り当てのポリシーや、その調整を行っている団体になります。

　ICANNの下部組織として、IANA（Internet Assigned Numbers Authority）があります。「アイアナ」って呼びます。もともとココがIPアドレス・ドメイン名の管理をしていたんですが、標準化や調整機能は、ICANNへ移行しています。現在IANAは、ICANNのポリシーの元、IPアドレスやドメイン名の管理、割り当てを行っています。

　IANAは世界で5つある地域インターネットレジストリ［Regional Internet Registry：RIR］に実際の割り当てを委託しています。

・ARIN…北米担当
・RIPE NCC…ヨーロッパ、中東、中央アジア担当
・APNIC…アジア、太平洋地域担当
・LACNIC…中南米・カリブ海地域担当
・AfriNIC…アフリカ担当

　RIRは、さらに国や地域別の団体に委託している場合があります。これは国別インターネットレジストリ［National Internet Registry：NIR］と呼ばれています。RIRとNIRをまとめて、NIC［Network Information Center］とも呼びます。日本にも、JPNIC［JaPan Network Information Center］というNIRがあります。ただし、JPNICはIPアドレスやAS番号の管理割り当ては行っていますが、ドメイン名は別組織であるJPRS［JaPan Registry Services］に移管しています。ちょっとややこしいですね。

4章
ルーティング

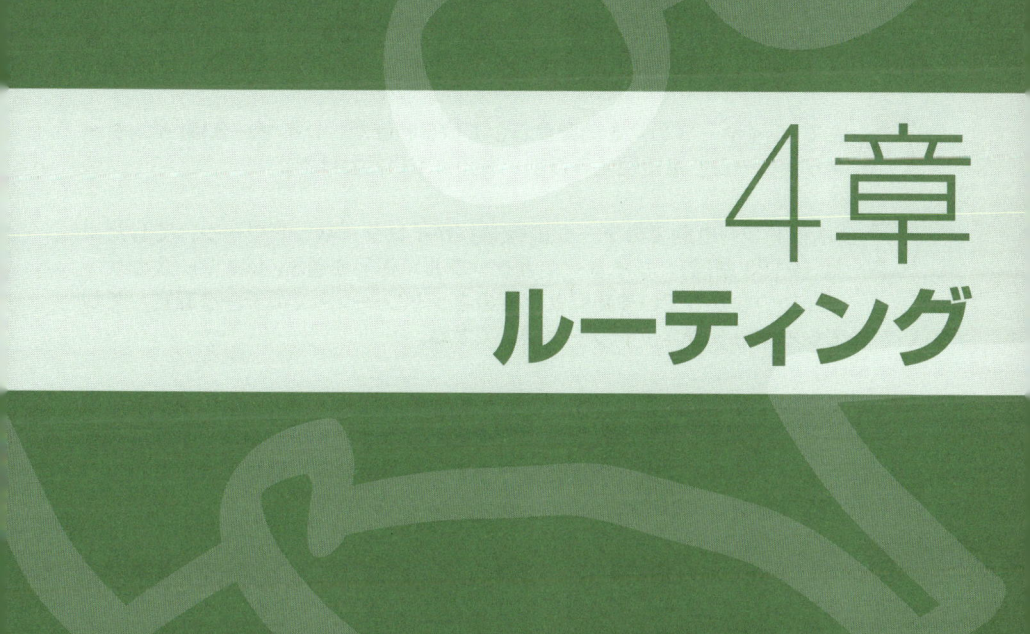

第28回 アドレスと経路

●IPアドレスとMACアドレス

　さて、レイヤー3の話を前章からしているわけだ。レイヤー3は「インターネットワーク」を実現する役割、を担っていたわけだ。

　「ネットワーク間でのデータの転送」がインターネットワーク、でしたよね（P123参照）。レイヤー1がケーブルで信号を運ぶ、レイヤー2がケーブルでつながっている範囲としてのネットワーク内でのデータ転送。そしてレイヤー3がネットワーク間、ですね。

　そういうことだ。各レイヤーが、それぞれの範囲でのデータのやり取りのしくみを決めているわけだな。レイヤー3は「アドレッシング」と「ルーティング」でインターネットワークを行う。その内、前章ではアドレッシングを説明したわけだ。

　アドレッシング、IPアドレスですね！！　「どこのネットワークにある」「どのコンピューター」という情報がIPアドレスでしたよね。IPアドレスで場所を特定して、「ルーティング」で道筋を決定するんでしたっけ。

　そういうことだ。IPアドレスはあて先を特定する役割だった。で、ネット君。この「あて先」というのはなにかね？

　え？　データのあて先のコンピューターでしょ？

　うむ、そうだな。じゃあMACアドレスは？

　MACアドレスはあて先のコンピューターを……、あれ？

第28回 アドレスと経路

🎓 IPアドレスもMACアドレスも、どちらもあて先を特定する。ではどこが異なるかというと、**MACアドレスは同じネットワーク内でのあて先**を特定する。それに対して**IPアドレスはあて先のコンピューター**を特定する。つまり、IPアドレスが最終的なデータの届け先、MACアドレスが次の届け先、ということになる。

🐱 MACアドレスが次の届け先？ IPアドレスが最終的なアドレス？ どういうことですか？

🎓 インターネットワークでは、データは複数のネットワークを経由して、最終的なあて先のコンピューターまで届く。経由していくのはいいのだが、「誰に経由してもらう」かがわからないと困るだろう？ 例えば、とあるネットワークAから、ネットワークBを経由してネットワークCに行くとする。Aから出たデータグラムはBに入ってその次にCへ行くわけだが、Bに入った時点で「Cへ中継してくれる誰か」のところへ行かなければいけない。それを指定するのがMACアドレス、「次に送る場所」の決定というわけだ。**(図28-1)**

🐱 ん～、MACアドレスで「次に送る場所」を指定する。そこに届いたら、またMACアドレスで「次に送る場所」を指定する。それを繰り返して、最終的なあて先へ届く、ということですか。……ということは、あて先となるMACアドレスはころころ変わるんですね？

🎓 そういうことになる。MACアドレスは「次のあて先」だから、そのコンピューターに届いたら、さらに次を指定する必要がある。よって、MACアドレスは変更される。一方でIPアドレスは変更されない。だから、IPアドレスが最終的なデータの届け先、MACアドレスが次の届け先、というわけだ。

●経路

🎓 さて、MACアドレスにより「次のあて先」を、IPアドレスで「最終的なあて先」を指定するわけだ。それにより、**あて先までの経路**ができる。

🐱 経路……、つまりアレですね、まず送信元から次のあて先がMACアドレスで指定されて、そこへ届いたら次のあて先がまたMACアドレスで指定されて……、を繰り返して、最終的にIPアドレスで指定される本来のあて先に届く、と。その動きをつなぐと、確かにあて先までの「道」ができますね。

図28-1　IPアドレスとMACアドレス

最終的なあて先のIPアドレス、次のあて先のMACアドレス

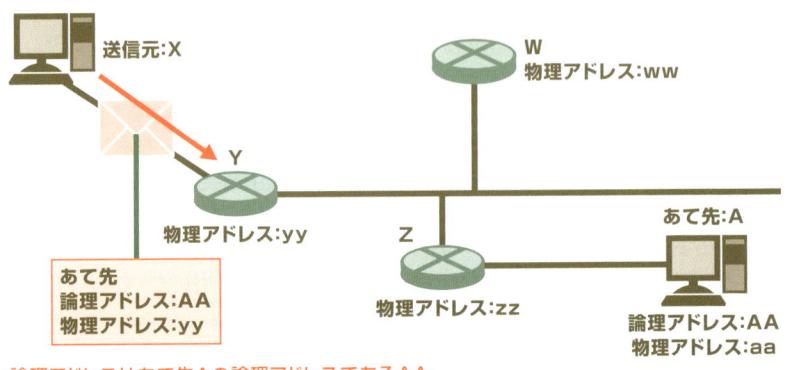

送信元：X
W　物理アドレス：ww
Y　物理アドレス：yy
Z　物理アドレス：zz
あて先：A　論理アドレス：AA　物理アドレス：aa

あて先
論理アドレス：AA
物理アドレス：yy

論理アドレスはあて先Aの論理アドレスであるAA
物理アドレスは同じネットワーク内で中継をしてくれる機器であるyyになる

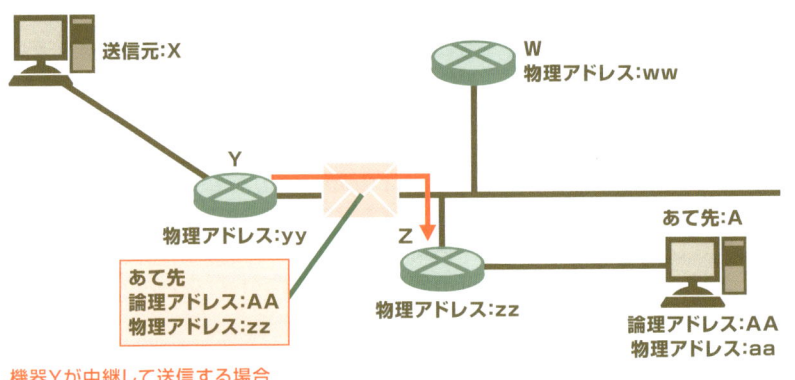

送信元：X
W　物理アドレス：ww
Y　物理アドレス：yy
Z　物理アドレス：zz
あて先：A　論理アドレス：AA　物理アドレス：aa

あて先
論理アドレス：AA
物理アドレス：zz

機器Yが中継して送信する場合
論理アドレスは変わらずAAだが、
物理アドレスは次の中継先zzになる。物理アドレスでzzを指定することにより、中継先が明確になる（機器Wではなく、機器Zに送ることを明示している）

そうだ、それが「あて先への経路」となる。そして、**この経路を決定する役割を持つ機器がルーター**だ。このルーターが行う経路の決定だが、実は「経路を決定」しているわけではない。

え？　じゃあなにを決定してるんですか？　ルーティングするのがルーターで、ルーティングであて先までどうやって行くか、つまり経路を決定しているんじゃないんですか？

まぁ、確かにその通り。ただ、基本的にルーターが決定しているのは「経路の一部」にすぎない。つまり、自分の場所からあて先まで行くために、**次にどこへ送ればよいか**を決定しているだけなのだよ。「送信元からあて先」までのすべての道筋を理解しているわけではない、ということだ。

ふむふむ、次の場所は知っているけど、その次からどうやって行くか、までは理解していないということですかね。なんていうか、「方向指示機」みたいな感じですね。あそこへ行きたいならこっちへ行け、でそこまでついたらまた指示をあおげ、みたいに？

うむ、その考え方は間違っていない。このように、順繰りに「次への道」を指示していく方式を**ホップバイホップ**［Hop-by-Hop］と呼ぶ。ホップとは、ルーティングではルーターを指す言葉だ。**(図28-2)**

このように「次の」あて先を示すことを、複数のルーターが繰り返すことによって、全体の「経路」ができていくわけだ。そしてルーターは**ネットワークの境界上に配置**され、受け取ったデータグラムをルーティングし、次のあて先を決定する。

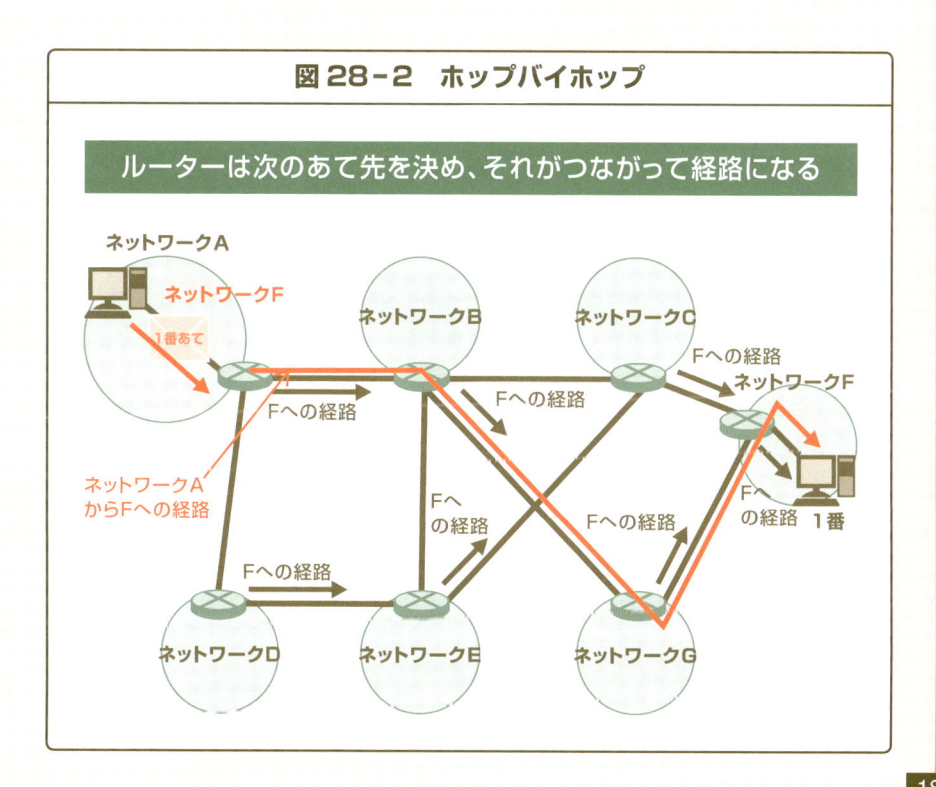

図28-2　ホップバイホップ

ルーターは次のあて先を決め、それがつながって経路になる

🐱 う〜ん、その次のあて先ってのは具体的になんですか？

🎓 基本的には**あて先へ行くための次のルーター**だ。ただし、あて先がそのルーターに接したネットワーク内にある場合は、あて先のコンピューターそのものが次のあて先になる。
ここで重要なのは、**ルーターがなければ別のネットワークへデータグラムを送ることはできない**ということだ。これは絶対のルールだ。ルーターがルーティングすることにより、別のネットワークへの「経路」ができる。この「経路」ができなければ別のネットワークへは届かない、ということだ。

🐱 絶対ですか？　例えば、直接つながっていたとしても？　ネットワークって、コンピューターのグループですよね。同じマルチアクセスネットワークに、違うネットワークのコンピューターがつながっていたらどうなるんですか？

🎓 それでもダメだ。例えば、同じハブに2台のコンピューターがつながっていて、その2台が別のネットワークに所属するように設定されていたとする。この状態の場合でも、別のネットワークのコンピューター、つまり同じハブにつながっているもう1台にはデータグラムは届かない。

🐱 え？　だって、データグラムを送ってしまえば、ハブはフラッディングしますよね。そうすればあて先であるコンピューターに届きますよね？

🎓 いや、届かない。なぜならば、コンピューターは「あて先が別のネットワークにある場合はルーターへ送信する」「あて先が同じネットワークにある場合は直接あて先へ送信」する、というルールで動いている。よって、ルーターがないと別ネットワークへは送れない。**(図28-3)**

🐱 へー、もしコンピューターに「ルーターが設定されていない」ならば、別のネットワークへのデータの送信自体が行われないんですね。

🎓 そういうことだ。このとき、コンピューターが指定するルーターのことを**デフォルトゲートウェイ**［Default Gateway］と呼ぶ。これについては先で説明する（P190参照）。とりあえず、今回はここまでとしておこう。

🐱 はい。3分間ネットワーク基礎講座でした〜♪

第28回 アドレスと経路

図28-3 コンピューターが送信するルール

別ネットワークあてならばルーター（デフォルトゲートウェイ）へ、同一ネットワークあてなら直接通信する

① ルーター（デフォルトゲートウェイ）が設定されている

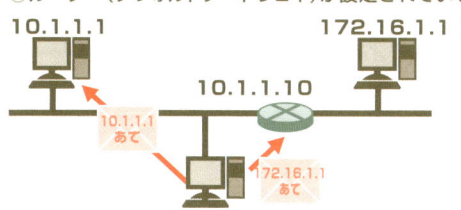

10.1.1.1　172.16.1.1　10.1.1.10

・同一ネットワークあてならば直接あて先へ送信する
・別ネットワークあてならばデフォルトゲートウェイに設定されたルーターへ送信する

10.1.1.2
ルーター（デフォルトゲートウェイ）：10.1.1.10

② ルーター（デフォルトゲートウェイ）が設定されていない

10.1.1.1　172.16.1.1　10.1.1.10

・同一ネットワークあてならば直接あて先へ送信する
・別ネットワークあてならば送信不能とする

送信不能

10.1.1.2
ルーター（デフォルトゲートウェイ）：――――

ネット君の今日のポイント

- IPアドレスは「最終的なあて先」、MACアドレスは「次のあて先」を決定する。
- ルーティングは次のあて先を指定していくことで行うホップバイホップである。
- ルーターがなければ別のネットワークへデータグラムを送ることはできない。
- コンピューターに設定しているルーターはデフォルトゲートウェイと呼ぶ。

第29回 ルーター

●ルーターとは

さて、ルーターがなければ別のネットワークへデータグラムを送信することはできない。つまり、インターネットワークを実現する機器がルーターなのだということだ。

インターネットワークは、「ネットワーク間でのデータの転送」でしたよね（P123参照）。ルーターがなければ別ネットワークへデータグラムを送信できない。つまり、ルーターがなければネットワーク間でのやり取りができない、ですね。

そういうことだ。ルーターはルーティングを行い、別のネットワークへのデータ転送を行う。つまり**ルーターこそがインターネットワークの最重要機器**ということになる。それで、だ。ルータールーターと何回か言葉が出てきたが、実際どのような機器か説明していない。

え〜っと、ルーティングする、ネットワークの境界上に配置される？……、えっと他になにかありましたっけ？

まず、ネットワークの境界上に配置される、から説明しようか。ルーターはとあるネットワークから別のネットワークへデータグラムを送り出すという役割上、「ネットワークとネットワークの境界上」に配置される。つまり、**複数のインターフェースを持つ**。

複数のインターフェースを持っていて、そこから複数のネットワークにつながっているってことですね。それが、ネットワークの境界上にあるということの意味ですか。

第29回　ルーター

そういうことだな。ルーターのインターフェースには論理アドレス、つまりIPアドレスが設定されている。つまり、ルーターの各インターフェースは**それぞれのネットワークに所属している**形になるわけだ。（図29-1）

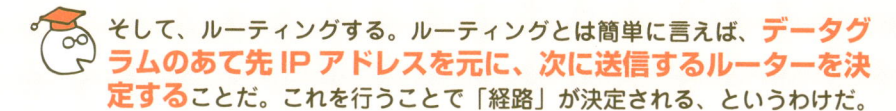

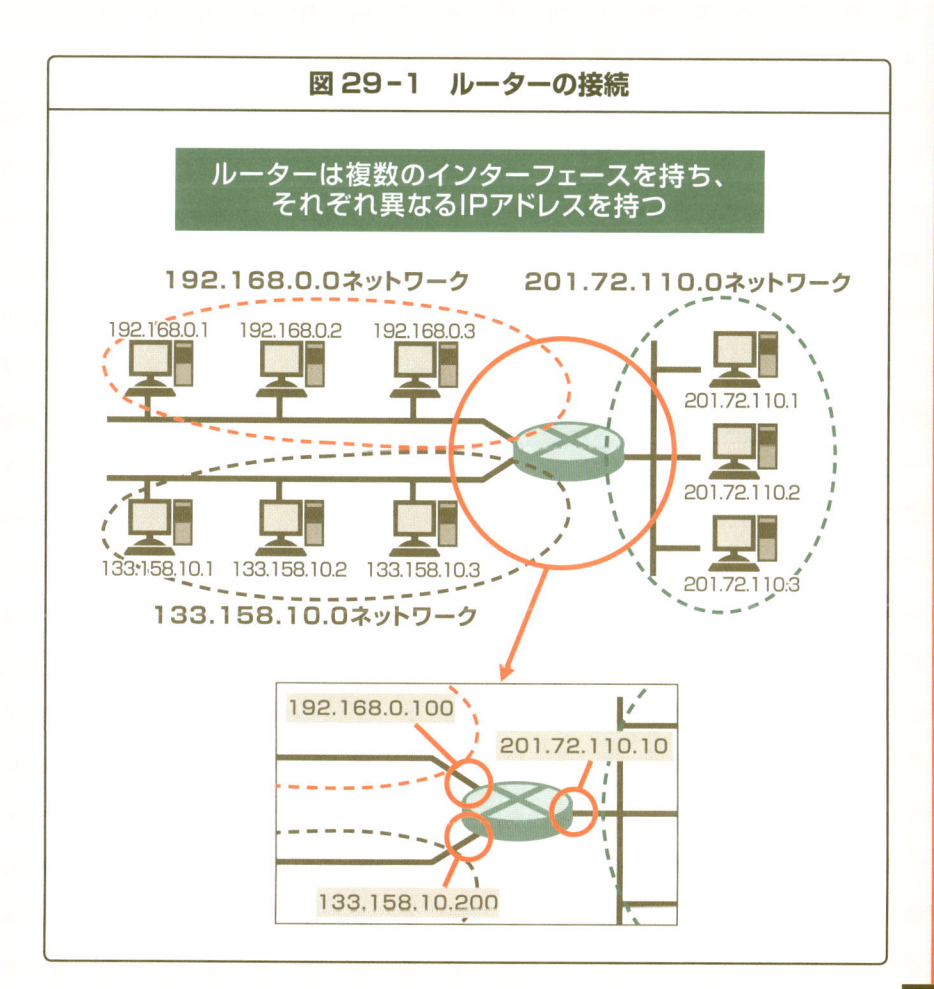

その結果、ルーターは単独ではなく、複数のネットワークに所属するわけですね。

そして、ルーティングする。ルーティングとは簡単に言えば、**データグラムのあて先IPアドレスを元に、次に送信するルーターを決定する**ことだ。これを行うことで「経路」が決定される、というわけだ。

図29-1　ルーターの接続

ルーターは複数のインターフェースを持ち、それぞれ異なるIPアドレスを持つ

192.168.0.0ネットワーク
192.168.0.1　192.168.0.2　192.168.0.3

201.72.110.0ネットワーク
201.72.110.1
201.72.110.2
201.72.110.3

133.158.10.1　133.158.10.2　133.158.10.3
133.158.10.0ネットワーク

192.168.0.100
201.72.110.10
133.158.10.200

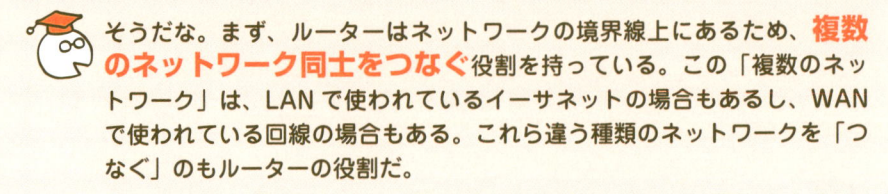

ふむふむ、経路を決定する、と。ルーターは「ネットワークの境界上に配置」されて「ルーティング」する。他の役割はないんですか？

そうだな。まず、ルーターはネットワークの境界線上にあるため、**複数のネットワーク同士をつなぐ**役割を持っている。この「複数のネットワーク」は、LANで使われているイーサネットの場合もあるし、WANで使われている回線の場合もある。これら違う種類のネットワークを「つなぐ」のもルーターの役割だ。

こっちはイーサネット、こっちはWANの回線。違う種類のネットワークの間にいて、データの「中継」をするってことですね。

そういうことだ。あとは、流れてきたデータグラムに対し、条件をつけてそのデータグラムを破棄してしまう**フィルタリング**〔Filtering〕という処理を行ったりもする。例えば、大学のコンピューター実習室のネットワークからは、学生のデータが入っている事務室のネットワークへはデータを流さない、とかだな。

なるほど、確かに学生のみんなが使うコンピューター実習室から、事務室へデータがやり取りできちゃうと悪いことを考えちゃいそうです。僕の成績証明書を……。

もちろん、ウチの学校はそんなことはできないぞ。では、まとめてみると、だ。ルーターは「ネットワークの境界上にあり」「複数のネットワーク同士をつなぎ」？

「ルーティングにより次のルーターを指定して経路を作る」？

さらに「フィルタリングによりルーティングするデータを仕分けできる」、ということだ。

● **ルーターの動作**

では実際のルーターの動作を説明しておこう。まず、ルーターは**ルーティングテーブル**というものを持っている。

るーてぃんぐてーぶる？

うむ。**最適な経路の地図**だと思ってもらうとわかりやすい。つまり、ルーターが受け取ったパケットのあて先までの最適な経路が載っている地図だ。

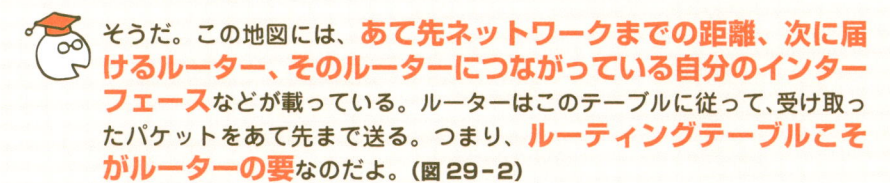

最適な経路が載っている地図。それを見て、ルーターはあて先ネットワークまでの経路を決定するんですか？

そうだ。この地図には、**あて先ネットワークまでの距離、次に届けるルーター、そのルーターにつながっている自分のインターフェース**などが載っている。ルーターはこのテーブルに従って、受け取ったパケットをあて先まで送る。つまり、**ルーティングテーブルこそがルーターの要**なのだよ。(図29-2)

ふむふむ。ルーティングテーブルから、あて先のネットワークを見つけて、次に届けるルーターを決定して、インターフェースから送信するってことですね。

そういうことだ。ではポイントを説明しよう。まず、前にも説明したようにルーターが決定するのは「次のあて先」だ（P181参照）。ルーティングテーブルにも「次のあて先になるルーター」が記載されている。

でしたよね。ホップバイホップで、次のルーター、次のルーターって順番に届いていくわけですよね。

そうだ。ルーティングテーブルから次のあて先を探し出すわけだが、どうやって探しているかというと、これは**最長一致ルール**と呼ばれるルールで決められている。英語で言うと、ロンゲストマッチ［Longest Match］という。

ろんげすとまっち？ 最長一致って、なにが最長一致なんですか？

実際のデータグラムのあて先IPアドレスから、ルーティングテーブルのあて先ネットワークアドレスを決定して、次のルーターや送信インターフェースを決定する。そこで、「あて先IPアドレス」と「あて先ネットワークアドレス」を比較するときのルールが最長一致のルールだ。(図29-3)

IPアドレスのビット列と、ネットワークアドレスのビット列を先頭から順番に比較していって、一番多く一致するものから選ぶんですね。だから、最長一致？

図29-2 ルーターの動作

ルーティングテーブルから次のあて先となるルーター、送信するインターフェースを決定する

① ホストからパケットを受け取る

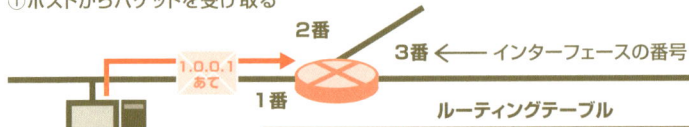

3番 ← インターフェースの番号

ルーティングテーブル

あて先	次ルーター	送信インター	距離
1.0.0.0	ルーターX	3番	5
2.0.0.0	ルーターY	2番	3

② あて先IPアドレスからあて先ネットワークを決定する

ルーティングテーブル

あて先	次ルーター	送信インター	距離
1.0.0.0	ルーターX	3番	5
2.0.0.0	ルーターY	2番	3

③ ルーティングテーブルから、次に中継するルーター、送信するインターフェースが決定される

ルーティングテーブル

あて先	次ルーター	送信インター	距離
1.0.0.0	ルーターX	3番	5
2.0.0.0	ルーターY	2番	3

④ 決定したインターフェースからパケットを送信する

ルーティングテーブル

あて先	次ルーター	送信インター	距離
1.0.0.0	ルーターX	3番	5
2.0.0.0	ルーターY	2番	3

図 29-3 最長一致のルール

あて先IPアドレスともっともビットが一致するものを選ぶ

あて先IPアドレス
192.168.12.5

ルーティングテーブル

IPアドレス/ プレフィックス長	次のルーター	送信 インター	メト リック
192.168.0.0/16	172.18.5.2	0番	2
192.168.12.0/24	172.16.10.2	1番	3
192.168.10.0/24	172.17.22.2	2番	8

プレフィックス長まで一致したなかでもっともプレフィックス長が長いこの経路を使用する

あて先IPアドレスとルーティングテーブルのエントリの比較

あて先 192.168.12.5	1100 0000	1010 1000	0000 1100	0000 0101
192.168.0.0/16	1100 0000	1010 1000	0000 0000	0000 0000
192.168.12.0/24	1100 0000	1010 1000	0000 1100	0000 0000
192.168.10.0/24	1100 0000	1010 1000	0000 1010	0000 0000

- 192.168.0.0/16 : プレフィックス長の16ビットまで一致
- 192.168.12.0/24 : プレフィックス長の24ビットまで一致
- 192.168.10.0/24 : プレフィックス長の24ビットまで一致せず

そういうことだ。ルーターは非常に重要なので、しばらくルーターの話を続ける。ではまた次回としよう。

了解。3分間ネットワーク基礎講座でした〜♪

ネット君の今日のポイント

- ルーターが経路選択を行う。
- ルーターのインターフェースは、IPアドレスを持つ。
- ルーターは経路を選択するためにルーティングテーブルを持つ。

第30回 デフォルトゲートウェイ

●ブロードキャストドメイン

> 前回はルーターの話だったな。ルーターはネットワークの境界上に配置され、ルーティングを行う。それにより経路が設定され、あて先までデータグラムが届くようになる。

> ルーティングテーブルを持っていて、次に届けるルーター、送信するインターフェースを決定するんでしたね。

> うむうむ。さて今回は、ルーターの役割、というか機能の話をしよう。**ルーターを越えてブロードキャストは流れない**という話を以前したな。

> え〜っと、ネットワークを分断することで、ブロードキャストが流れる量が減るって話をしましたよね（P125参照）。

> そうだ。つまり**ルーターがネットワークを分断することで、ブロードキャストが他のネットワークに流れない**ようにしている。このブロードキャストが届く範囲のことを、**ブロードキャストドメイン**［Broadcast Domain］というが、ルーターはブロードキャストドメインを分けることができるのだよ。

> ぶろーどきゃすとどめいん？　え〜っと、前にでてきた衝突ドメインってのに似てますね（P88参照）。

> うむ。考え方は同じだ。衝突の影響が及ぶ範囲が、衝突ドメイン。ブロードキャストが及ぶ範囲が、ブロードキャストドメイン。**衝突ドメインはスイッチが区分けし、ブロードキャストドメインはルーターが区分けする。**（図30-1）

第30回　デフォルトゲートウェイ

図 30-1　ブロードキャストドメイン

ブロードキャストが届く範囲がブロードキャストドメイン

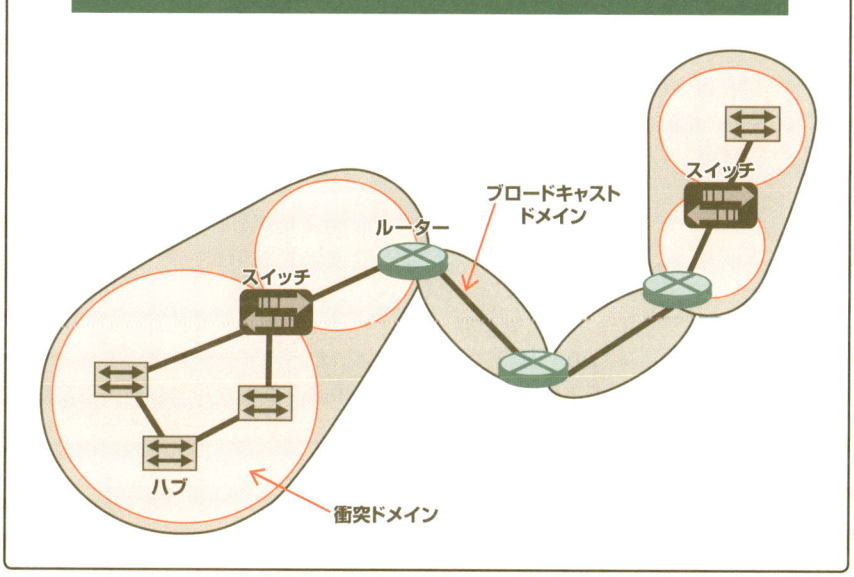

（図：スイッチ、ハブ、ルーター、ブロードキャストドメイン、衝突ドメイン）

> ハブはどちらにも影響を及ぼさないですね。

> そういうことだ。ルーターはブロードキャストドメインを分割する、つまりルーターがブロードキャストドメインの境界になる、ということになるわけだ。よって？

> よって？　……あれ？　ルーターはネットワークの境界上にもあるんですよね。ブロードキャストドメインとネットワークってどう違うんですか？

> うむ、基本的に違いはない。ブロードキャストドメイン＝ネットワーク、と考えて問題はないのだよ。

● ARP とルーター

> ルーターは、ブロードキャストを他に転送しない。このことで考えなければいけないことがある。ネット君、あて先の MAC アドレスを知る方法はなんだった？

え～っと。ARP です。

そう、ARP だ。問題はこの **ARP がブロードキャスト**という点だ。

ARP はブロードキャスト。ということは、ルーターは ARP を他のネットワークに流さない。ということは、他のネットワークにあるコンピューターの MAC アドレスはどうやって知るんですか？

ルーターがブロードキャストを他のネットワークに流さないので、**ARP はあて先まで届かない**。あて先まで届かないと、もちろんあて先 MAC アドレスがわからないことになる。**(図 30-2)**

そうなると、4 つのアドレスがそろわないから、データ送信ができないってことになりますよね。ネットワークを接続するのがルーターの役割なのに、ルーターが ARP を止めてしまうせいでネットワーク間のデータ転送ができなくなってしまうんですね。

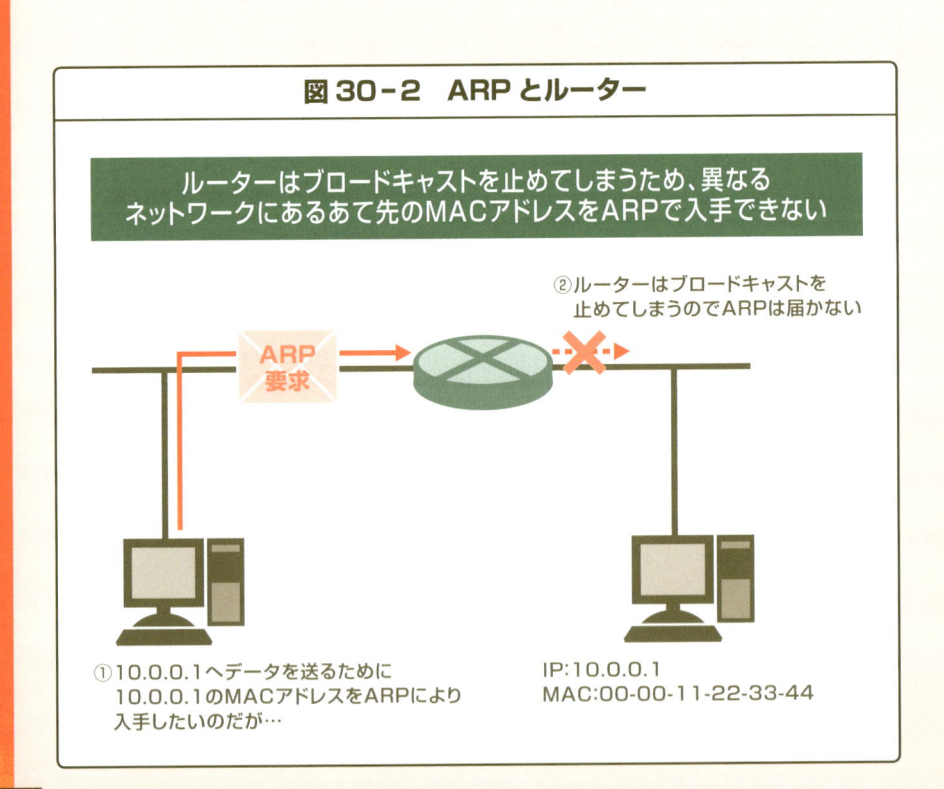

図 30-2　ARP とルーター

ルーターはブロードキャストを止めてしまうため、異なるネットワークにあるあて先のMACアドレスをARPで入手できない

②ルーターはブロードキャストを止めてしまうのでARPは届かない

ARP 要求

① 10.0.0.1へデータを送るために
　 10.0.0.1のMACアドレスをARPにより
　 入手したいのだが…

IP:10.0.0.1
MAC:00-00-11-22-33-44

そういうことだ。そこで、デフォルトゲートウェイという言葉を思い出してもらおう。デフォルトゲートウェイは、コンピューターが次に送るルーターだったな（P182参照）。ルーターはネットワークの境界上にあり、他のネットワークへのデータグラムをルーティングする。つまり、**デフォルトゲートウェイがネットワークの出入り口**となる。

コンピューターは別のネットワークにデータグラムを送信する場合、必ずデフォルトゲートウェイに送信する、でしたよね。そう考えれば、「ネットワークの出入り口」とも言えますね。

●デフォルトゲートウェイ

他のネットワークへデータ転送を希望するホストは、一度**デフォルトゲートウェイにデータを送り、他ネットワークへ転送してもらう**。つまり、**コンピューターが最初にデータを送るあて先はデフォルトゲートウェイ**ということになる。

最初にデータを送るあて先がデフォルトゲートウェイ……。ということは？

ということは、だ。IPアドレスとMACアドレスはあて先の意味にどんな違いがあるのだったかね、ネット君？

IPアドレスは「最終的なあて先」を、MACアドレスは「次のあて先」を指定するんでしたよね。ということは、コンピューターが別のネットワークへデータを送信する場合のあて先は、必ずデフォルトゲートウェイのMACアドレスになる？

そういうことだ。つまり、**コンピューターは別のネットワークへデータを送信したい場合、デフォルトゲートウェイに対してARPを行う**。（図30-3）

ははぁ。そうすればARPにより、デフォルトゲートウェイのMACアドレスが入手できるわけですね。えっと、まとめるとコンピューターはあて先を決定すると、あて先が同じネットワークかどうかを調べて？

同じネットワークならば、あて先IPアドレスあてにARPを行い、そのコンピューターのMACアドレスを入手する。そうでない、つまり別ネットワークがあて先ならば？

図30-3 デフォルトゲートウェイ

**コンピューターは別ネットワークがあて先の場合は
デフォルトゲートウェイにARPを行う**

①他のネットワークへデータを送りたい場合、ホストはデフォルトゲートウェイにARPを行い、デフォルトゲートウェイのMACアドレスを入手する

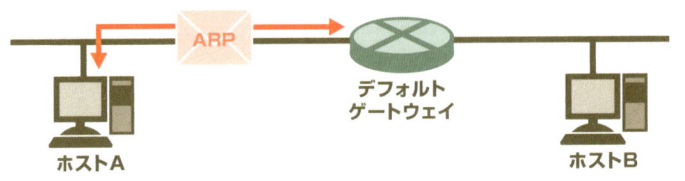

②ホストはあて先MACアドレスをデフォルトゲートウェイに、あて先IPアドレスをあて先ホストにしてパケットを送る

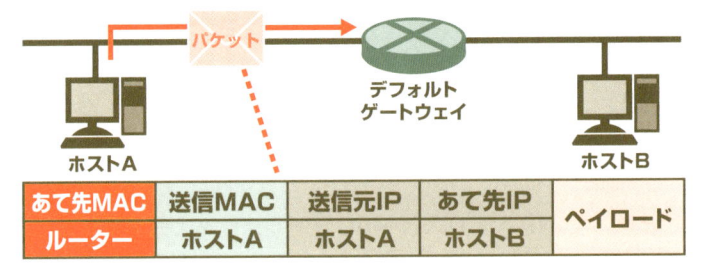

あて先MAC	送信MAC	送信元IP	あて先IP	ペイロード
ルーター	ホストA	ホストA	ホストB	

③受け取ったデフォルトゲートウェイはルーティングを行い、中継ルーター、送信ポートを決定し、次に受け取る相手（中継ルーターまたはあて先）にARPを行う

④ARPにより入手したMACアドレスをあて先MACアドレスに、自分自身のMACアドレスを送信元MACアドレスに書き換えて送信する。IPアドレスは変更されない

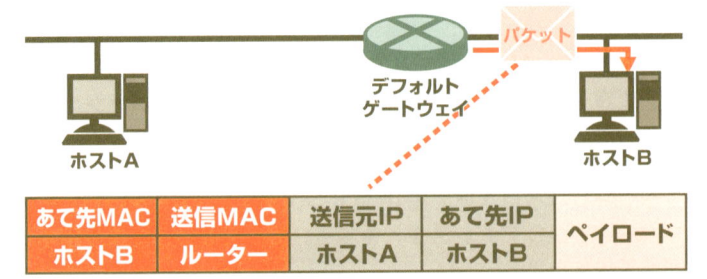

あて先MAC	送信MAC	送信元IP	あて先IP	ペイロード
ホストB	ルーター	ホストA	ホストB	

第30回 デフォルトゲートウェイ

🐱 デフォルトゲートウェイに ARP して、デフォルトゲートウェイの MAC アドレスを入手するわけですね。ということはデフォルトゲートウェイの IP アドレスを知らないといけませんね？

🎓 うむ。なので**コンピューターにはデフォルトゲートウェイの IP アドレスをあらかじめ設定しておく**。その方法としては、手動で設定するか、DHCP により設定するかのどちらかだ。

🐱 そういえば、DHCP では IP アドレス以外にもサブネットマスクとかなにやらを配布するって話でしたよね（P161 参照）。デフォルトゲートウェイも配布できるんですね。

🎓 そうだ。デフォルトゲートウェイが設定されていなかった場合、コンピューターは別ネットワークにデータを送信できないからな。これは前も話したな（P182 参照）。

🐱 でした。

🎓 さて、今回はここまでとしよう。次回もルーターの話をする。

🐱 了解。3 分間ネットワーク基礎講座でした〜♪

ネット君の今日のポイント

- ●ルーターはブロードキャストを他のネットワークに流さない。
- ●ブロードキャストが届く範囲をブロードキャストドメインという。
- ●コンピューターは、異なるネットワークへデータを転送したい場合、デフォルトゲートウェイに送る。
- ●そのときはデフォルトゲートウェイに ARP を送信し、デフォルトゲートウェイの MAC アドレスをあて先 MAC アドレスにする。

○月○日　ネット君

第31回 ルーティング

●ルーティングテーブル

さて、ネット君。ルーターはルーティングを行う機器で、コンピューターのデフォルトゲートウェイになる。そして、ルーターがルーティングを行うためには**ルーティングテーブル**を持つ、という話をしたな。

ルーティングテーブルから、あて先のネットワークを調べて、次のルーターを決定するんでしたよね。

そうだ。そのルーティングテーブルだが、簡単に言うと**あて先ネットワーク**と、**中継地点**と、**メトリック**と、**あて先への出口**が載っている表だ。メトリックについてはあとで説明する。**(図31-1)**
以前も話した通り、ルーターは**あて先ネットワーク**を決定する（P186参照）。いちいち何番ネットワークの何番コンピューターというところまでは考えない。ルーターは**あて先ネットワークアドレスとルーティングテーブルを比較して、経路を探し出す**。

最長一致のルール、でしたよね。そういえば、ルーティングテーブルにあて先ネットワークがない場合、どうなるんです？

その場合、**あて先不明としてデータグラムを破棄する**。スイッチは、あて先がわからない場合フラッディングするが、ルーターは破棄してしまう。

●2つのルーティング

ではネット君、質問だ。ルーターは**あて先のネットワークへの最適な経路をどうやって見つけるのか**？　そもそもルーティングテーブルにはあて先への経路が載っているわけだが、どうやって知ったのだ？

第31回 ルーティング

図31-1 ルーティングテーブル

あて先のネットワーク、次のルーター、メトリック、送信インターフェースが書かれている

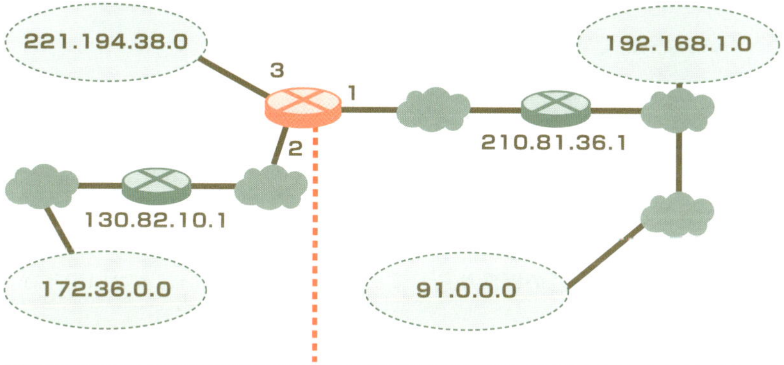

あて先ネットワーク	次のルーター	メトリック	インターフェース
192.168.1.0	210.81.36.1	3	1番
91.0.0.0	210.81.36.1	6	1番
172.36.0.0	130.82.10.1	2	2番
221.194.38.0	なし	0	3番

え～～～～っと。

ま、ネット君の考えを待っている間に日が暮れてしまうので、先へ行こう。**ルーターは最適な経路を見つけるために、他のネットワークへの経路をすべて知る必要がある**。

比べてみないとどこが最適な経路かわからないわけですから、そうなりますよね。

そして、**知った経路の中から、最適なものを選んでルーティングテーブルを作成する**。どうやって他のネットワークへのすべての経路を知るかというと、方法は2種類ある。**静的ルーティング**と**動的ルーティング**だ。

🐱 静的と動的ですか。IPアドレスの設定のところでも出てきた言葉ですね（P159 参照）。

🎓 うむ、そうだな。「静的」が手動、「動的」が自動の意味だ。まず、**静的ルーティングは管理者が手動でルートを入力する**。「このネットワークへは、この経路を使いなさい」とな。

🐱 ルーターにですか？

🎓 もちろん、ルーターにだ。だが、静的ルーティングは大きな欠点を持っている。迂回路の問題だ。**手動で入力した経路が使えなくなってしまう**ことが起こりえる。（図31-2）

🐱 なるほど。でもこの場合なら、下の経路を使えばいいじゃないですか。

図 31-2　静的ルーティングと迂回路

静的ルーティングでは迂回路への切り替えは手動で行う必要がある

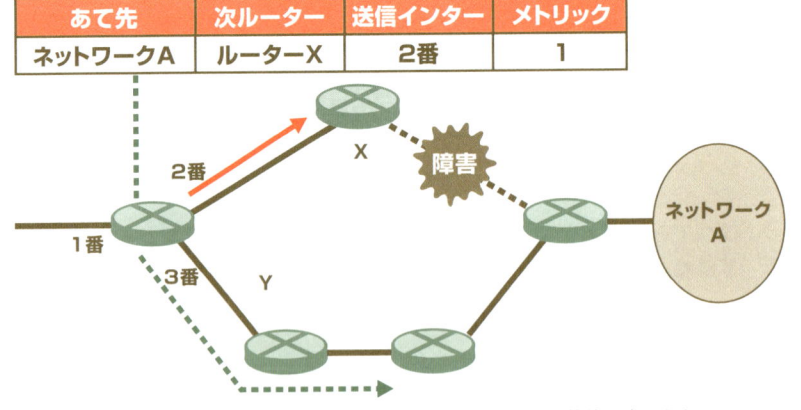

あて先	次ルーター	送信インター	メトリック
ネットワークA	ルーターX	2番	1

障害のため、ルーターX経由はネットワークAまで届かないが、静的に書かれたテーブルがルーターX経由になっているため、ルーターXを経由して送ろうとする。迂回路であるルーターY経由は使われない。

第31回 ルーティング

うむ。確かにその通りだ。だがその場合、**管理者が手動で経路を書き換える必要がある**な。だがこの方法では、いつ起こるかわからない障害が起きたときのために、管理者をルーターの前に張りつかせておく必要がある。これは大変だ。よって自動化する。

自動化？　ということは、ルーターが障害を見つけて、勝手にルートを変更するようにですか？

その通り、それが**動的ルーティング**だ。**ルーターが自動で情報を交換し合い経路を知る**方法だ。

なるほど。ルーター同士で情報を交換して経路を知るんですね。

そして、**すべての経路の中から自動で最適なものを選び、ルーティングテーブルを作成する**。これが動的ルーティングだ。

障害があった場合は、それは最適な経路ではなくなるので、新たな最適経路にルーティングテーブルを書き換えるんですね。はは〜、うまく考えてますね。

ただし、弱点も持つ。1つ目は、ルーター同士が情報を交換し合うということは、データを送り合うということだ。つまり、その分の回線の転送を圧迫する。データ転送に使われる分が減ってしまうのだ。

む〜。それは駄目なんじゃないんですか？

うむ。正直あまりよくはない。特に**低速な回線を使用している場合には、注意が必要**だ。だが、障害によってデータ転送ができなくなるよりは、こちらの方がまだましなのだよ。さらに、2つ目の弱点として、**交換し合った情報から、最適な経路を計算する必要がある**という点だ。その分のルーターの処理能力が必要だ。能力の低いルーターだと、経路計算に処理能力がとられて、データグラムの転送の処理が遅れてしまうことがある。

それも全然よくないことじゃないですか？

図31-3 コンバージェンス

ネットワーク内のすべてのルーターが正しい経路情報を持たないと、あて先へ正しく届かない

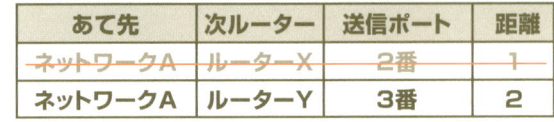

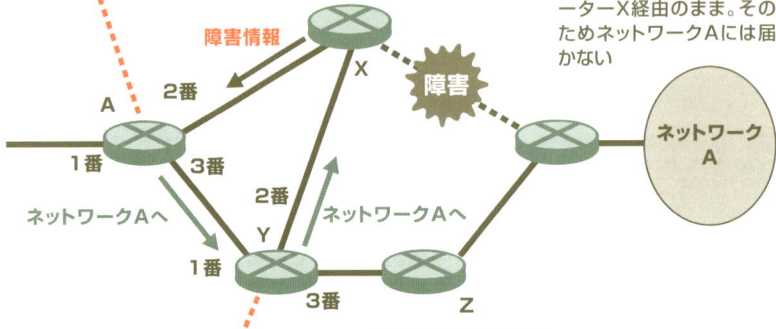

あて先	次ルーター	送信ポート	距離
~~ネットワークA~~	~~ルーターX~~	~~2番~~	~~1~~
ネットワークA	ルーターY	3番	2

ルーターAはXより障害情報を入手したため、ルーターY経由に切り替えた。しかしルーターYはまだ障害情報をもらっていないためルーターX経由のまま。そのためネットワークAには届かない

あて先	次ルーター	送信ポート	距離
ネットワークA	ルーターX	2番	2

あて先	次ルーター	送信ポート	距離
~~ネットワークA~~	~~ルーターX~~	~~2番~~	~~1~~
ネットワークA	ルーターY	3番	2

ルーターYにも障害情報が届くことにより、ルーターYも経路を切り替え、ルーターZ経由にした。これによりネットワークAへ届くようになる

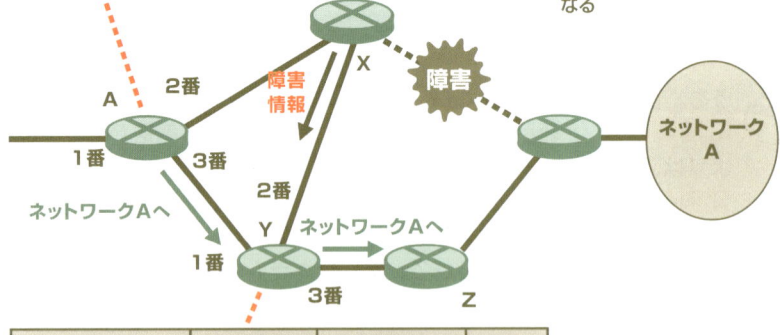

あて先	次ルーター	送信ポート	距離
~~ネットワークA~~	~~ルーターX~~	~~2番~~	~~2~~
ネットワークA	ルーターZ	3番	2

第31回 ルーティング

🎓 そうだな。そして、最後にして最大の弱点は、**すべてのルーターが同一の情報を持つ必要がある**という点だ。すべてのルーターが同一の情報を持っている状態のことを**コンバージェンス**［Convergence］というが、ネットワークのルーター達は**コンバージェンスになっている必要がある**。(図31-3)

🐤 こんばーじぇんす。「ここに障害があるよ」とか「新しいネットワークができたよ」とかいう情報を全部のルーターが持ってないとダメってことですね。それが「同一の情報」を持つってことですか。ん～なんか弱点が多いので、大変ですね。

🎓 確かにいろいろと面倒な部分が多い。だが、**自動で障害を切り離せるというのはそれだけ重要**なのだよ。

🐤 確かにそうかも。障害を切り離せなかったら、パケットが届かないんですものねぇ。

🎓 というわけで、もうちょっとルーティングについて話そう。ではまた次回。

🐤 いぇっさー。3分間ネットワーク基礎講座でした～♪

ネット君の今日のポイント

- ●ルーターはルーティングテーブルを参照し、あて先へのルートを決定する。
- ●ルーティングテーブルには、あて先ネットワーク、次の中継ルーター、距離、送信インターフェースが記載されている。
- ●ルーティングテーブルを作るため、ルーターは他ネットワークへのルートを知る必要がある。
- ●知る方法は、静的ルーティングと動的ルーティングがある。
- ●コンバージェンスである必要がある。

○月○日 @ネット君

第32回 ルーティングプロトコル

●自律システム

前回、ルーターが使うルーティングには2種類あるという話をしたな。ルーティングは、**静的ルーティング**と**動的ルーティング**の2つの方法があるのだった。

静的ルーティングは管理者が手動入力。動的ルーティングは**ルーターが自動でルートを決定**する、と。

そうだ。なにか障害が発生した際、迂回路を作るなどの**冗長性を維持するため**(*1)、動的ルーティングを使うことが多い。特に大規模ネットワークでは必須と言っていい。

障害が発生したら、パケットが届かなくなってしまいますもんね。迂回路が作れないと困りますよね。

うむ。そのためルーターは、動的ルーティングを実現する**ルーティングプロトコル** [Routing Protocol] が利用できるようになっている。ルーティングプロトコルは、**近接ルーターとの間でネットワークの情報を交換し合う**ためのルールだ。

ネットワークの情報を交換し合う？ それでどうするんですか？

そして、**交換した情報を元にしてルーティングテーブルを変更する**。この2つが、ルーティングプロトコルの機能だ。

(*1) **冗長性** [Redundancy]。余分や重複があること。ネットワークでは予備を持つことで障害などに対応できることを指す。

第32回 ルーティングプロトコル

🐤 情報を交換して、それによってルーティングテーブルを変更する。なんか簡単そうなんですけど。

🧑‍🏫 そうでもない。これがなかなか奥深い。まず、ルーティングプロトコルを説明する前に説明しておくことがある。それは**自律システム**（*2）[Autonomous System] と呼ばれるものだ。通常は頭文字をとって、**AS** と呼ばれる。

🐤 自律しすてむ？ えーえす？

🧑‍🏫 うむ、エーエスと読む。**1つの管理団体によって管理されるネットワークの集合体**だ。ルーティングでは、AS は1つの範囲として扱われる。インターネットには、あまりに多くのネットワークが存在する。なので、インターネットでは同じ組織が管理する複数のネットワークを AS としてまとめてしまうのだ。
あて先の AS へ届けるルーティングを行い、次に AS 内部で各ネットワークへ届けるルーティングを行う、という形になる。（図32-1）

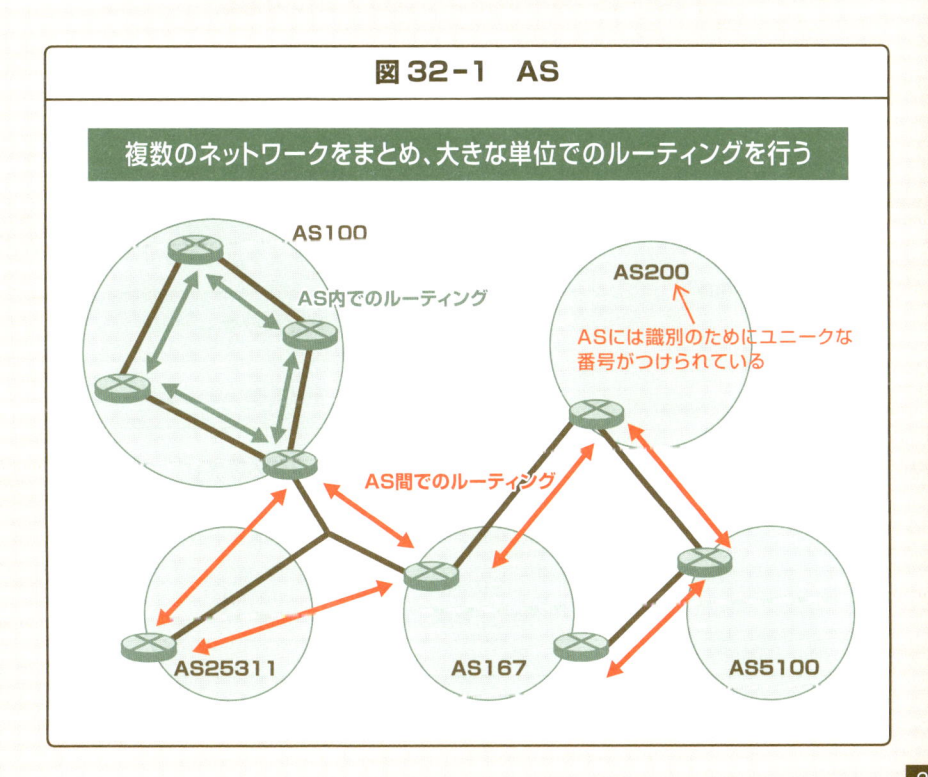

図32-1 AS

複数のネットワークをまとめ、大きな単位でのルーティングを行う

AS100
AS内でのルーティング
AS200
ASには識別のためにユニークな番号がつけられている
AS間でのルーティング
AS25311
AS167
AS5100

● **ルーティングプロトコルの種類**

なぜ AS の話をしたかというと。ルーティングプロトコルは大きく分けて **2 種類**ある、という説明をしたかったからなのだ。**AS 間のルーティング用**と **AS 内部のルーティング用**の 2 種類だ。それぞれ、**EGP** [Exterior Gateway Protocol]、と **IGP** [Interior Gateway Protocol] と呼ばれる。

2 種類、EGP と IGP、ですね。

うむ。ただし、EGP、IGP はあくまでルーティングプロトコルの種類を表す言葉だ。そういう名前のルーティングプロトコルを使用するわけではない。例えば EGP では、BGP と呼ばれるプロトコルがスタンダードだし、一方、IGP では、それぞれの AS でそこの管理者が AS の状態に合わせてプロトコルを選ぶ。**(図 32-2)**

図 32-2 ルーティングプロトコルの種類

ルーティングを行う規模や動作によって
ルーティングプロトコルは種類がある

種別	ルーティングプロトコル	動作
EGP	**EGP** (Exterior Gateway Protocol)	ディスタンスベクター
EGP	**BGP** (Border Gateway Protocol)	パスベクター
IGP	**RIP** (Routing Information Protocol)	ディスタンスベクター
IGP	**OSPF** (Open Shortest Path First)	リンクステート
IGP	**IS-IS** (IntermediateSystem to IntermediateSystem)	リンクステート
IGP	**EIGRP** (Enhanced Interior Gateway Routing Protocol)	ハイブリッド

(*2) **自律システム** [Autonomous System]。経路ドメイン、経路制御ドメインとも呼ばれる。

第32回 ルーティングプロトコル

🐧 なんすか、この、ディスタンスベクターとか。リンクステートとか？

👨‍🎓 ルーティングプロトコルの動作の方式によって種類があるのだよ。つまり、プロトコルを使う場所によって、EGPとIGPの2種類に。動作の方式によって、4種類に分けることができる、ということだ。

●ルーティングプロトコルが行うこと

👨‍🎓 では、ルーティングプロトコルはなにをするか、という点を話そう。先ほども言った通り、ルーターは**近接するルーター間でネットワークの情報を交換し合う**。このネットワークとつながっていますよ、あのネットワークを知っていますよ、あっちのネットワークは障害でつながりませんよ、という情報だな。
そして、この情報交換を**いつ行うか、どうやって行うか、誰に送るのか、どのような情報を送るのか**ということなどをルーティングプロトコルが決定している。

🐧 いつ、どうやって、誰に、どんな情報を送るのか、を決定するのがルーティングプロトコル、と。

👨‍🎓 そして、ルーティングプロトコルによって決定された手段により、情報を交換し合い、**コンバージェンス**に達するわけだ。**(図32-3)**

🐧 こんばーじぇんす。**すべてのルーターが同一の経路情報を持つこと**でしたっけ（P201参照）。

👨‍🎓 そうだ。前回も出てきた通り、持っている経路情報に食い違いがあると、正しく届かない可能性があるからな。

🐧 でしたよね。障害があるとか、新しく追加されたとかの情報をみんなで共有するんですね。

👨‍🎓 この交換し合ったルート情報を元に、**最適な経路をルーティングテーブルに載せる**。これにより、**常に最適な経路が使用可能**ということになる。

🐧 なるほど。ルーティングプロトコルによりルーティングテーブルが作られる、ということですね。

図32-3 ルーティングプロトコルが行うこと

> 経路の情報をいつ、どうやって、誰に、どんな情報を送るのかを決定する

①ルーターは自分が接しているネットワークをテーブルに保持している

ネットワーク	次ルーター	距離
A	-	0
B	-	0

ネットワーク	次ルーター	距離
C	-	0

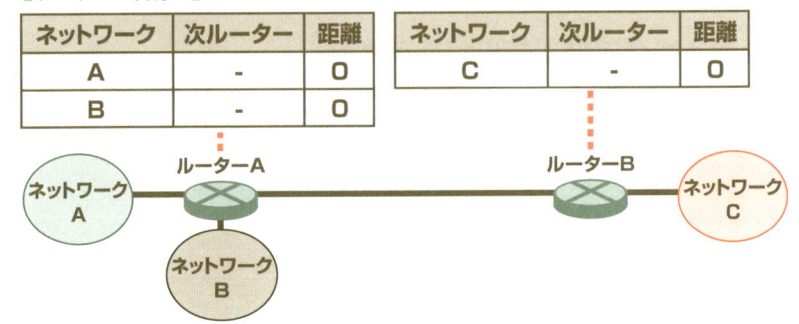

②ルーティングプロトコルを使って、持っているネットワークの情報を交換しあう

ネットワーク	次ルーター	距離
A	-	0
B	-	0

ネットワーク	次ルーター	距離
C	-	0

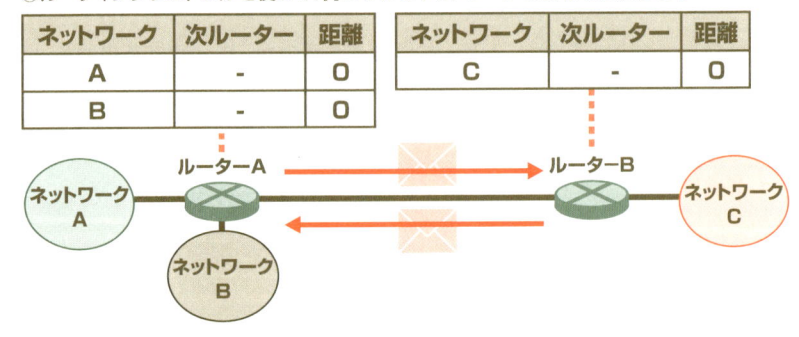

③交換した情報を使って、ルーティングテーブルを更新する

ネットワーク	次ルーター	距離
A	-	0
B	-	0
C	ルーターB	1

ネットワーク	次ルーター	距離
A	ルーターA	1
B	ルーターA	1
C	-	0

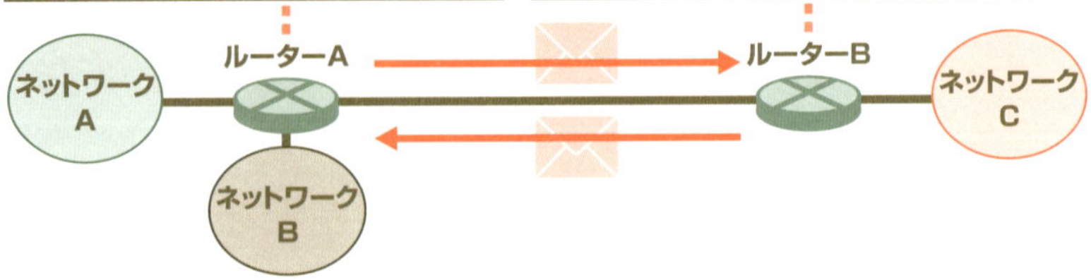

第32回　ルーティングプロトコル

そういうことだ。次回は、ルーティングプロトコルの1つであるRIPを例にして、ルーティングプロトコルをもう少し詳しく説明する。

了解ッス。3分間ネットワーク基礎講座でした〜♪

ネット君の今日のポイント

- 動的ルーティングはルーティングプロトコルで実現される。
- ルーティングプロトコルは方法と場所によって複数種類がある。
- ルーティングプロトコルによって、近接ルーター間でネットワークの情報を交換し合う。
- いつ、どうやって、誰に、なにを送るのかをルーティングプロトコルが決定する。

○月○日　晴　ネット君

第33回 RIP

●メトリック

> さて、ネット君。ルーティングの話が続いているが。これまで何回か、「最適な経路」という言葉を使ったが、「最適」とは曖昧な言葉じゃないかね？「最短」でも「最速」でもなく、「最適」という言葉なのはなぜかね？

> え？　いや、あの。最短＝最適だと思ってたんですが。違うんですか？

> 違う。最短な経路が、必ずしも最適な経路は限らない。昔からよく言うだろう、「急がば走れ」と。

> いや、それはそれであってますけど。それを言うなら、「急がば回れ」でしょ。

> ああ、それだ。つまりだ。渋滞中の高速道路より、すいている一般道の方が早いことがあるよな？　山を直接横断する山道よりも、迂回する高速道路の方が早かったり。

> あ〜、確かにそういうことってありますよね。でも、どっちを使うかは人によって違うんじゃないんですか？　早く着く方がいい人もいれば、短い距離の方がいい人もいたり。

> そう、「最短」が最適なのか、「最速」が最適なのかを判断する必要があるわけだな。つまり、「最適」を判断する基準があって、はじめて「最適」と決定されるというわけだ。この**最適な経路を決定する際の判断基準**のことを、**メトリック** [Metric] という。

> めとりっく。最適を決めるための値、という意味になるんですかね？

第33回 RIP

そうだ。中継するルーターの数や、回線のスピード、混み具合、エラー発生率などの判断基準からルーティングプロトコルによって決められた値を計算して、その中で**最小の値を持つものを最適な経路**とするのだよ。(図33-1)

● RIP

さて、実際のルーティングプロトコルの話で、ルーティングプロトコルの動作をわかってもらおうか。今回説明するのは RIP だ。

えっと、前回ではディスタンスベクターとかなんとかいう動作だという説明でしたよね。

そうだ、ディスタンスは「距離」、ベクターは「方向」、つまりディスタンスベクターとは、**距離と方向**のことだ。

距離と方向？ なんか変な名前ですね。

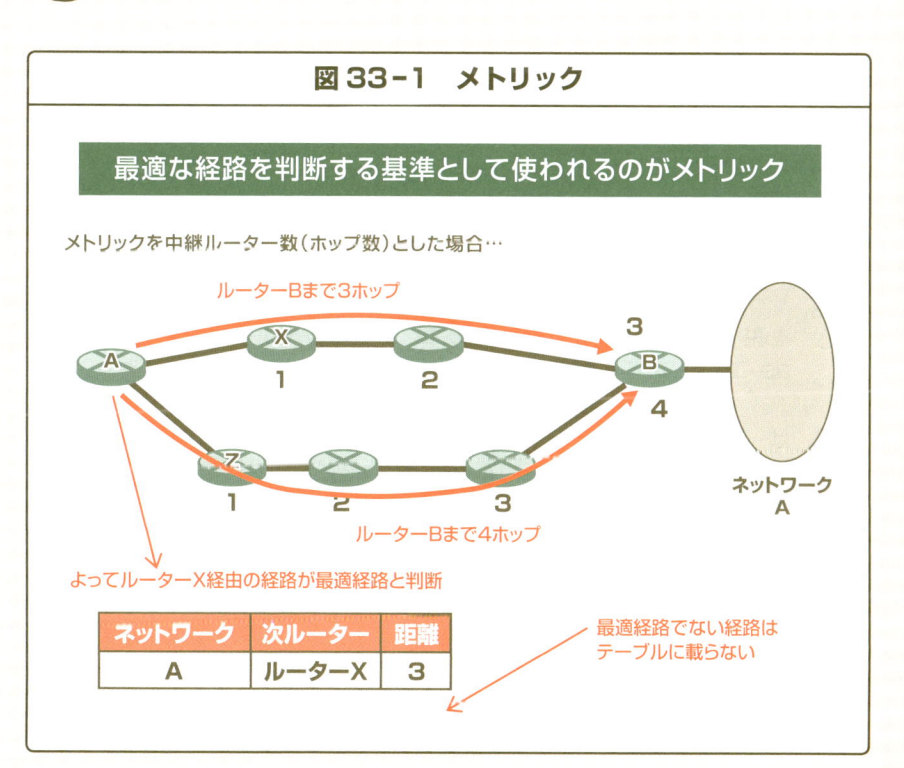

図33-1 メトリック

最適な経路を判断する基準として使われるのがメトリック

メトリックを中継ルーター数（ホップ数）とした場合…

ルーターBまで3ホップ

ルーターBまで4ホップ

よってルーターX経由の経路が最適経路と判断

ネットワーク	次ルーター	距離
A	ルーターX	3

最適経路でない経路はテーブルに載らない

RIPの動作の中心にあるのが「距離と方向」だから、この名前がついている。ルーターが他のルーターと交換する情報のことを、RIPでは**ルーティングアップデート**［Routing Update］という。

るーてぃんぐあっぷでーと？　アップデートって、「更新」ですよね。

そうだ。「経路更新情報」とでも言うべきものかな。RIPではこれを交換し合う。ではこの情報交換で、どのような情報を交換するかというと、**ルーティングテーブルをそのまま交換し合う。**

ルーティングテーブルをそのまま？

そのままだ。これを、**30秒に1回**送る。それにより、ルーティングテーブルの新しい情報を交換し合うわけだ。

なるほどなるほど。定期的にやり取りすることによって、新しい情報を常に入手できるわけですね。

そして、このアップデートを**6回受け取らなかったら、そのルーターにはなんらかの障害が発生したとみなす**。この場合、**そのルーターを使うルートを消してしまう。**

返事がないので、もういないものとみなすわけですね。

そういうことだ。次の図が、RIPの動作を説明した図だ。あまり複雑な形を説明しても長くなるだけなので、3つのルーターで説明しよう。（図33-2）

はー、ルーティングテーブルの情報を送ってもらって、知らない情報を追加していく、と。こうやってルーティングテーブルを更新するわけですね。

そうだ。そして、RIPは**メトリックとしてホップ数を使う**。ホップ数とは、あて先ネットワークまでに**通過するルーターの数**だ。

だから、直接接続されているネットワークのメトリックが0なんですね。

第33回 RIP

図33-2 RIPの動作1

ルーティングアップデートを交換し、知らない経路情報を入手する

①自分に接続しているネットワークに加え、隣接しているルーターの情報（ルーターAが持つ情報はオレンジ、ルーターBが持つ情報が黒、ルーターCが持つ情報が緑）がRIPによりルーティングテーブルに追加される

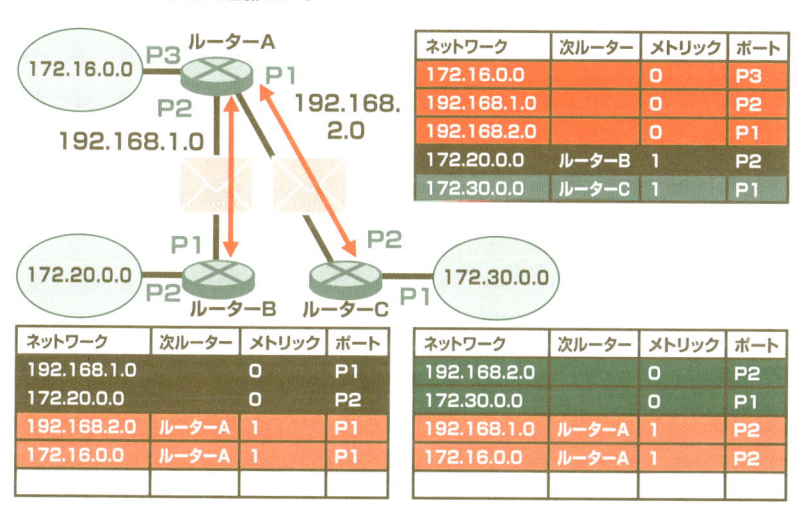

ルーターA:

ネットワーク	次ルーター	メトリック	ポート
172.16.0.0		0	P3
192.168.1.0		0	P2
192.168.2.0		0	P1
172.20.0.0	ルーターB	1	P2
172.30.0.0	ルーターC	1	P1

ルーターB:

ネットワーク	次ルーター	メトリック	ポート
192.168.1.0		0	P1
172.20.0.0		0	P2
192.168.2.0	ルーターA	1	P1
172.16.0.0	ルーターA	1	P1

ルーターC:

ネットワーク	次ルーター	メトリック	ポート
192.168.2.0		0	P2
172.30.0.0		0	P1
192.168.1.0	ルーターA	1	P2
172.16.0.0	ルーターA	1	P2

②さらに次の更新で、先ほど更新された情報がやり取りされる。
（ルーターBにルーターCの情報が届き、ルーターCにルーターBの情報がAを経由して届いている）これでコンバージェンスになる

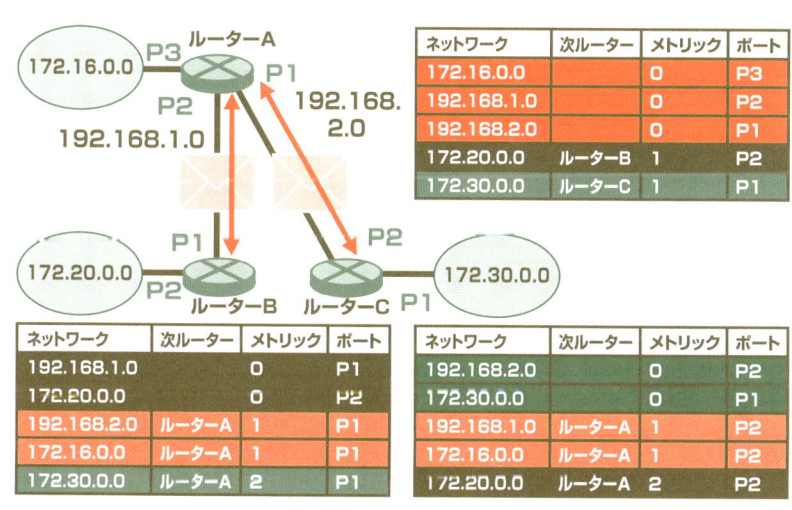

ルーターA:

ネットワーク	次ルーター	メトリック	ポート
172.16.0.0		0	P3
192.168.1.0		0	P2
192.168.2.0		0	P1
172.20.0.0	ルーターB	1	P2
172.30.0.0	ルーターC	1	P1

ルーターB:

ネットワーク	次ルーター	メトリック	ポート
192.168.1.0		0	P1
172.20.0.0		0	P2
192.168.2.0	ルーターA	1	P1
172.16.0.0	ルーターA	1	P1
172.30.0.0	ルーターA	2	P1

ルーターC:

ネットワーク	次ルーター	メトリック	ポート
192.168.2.0		0	P2
172.30.0.0		0	P1
192.168.1.0	ルーターA	1	P2
172.16.0.0	ルーターA	1	P2
172.20.0.0	ルーターA	2	P2

うむ。RIPは簡単に言うと、アップデートを受け取ったら、**自分の知らないネットワークをテーブルに追加する**。その際、**アップデートを送ってきたルーターを、その先のネットワークへの中継ルーターに、アップデートを受け取ったインターフェースを、その先のネットワークへの送信インターフェースに**することを行う。

これで、隣のルーターが知っているネットワークの情報が入手されるわけですね。

そうだ。教えてくれたルーターがいる「方向」が、あて先ネットワークへの経路となる。
　さて次は、知っているネットワークの情報をアップデートで教えてもらった場合の例だ。先ほどの例のルーターBとルーターCをつないだ形の例だ。**(図 33-3)**

図 33-3　RIPの動作2

知っている経路の情報を入手した場合、メトリックで判断する

ルーターBとルーターCが直結したことにより、ルーターA経由の経路（メトリック2）より直接届いた経路（メトリック1）の方がよいため、ルーティングテーブルが更新されている

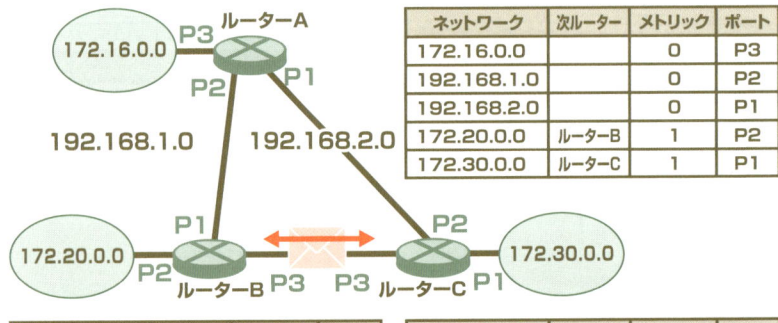

ルーターA のテーブル:

ネットワーク	次ルーター	メトリック	ポート
172.16.0.0		0	P3
192.168.1.0		0	P2
192.168.2.0		0	P1
172.20.0.0	ルーターB	1	P2
172.30.0.0	ルーターC	1	P1

ルーターB のテーブル:

ネットワーク	次ルーター	メトリック	ポート
192.168.1.0		0	P1
172.20.0.0		0	P2
192.168.2.0	ルーターA	1	P1
172.16.0.0	ルーターA	1	P1
172.30.0.0	ルーターC	1	P3

ルーターC のテーブル:

ネットワーク	次ルーター	メトリック	ポート
192.168.2.0		0	P2
172.30.0.0		0	P1
192.168.1.0	ルーターA	1	P2
172.16.0.0	ルーターA	1	P2
172.20.0.0	ルーターB	1	P3

第33回 RIP

●メトリックによって経路を比較して、メトリックが小さい方をルーティングテーブルに載せる、ですか？

●そうだ。RIPでは、**すでにテーブルに存在するネットワークについて、新たな情報がアップデートで来て、新しい経路の方がメトリックが小さい場合、そちらをテーブルに載せる**。新しい経路の方がメトリックが大きいならば、それは無視する。
メトリックという経路を評価する基準は、RIPだとホップ数になる。ホップ数とは、経由するルーターの数のことだから、イメージ的には「距離」と言ってもいいだろう。

●教えてもらったルーターがある「方向」、ホップ数という「距離」。だから、距離と方向でディスタンスベクター？

●そういうことだ。ルーティングプロトコルには他の動作もあるが、それはかなり複雑なので別の本「3分間ルーティング基礎講座」で勉強してくれたまえ。今回はこれでおしまいとしよう。

●宣伝ごくろうさまッス。3分間ネットワーク基礎講座でした〜♪

ネット君の今日のポイント

- ホップ数、回線のスピード、混み具合、エラー率などが基準となる。
- RIPはディスタンスベクター型ルーティングプロトコルである。
- ルーティングアップデートという情報を交換する。
- ルーティングテーブルをアップデートとして送る。
- 30秒に1回、アップデートを送る。
- RIPのメトリックはホップ数である。
- アップデートで送られてきたルーティングテーブルを自分のものと比べて、テーブルを更新する。

○月○日 晴 ネット君

第34回 ICMP

● ICMP

さて、ネット君。ここまで「アドレッシング」と「ルーティング」を説明してきたわけだ。この2つは、レイヤー3の「インターネットワークを実現する」という役割のために必要不可欠な機能だったわけだ。

はい。「アドレッシング」でアドレスのつけ方が決まって、「ルーティング」であて先までの経路を決定する、でしたよね。

よしよし、ちゃんと覚えているな。さて、レイヤー3のプロトコルとしては、IP がもちろん最重要であるのは間違いない。だが、レイヤー3のプロトコルは IP 以外にも存在する。

そうなんですか？ レイヤー3は「インターネットワークを実現」するのが目的で、IP がそれを行うんですよね。他にどんなプロトコルがあるんですか？

それは **ICMP** [Internet Control Message Protocol] というプロトコルだ。

あいしーえむぴー。インターネットをコントロールするメッセージのプロトコル？

そうだな、直訳すれば**インターネット制御メッセージプロトコル**。役割的に翻訳すると、**エラー報告プロトコル**ってところだな。例えばこんな風に使われる。（図34-1）

「送信不能メッセージ」を受け取ったホストはどうするんです？

214

第34回 ICMP

図34-1　ICMP

ネットワークの制御・管理などを行うプロトコル

①ホストAからホストBへIPパケットを送信したが、ルーターはホストBのあるネットワークへの経路を知らなかった

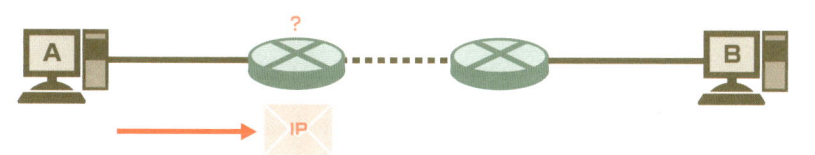

②ルーターは宛先へ到達できないことを示す送信不能メッセージをICMPでホストAに通知する

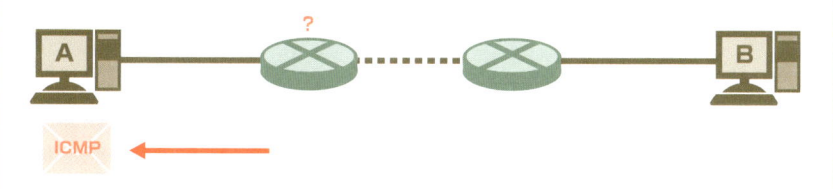

🎓 それは個々のアプリケーションによって対応が異なる。このように、**ネットワークの制御・管理**に使用されるのが ICMP なのだよ。さて、どのようなデータをやり取りするかというと、IP データグラムに ICMP メッセージを入れる。

🐧 ICMP メッセージ？　それはいったいどんなものなんですか？

🎓 ICMP で使われる情報だな。この情報を、IP データグラムのペイロード（P132 の図参照）に入れる。通常、IP データグラムのペイロードには TCP セグメントか UDP データグラムが入るのだが、これらの代わりに ICMP メッセージを入れて送るのだよ。(図34-2)

🐧 IPヘッダー＋ICMPメッセージの形になるわけですね。で、ICMPメッセージはタイプと、コードと……？

🎓 まぁ、他にも項目はあるが、重要なのは「タイプ」とそれに付随する「コード」になる。**タイプは ICMP の種類**、コードはその詳細だな。

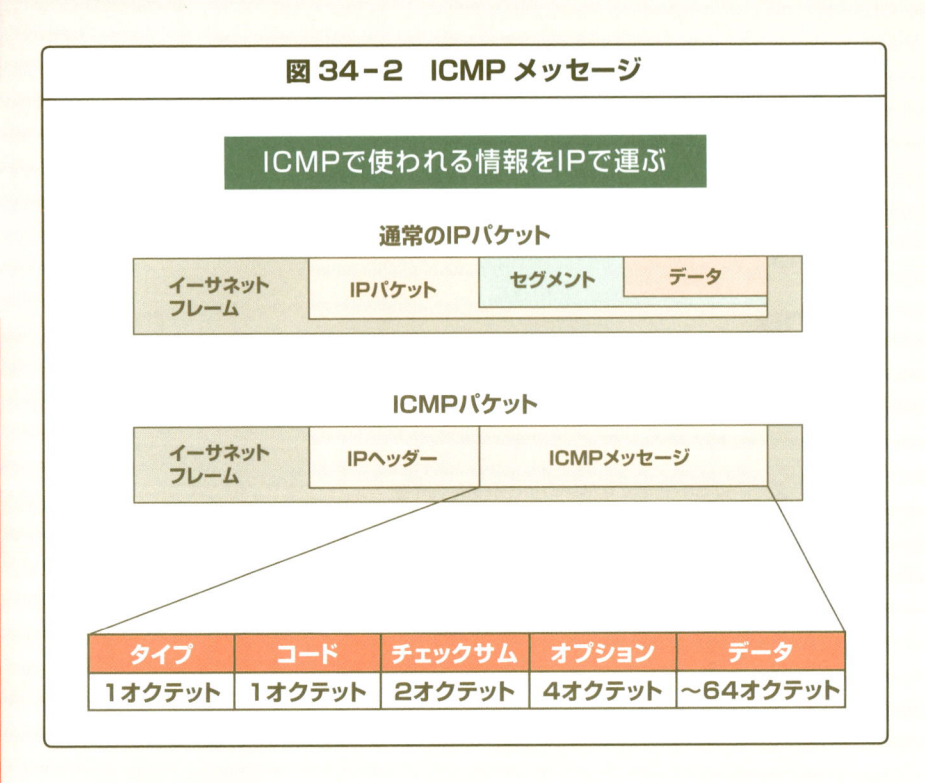

図 34-2　ICMP メッセージ

ICMPで使われる情報をIPで運ぶ

通常のIPパケット

| イーサネットフレーム | IPパケット | セグメント | データ |

ICMPパケット

| イーサネットフレーム | IPヘッダー | ICMPメッセージ |

タイプ	コード	チェックサム	オプション	データ
1オクテット	1オクテット	2オクテット	4オクテット	～64オクテット

● ICMP の種類

🎓 さて。ICMP には大きく分けて、2 種類のメッセージがある。**Query メッセージ**と **Error メッセージ**だ。
Query は**状態を調査するため**に使用されるメッセージ。Error はそのまま**エラーを通知するため**のメッセージだ。

🐥 ははぁ、ICMP は状態の調査にも使用するんですね。さすが Internet Control のプロトコルですね。

🎓 うむ。この 2 種類に、それぞれ**複数のタイプ**が存在する。それは、先ほどのメッセージの中の「タイプ」に数字で表されている。タイプは 11 種類(*1)存在する。(図 34-3)

🐥 1 番とか 2 番とか、7 番が抜けているのはなにか意味があるんですか？

(*1) 11 種類　最初の ICMP の規定で決められているのが 11 種類だが、拡張として他の種類を使うこともある。

第34回 ICMP

ふむ。それらはもともと定義されていない番号だ。私が省略したわけではない。この中で頻繁に利用されるのは 0、3、5、8、11 だな。そうだな、例として 3 番 Destination Unreachable はこうなる。**(図34-4)**

ははぁ、あて先［Destination］へ届かない［Unreachable］、ですね。

● TTL

さて、ICMP のその他の代表的なメッセージを説明するが、その前に IP ヘッダーの項目の説明をしておこう。

え？ なんで今頃そんな話をするんですか？ それって随分前に説明しましたよね（P132 参照）？

図34-3　ICMP タイプ

ICMPメッセージにはQueryとErrorの2種類が存在する

タイプ	説明	意味	種類
0	Echo Reply	Echo応答	Query
3	Destinaiton Unreachable	あて先到達不能	Error
4	Source Quench	転送抑制指示	Error
5	Redirect	最適経路通知	Error
8	Echo Request	要求	Query
11	Time Exceeded	時間超過によるパケット破棄	Error
12	Parameter Problem	誤ったパラメータによるエラー	Error
13	Timestamp Request	タイムスタンプ要求	Query
14	Timestamp Reply	タイムスタンプ応答	Query
15	Information Request	（未使用）	Query
16	Information Reply	（未使用）	Query

図34-4 Destination Unreachable

あて先に届かない理由を通達する

あて先に到達できない場合、ルーターまたはホストがタイプ3
Destination Unreachableを返す
その際、到達できない理由をコードに入れる

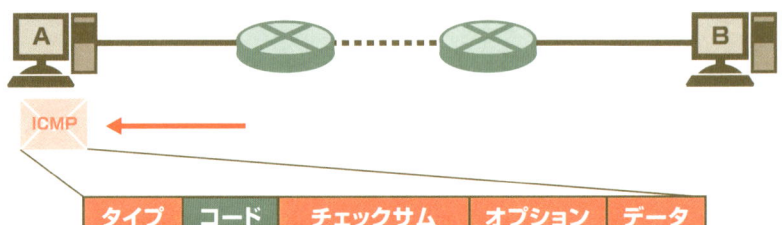

ICMP

タイプ	コード	チェックサム	オプション	データ
3		(checksum)	なし	

コード	説明	意味
0	Net Unreachable	ネットワークへ到達不能
1	Host Unreachable	ホストへ到達不能
2	Protocol Unreachable	そのプロトコルは使用できない
3	Port Unreachable	対象ポートが閉じている
4	Fragmentation Needed and DF Set	IPパケットを分割したいが、分割が不可になっている

※他にもコードはある

🎓 うむ。その際に説明しなかった項目で、ICMPと非常に関連がある項目があるのだよ。それは **TTL** [Time To Live] だ。日本語に訳せば「生存時間」だな。

🐱 生存時間？ なんの生存時間ですか？

🎓 IPデータグラムのだ。**IPデータグラムのTTLはルーターを経由するたびに1ずつ減っていき、0になるとそのデータグラムは破棄される**。まさしく、IPデータグラムの「生存時間」というわけだ。

> ルーターを経由するたびに1ずつ減って、0になったら破棄。死へのカウントダウンですね。でも、なんでそんな項目があるんですか？

> ルーティングで経路情報にミスが起きる、例えば静的ルーティングで手動で経路を入力する際に、中継ルーターを間違えてしまうとかだな。本来はそうすると、あて先へ届かずにどこかへ行ってしまったり、挙句の果てに同じ場所をぐるぐる回り続けてしまったりすることがある。そうなるとそのデータグラムは永遠にネットワーク内を循環し続ける。このようなデータグラムは邪魔なだけだ。

> ふむふむ。ルーティングの方向指示がミスって、あて先に届かなくなるんですね。そうなると確かに邪魔になりますね。

> なので、一定時間が経ったら破棄する。実際は時間ではなく、経由ルーター数で判断するわけだがな。

> 邪魔になるから、破棄するわけですね。で、実際はどれぐらいルーターを経由すると破棄されるんですか？

> Linuxでは64、Windowsでは128が多いな。インターネットでは世界の裏側に送ってもルーターは30個を越えるぐらいしか経由せずに届くので、64とか128経由することはあきらかにルーティングを失敗しているのだよ。さて、今回はここまでとしておこう。

> いぇっさー。3分間ネットワーク基礎講座でした〜♪

ネット君の今日のポイント

- エラーメッセージなどを転送するプロトコルがICMP。
- ICMPではIPヘッダー+ICMPメッセージを送信する。
- ICMPにはQueryとErrorの2種類のメッセージがある。
- タイプ3のICMPはあて先へ届かないことを通知する。

第35回 Echo と Time Exceeded

● Echo

> さて、前回からレイヤー3のプロトコルの1つ、ICMPを説明しているわけだ。ICMPエラーを通知したり、通信状態を確認したりするプロトコルが、ICMPだ。

> インターネット制御メッセージプロトコル、でしたよね。前回はDestination Unreachable、あて先到達不能を通知するメッセージの説明がありました。

> うむ、タイプ3だな。今回はタイプ0、8、11の3種類を説明する。まずEcho、タイプ0と8の話をしよう。

> えこー？ エコーっていうと、あれですか。反響音というか、こだまというか。

> そうだ、あとは山彦だな。ともかく、その「Echo」、タイプ0の**エコー応答**［Echo Reply］とタイプ8の**エコー要求**［Echo Request］だ。

> 「要求」と「応答」…。なにを「要求」して、なにを「応答」するんですか？

> なにを、と言われても困るな。エコーを要求して、エコーを応答するんだ。つまり**送信側はエコー要求を送り、それを受け取ったコンピューターはエコー応答を返す**というしくみだ。（図35-1）

> ははぁ。まさしく、「エコー」なんですね。要求すると、返答する。「やっほー」といえば「やっほー」と帰ってくる。

> そうだ。たったコレだけのしくみだ。

第35回 EchoとTime Exceeded

図35-1　Echo RequestとEcho Reply

エコー要求を受信すると、エコー応答を送り返す

①ホストAからホストBへ、Echo Request（エコー要求）を送信すると…

②受信したホストBは送信元（ホストA）へEcho Reply（エコー応答）を送り返す

🐧 はぁ。これ、なんかの役に立つんですか？

🎓 この「Echo」のしくみを利用したもので、**ping という任意のあて先へエコー要求を送りつける**ソフトウェアがある。このソフトウェアは**ネットワーク管理者御用達。このコマンドを使わない管理者はいない**とまで断言できるシロモノだ。

🐧 任意のあて先へエコー要求を送りつける？　エコー要求を送りつけると、それを受け取ったあて先はエコー応答を返してきますよね。

🎓 その通り。エコー要求を受け取ったあて先は、エコー応答を返してくる。その結果、エコー要求を送った送信元はエコー応答を受け取ることになる。これはつまり、エコーの要求と応答がやり取りされる、つまり**送信元とあて先間でデータが送受信される**という意味だ。

あ〜、なるほど。ICMP パケットが送信元とあて先の間を行き来できるんですね。もしエコー要求を送って、エコー応答が返ってこなかったら、それは行きか帰りのどちらかに問題があってやり取りできない、ってことですよね。

そうだ。さらに、エコーの要求と応答にかかる時間を計ることにより、**ネットワークの状態を調べることもできる**。つまり、ping とはあて先との通信可能性や、その状態を調べることができるソフトウェアということだ。

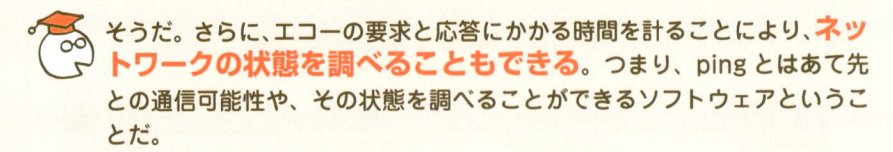

● Time Exceeded

次はタイプ 11 の Time Exceeded メッセージだな。これは、「時間超過によるパケット破棄」とでもいうメッセージだ。

「時間超過」ってなんです？

「時間超過」は、前回説明した **TTL が関係している**（P217 参照）。TTL が切れたパケットは破棄される。このとき、**破棄したことを通知するメッセージが Time Exceeded** だ。(図 35-2)

なるほど。TTL という生存時間が切れたから、Time Exceeded で「時間超過」なんですね。

そういうことだ。このタイプ 11 を使ったネットワークのチェック用のソフトウェアがある。**traceroute** というソフトウェアだ。

とれーするーと？　ルートをたどる？

うむ、その通り**あて先までのルートを教えてくれるソフトウェア**だ。正確には、**あて先に届くまでに経由するルーター**を教えてくれる。(図 35-3)

ははぁ。あて先に届くまでに、どのルーターを通っていくか、を教えてくれるんですね。意図的にエラーメッセージをもらい、それを表にしていくんですね。うまくできてるなぁ。

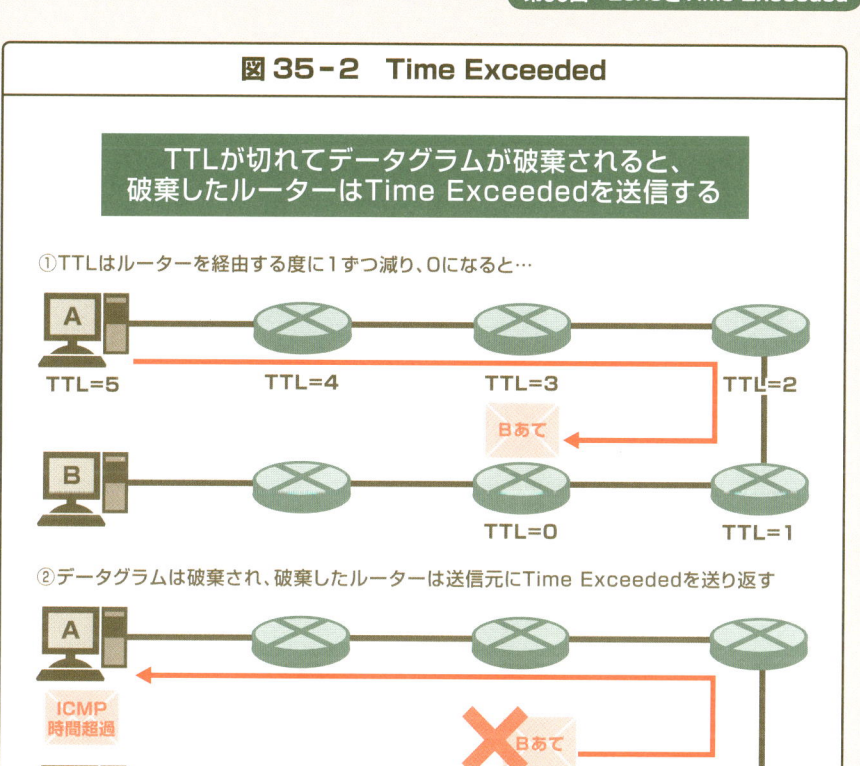

第35回　EchoとTime Exceeded

図35-2　Time Exceeded

TTLが切れてデータグラムが破棄されると、破棄したルーターはTime Exceededを送信する

①TTLはルーターを経由する度に1ずつ減り、0になると…

TTL=5　　TTL=4　　TTL=3　　TTL=2
Bあて
TTL=0　　TTL=1

②データグラムは破棄され、破棄したルーターは送信元にTime Exceededを送り返す

ICMP
時間超過
×Bあて

🎓 うむ。これにより**どのルートをたどっていったかがわかる**わけだ。これらのpingやtracerouteは非常に便利なコマンドであるし、使って手に入った情報も非常に有益だ。

🐱 ですね。pingならあて先に届くかどうか確認できますし、tracerouteは途中のどういう経路を通っていくかを調べることができますよね。

🎓 だが、これらの情報は、**クラッカー**［Cracker］(*1)の攻撃にも役に立つ、ということも事実だ。

🐱 くらっかーの攻撃……？　**悪用される**ってことですか？

(*1)**クラッカー**　システムのセキュリティを破り、不正にコンピューターに侵入して悪意のある行動を行う人のこと。一般的にはハッカー［Hacker］と混同されている。

図 35-3 traceroute

あて先まで経由するルーターを調べることができる

① TTL=1であて先へパケットを送ると、1つ目のルーターでTime Exceededが返ってくる

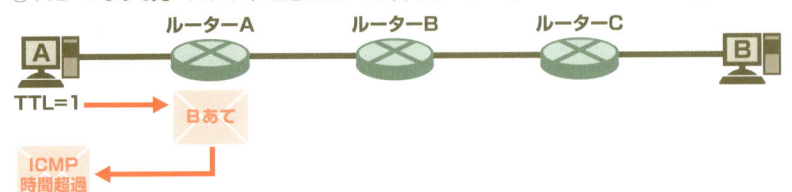

② 次はTTL=2であて先へパケットを送り、2つ目のルーターでTime Exceededが返ってくる

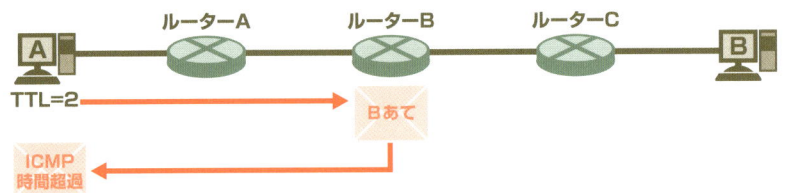

③ 以後、TTLを1ずつ増やしていき、あて先までパケットを届ける

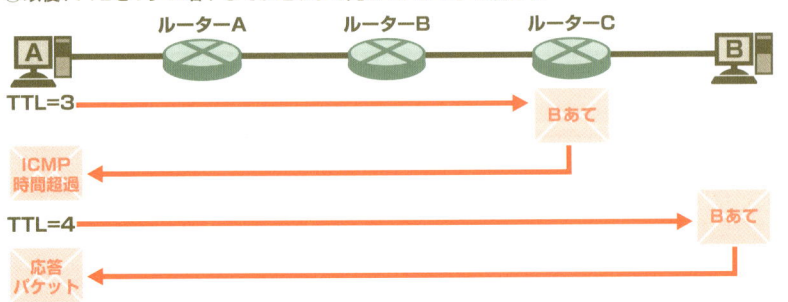

④ あて先までデータが届き、応答パケットを受信したら、いままでTime Exceededを送り返してきたルーターを表示する。それがあて先までの経由ルーターの一覧になる

ホストBまでの経由ルーター表

| ルーターA | ルーターB | ルーターC | ホストB |

第35回　EchoとTime Exceeded

そうだ。なので、**ルーターの管理者は、ICMPの運用に注意する必要がある**。特にtracerouteで使われるTime Exceededは注意が必要だな。
traceroute により、途中のルーターのIPアドレスを調べることができる。ルーターのIPアドレスがわかると、そこに攻撃をしかけることができる。ルーターが攻撃によりおかしくなってしまうと、ネットワークの広範囲に影響がでてしまうのだよ。

あぁ、ルーターはネットワークの最重要機器、でしたっけ。そこが攻撃されると困りますよねぇ。

その通りだ。さて、今回はここらでおしまいにしよう。

了解です。3分間ネットワーク基礎講座でした〜♪

ネット君の今日のポイント

- ICMPタイプ8と0はエコー要求とエコー応答。
- エコー要求を受け取ったコンピューターは、エコー応答を返す。
- エコー要求に対し、エコー応答が返ってくれば、その相手とはデータの送受信が可能なことを示す。
- エコー要求はpingを使って実行できる。
- TTLによりパケットを破棄したルーターは、送信元にTime Exceededを送り返す。
- Time Exceededを使い、あて先までのルートを調べるコマンドがtraceroute。

○月○日　by ネット君

補講 ④

「IPv4 と IPv6 のことについて知っちゃおう」

　　　　こんにちは、おねーさんです。この本でのコラムもこれが最後になります。最後は第20回で話している、今後普及していく予定の新しいIPについてのお話です。

　現在のIPはバージョン4と呼ばれ、バージョンを書く場合はIPv4と記述されます。IPv4は32ビットのIPアドレスを持ち、トータルで約43億個のアドレスが使えます。といっても、実際はクラス別の割り振りやインターネット人口の増大などが問題で（第24回でも言ってますけど）、アドレスが不足するという予測が立っていました。また、IPv4は1980年代初頭に作られたものなので、現状に即していない部分があったりもします。

　そこで、新しいIPの必要性が論じられ、1990年代後半にIPバージョン6（IPv6）が登場します。IPv6アドレスはIPv4アドレスの32ビットから、128ビットに拡張されています。32ビットで約43億ですから、128ビットはその4乗、10進数だと38桁ぐらいの数です。「澗（カン）」って単位らしいです。計算するのも莫迦らしい数ですね。他にもIPv6はアドレスのことばかり話されますけど、今のインターネットにあわせて、セキュリティやアドレスの自動設定、ルーターの負荷軽減など、いろいろな新しい技術が導入されています。ただ、IPv6は今までのIPv4とそっくり簡単に入れ替わるということができないので、「新しいIPだ、すぐ変えよう」とまでは、なかなかいってないみたいです。

　で、IPv4のアドレスが不足するだろうという話なんですけど、これ1990年代初頭から言われ続けてもう10年以上になります。いったいいつ無くなるんだ、ホントに無くなるの？　などと言われてきたわけなんですが、どうやらホントに無くなりそうになってきています。予測では2012年らしいですよ（2010年現在）。2012年にこの本を見て、本当になくなったかどうか確かめるのも、この本の面白い使い道かも？

　さて、最後のコラムでしたので、私こと「おねーさん」の出番もこれで終わりです。ご静聴ありがとうございました。この本の元となったWebサイト「Roads to Node」の「3分間ネットワーキング」では私が講義をしているページもありますので、よろしければ見にきてくださいね。

5章
コネクションとポート番号

第36回 レイヤー4の役割と概要

●レイヤー4の役割

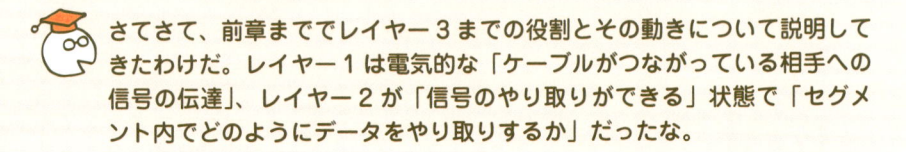

さてさて、前章まででレイヤー3までの役割とその動きについて説明してきたわけだ。レイヤー1は電気的な「ケーブルがつながっている相手への信号の伝達」、レイヤー2が「信号のやり取りができる」状態で「セグメント内でどのようにデータをやり取りするか」だったな。

はい、でした。そしてレイヤー3が「セグメント＝ネットワーク"間"でどのようにデータをやり取りするか」でしたよね。IPアドレスだったり、ルーティングだったり。

そうだったな。つまり「とあるコンピューターからとあるコンピューターへデータを転送する」ために必要なことは、レイヤー1～3までの役割、ということだ。IPアドレスであて先を指定して、ルーティングにより道筋を決定する。

そして、ケーブルがつながっている相手へのやり取りを決めて、ケーブルに信号を流す、ですね。そうすればデータがあて先に届くことになりますよ。

「あて先のコンピューターへデータを届ける」のはレイヤー1～3ということだな。そして、今回から説明するレイヤー4から上のレイヤーでは、「データを運ぶ」という直接的な動作は行わない、ということになる。

じゃあ、レイヤー4から上はなにを行うんですか？

レイヤー4から上が行うのは**届ける・届いたデータに対して必要な処理を行う**ということだ。「データを届ける」のはレイヤー3までの役割だからな。届ける前と届いたあとに、データ通信のために必要な処理を行う。

第36回 レイヤー4の役割と概要

🗣️ データ通信のために必要な処理？ それってなんですか？

👨‍🏫 レイヤー4の場合は、前にも説明したように「信頼性の高い（エラーの少ない）伝送を行う」ための処理になる（P49の図参照）。つまり、**レイヤー3までのレイヤーでは、あて先そのものが存在しなかった、データが途中で消失した、エラーにより壊れたなどといったトラブルを気にしない。**

🗣️ そ、そういうものなんですか。つまり、レイヤー3まででは届かなかったり、届いてもデータが壊れていたりすることがある？

👨‍🏫 そういうことだな。そこで、レイヤー4が**エラー回復**を行う。これがレイヤー4の役割の1つ、ということになる。（図36-1）

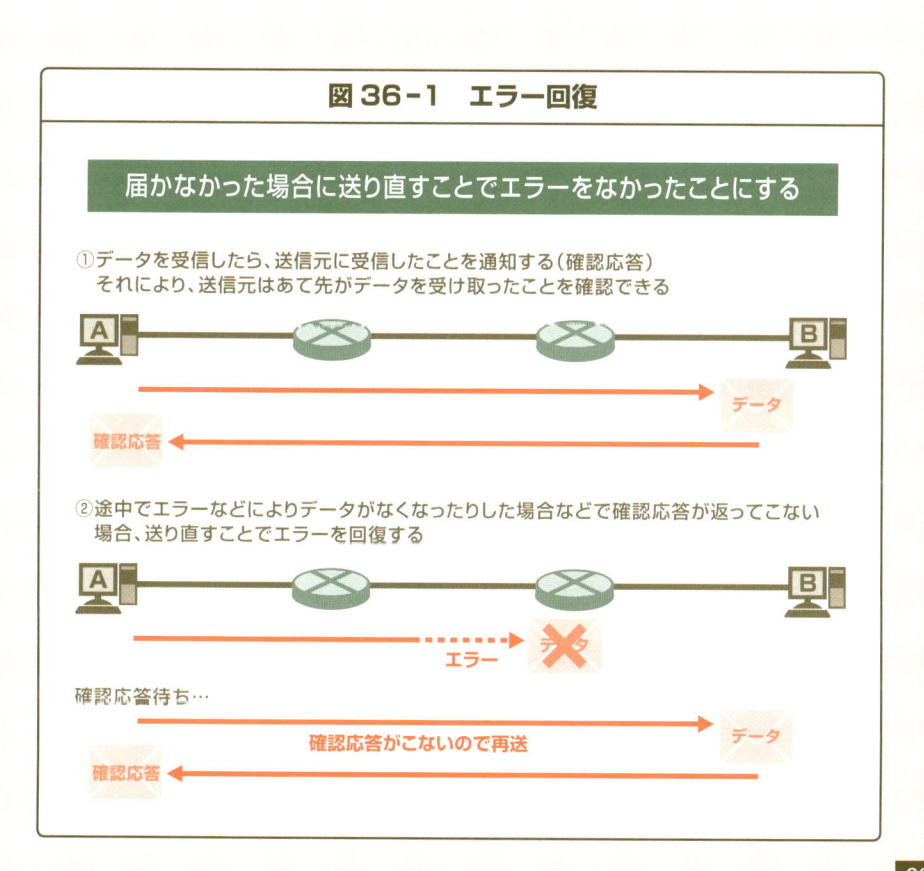

図36-1　エラー回復

届かなかった場合に送り直すことでエラーをなかったことにする

①データを受信したら、送信元に受信したことを通知する（確認応答）
　それにより、送信元はあて先がデータを受け取ったことを確認できる

②途中でエラーなどによりデータがなくなったりした場合などで確認応答が返ってこない場合、送り直すことでエラーを回復する

確認応答待ち…
確認応答がこないので再送

5　コネクションとポート番号

エラー回復、ですか。え～っと、エラーが起きたり、データが届かなかった場合はもう1回送り直してもらうんですね。あと「役割の1つ」ってことは、他にもあるんですか？

もちろんある。信頼性の高い通信を行うために、エラーを回復し、さらに通信の状態を確認する。これを**フロー制御**と呼ばれる方式で行う。
例えば、英語を同時通訳しようとして、聴いた言葉を翻訳するわけだが。翻訳が間に合わないことがあるよな。つまり、**処理能力を上回った情報を送られた場合、それを処理しきれず破棄してしまうことがある。**

届いたのに、処理しきれなかったでは意味がないですよね。

なので、それを防ぐ。処理しきれないデータがあふれ出てしまうのを防ぐ、ということだ。「あふれる」ことをオーバーフロー［Over Flow］と呼ぶ。このオーバーフローを防ぐから「フロー制御」と呼ぶ。（図36-2）

●アプリケーションの識別

では引き続き、レイヤー4で行うことを説明しよう。ネット君、データ通信を行ってデータをやり取りするのはなにかね？

え？　それはコンピューターとコンピューターでしょ？

本当にそうかね？　では、1台のコンピューターで、電子メールとホームページの閲覧を同時に行った場合のことを考えてみよう。データは、どちらも同じコンピューターに届くな。それはどこで区別するのかね？

う～ん、IPアドレスやMACアドレスは「あて先のコンピューター」を決定するだけですよね。どれが電子メールのデータなのか、ホームページのデータなのかまでは、わからないですよね。

うむ。通信でデータをやり取りするコンピューターのソフトウェアのことをアプリケーション［Application］と呼ぶが、実は**データをやり取りするのはアプリケーション**なのだ。

第36回 レイヤー4の役割と概要

図36-2 フロー制御

届いた時の待機場所にデータがあふれ（フロー）るのを防ぐ

①あて先にデータを送ると、あて先はデータを受け取り、それを一時的に溜めておく
そして、準備ができしだい処理していく

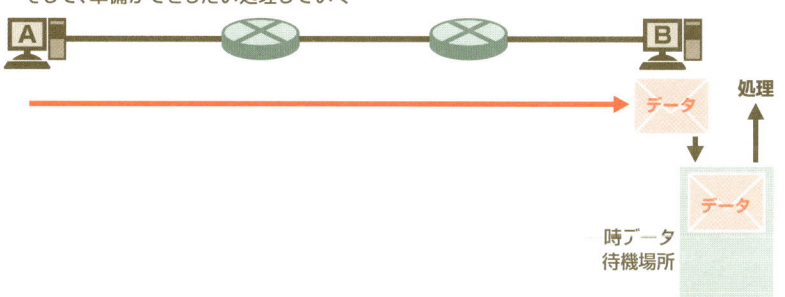

時データ待機場所

②処理が遅れたり、送信スピードや間隔が早い場合、どんどん溜まってしまい
ついには溜めることができなくなり、破棄してしまう。これをオーバーフローと呼ぶ

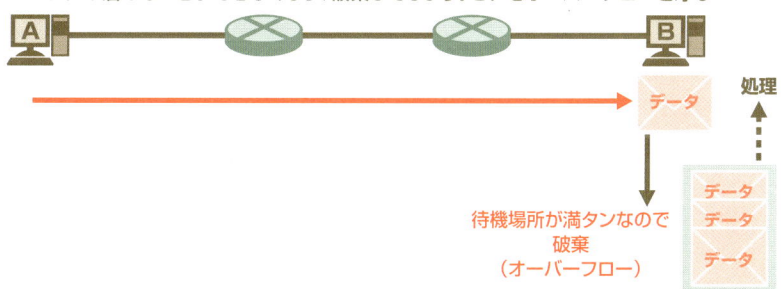

待機場所が満タンなので
破棄
（オーバーフロー）

③それを防ぐため、受信側は確認応答の際に、溜めておけるデータ量を送信元に通知して、
送信量を加減してもらったり、送信を一時中止してもらう

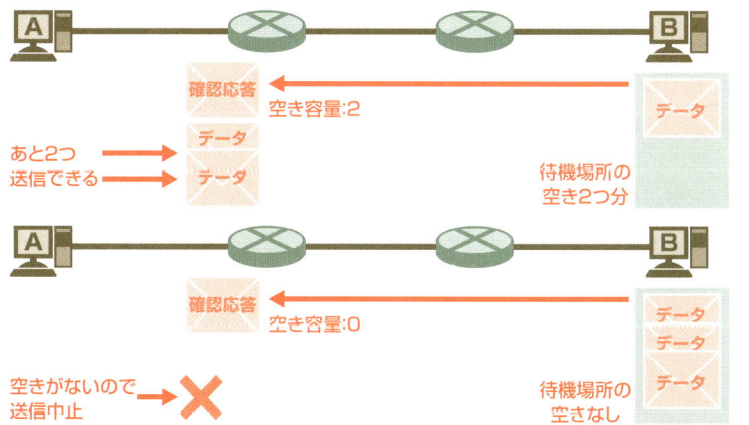

確認応答
空き容量:2

あと2つ
送信できる

待機場所の
空き2つ分

確認応答
空き容量:0

空きがないので
送信中止

待機場所の
空きなし

5 コネクションとポート番号

なるほど。コンピューターの中にあるアプリケーションが、データを送ったり受け取ったりするってことですね。

そういうことだ。よって、どのアプリケーションが送信したデータなのか、どのアプリケーションが受信するデータなのかを決定するために、**ポート番号**［Port Number］というものがつけられる。(図36-3)

ポート？　港とか、港湾とか？

港湾というか、データが出入りする港だな。つまり、データを出し入れする仮想の差込口と思えばいい。各アプリケーションにはこれがつけられており、そこへデータを送る、と考えるのがわかりやすいだろう。コンピューターまで届いたデータは、このポート番号を元に、そのデータが使用されるアプリケーションに渡される。

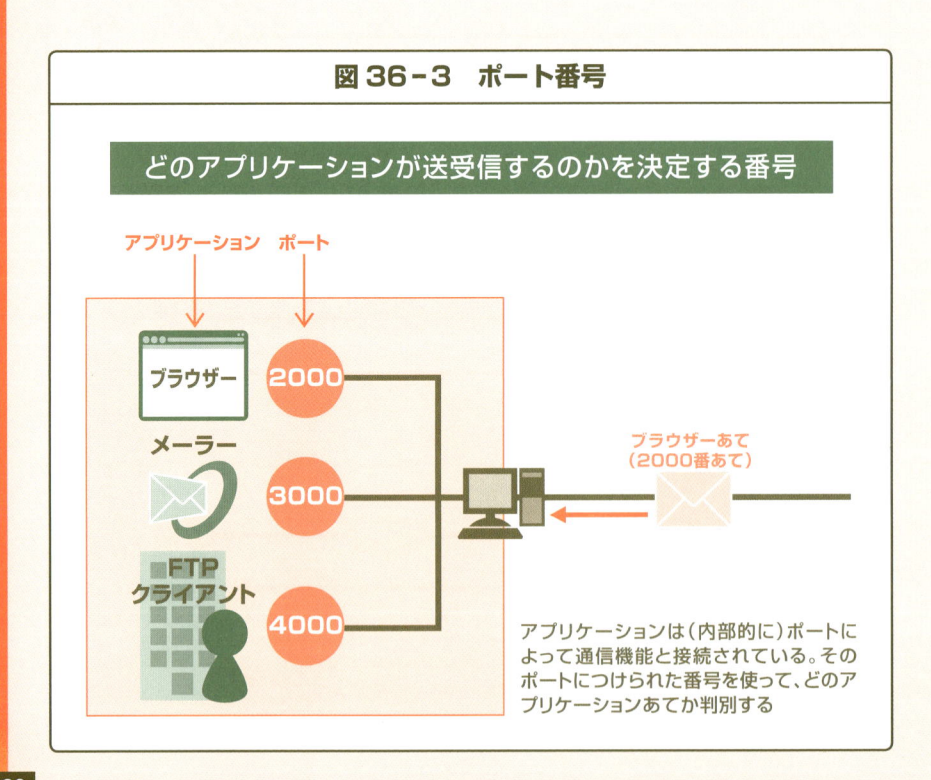

図36-3　ポート番号

どのアプリケーションが送受信するのかを決定する番号

アプリケーション　ポート

ブラウザー　2000
メーラー　3000
FTPクライアント　4000

ブラウザーあて
(2000番あて)

アプリケーションは(内部的に)ポートによって通信機能と接続されている。そのポートにつけられた番号を使って、どのアプリケーションあてか判別する

● TCP と UDP

さてさて。レイヤー4ではこれらの「通信に必要なこと」を行うわけだが、TCP/IPで実際にこれらの制御を行うのが **TCP**［Transmission Contorol Protocol］と **UDP**［User Datagram Protocol］の2つのプロトコルだ。
この2つのプロトコルは、通信にあたって**どちらか一方が使われる**。なぜなら、**TCPとUDPは役割が違う**からだ。

役割が違う？　でもどちらもレイヤー4のプロトコルですよね？　今まで説明してきたことをするためのプロトコルなんじゃないですか？

もちろんそうだ。この2つのプロトコル、TCPとUDPはそれぞれが持つ利点と欠点が裏表になっている。よって、送信するデータの中身や状況によって、どちらかを使うのだ。

TCPの利点がUDPの弱点で、TCPの弱点がUDPの利点ということですか？

そうだな、そう考えるとわかりやすいだろう。それぞれのプロトコルの利点を見て、どちらを使うかを選択するのだよ。まぁ、詳しくは先の講釈と言うやつだ。では、次回からは、TCPの話をしよう。

了解です。3分間ネットワーク基礎講座でした～♪

ネット君の今日のポイント

- ●レイヤー4は、信頼性の高い伝送を行う。
- ●確認応答・フロー制御を行い、信頼性の高いデータ転送を行う。
- ●どのアプリケーションに届けるかを判別するため、ポート番号を使う。
- ●レイヤー4はTCPとUDPの2つのプロトコルがあり、どちらか一方を使ってデータ転送を行う。

○月○日　＠道　ネット君

第37回 コネクションとセグメント

●コネクション

さて、前回はレイヤー4の役割について説明した。レイヤー3までの役割で、データをコンピューターに届けることができた。そこで「届ける・届いたデータに対して必要な処理を行う」のがレイヤー4以上の役割だ。

え〜っと、レイヤー4では「エラー回復」とか「フロー制御」、「アプリケーションの識別」などを行うんでしたよね。で、それを行うプロトコルがTCPとUDPだと。

そういうことだ。そして今回は、TCPの**コネクション**[Connection]の話をする。レイヤー3まででコンピューター間でのデータのやり取りはできた。そこで、TCPでは、アプリケーション間のデータのやり取りを行う。この、アプリケーション間のやり取りを行う**データの道**のことをコネクションという。

データの道？ それはレイヤー3のルーティングで出てきた「経路」とは違うんですか（P179参照）？

うむ、違う。TCPで作られる通信路は**仮想的な通信路**と呼ばれる。事前に専用の通信路を確保しておくことによって、確実にデータを届けるのだよ。
レイヤー3までの役割で、あて先のコンピューターまではデータが届けることができる。だが、もしかすると相手が存在していないかもしれない。あるいは、相手は存在しているが、相手の受信の準備が整っていないかもしれない。はたまた、受信はできるが、忙しくてデータを処理しきれないかもしれない。などなど「コンピューターまでデータが届く」ことと「データを確実にやり取りすること」は別問題なのだよ。

「確実にやり取りする」……。それが重要なんですね？ レイヤー3までの役割なら「コンピューターに届く」。でもそれが「確実」かどうかはわからない？

そういうことだ。なので、**データ転送を始める前に事前に確認のやり取りを行っておく**。それにより、**相手に確実に伝わることを確認する**わけだ。

ははぁ。電話の「もしもし？」みたいなものですか。「もしもし」「はいはい」「今、大丈夫？」「いいよー」みたいにやり取りしておけば大丈夫、みたいな？

あぁ、それはなかなかいい考え方かもしれん。「もしもし」で、通信が確実にできる＝通信路がつながった、ことを確認するわけだ。これにより実際にケーブルがどうつながって、どこのルーターを通ってあて先まで届くのかは関係なく、つまり「実際の」「通信路」ではなく、送信側とあて先の間に「仮想的な」「通信路」ができていると考える。この仮想的な通信路を作り出すことを、**コネクションの確立**と言う。

「コネクションを確立」する……。あて先との間でちゃんとデータがやり取りできることが保証された道がある、と考えるわけなんですね。

そういうことだ。では、どうやってコネクションを確立するか、の話の前に **TCPヘッダー** の説明をしよう。TCPヘッダーの大きさは、基本的に **20オクテット** と覚えておけばいい。TCPヘッダーの6ビットの制御ビット（フラグ）は、そのTCPのデータの意味を表している。（図37-1）

●コネクションの確立

まず、コネクションを確立するためには**相手がデータ転送を許可してくれないと駄目**なのだ。
よって、確実なデータ転送を行う**通信路を確保するため、相手にデータ転送の許可要求**を出す。
それで、要求を受けた相手は、**それに対する許可を送信元に知らせる**。これで、データが**相手に正しく伝わることが確認**できた。つまり、通信路が確保されたことになる。

図37-1　TCPヘッダー

ポート番号、シーケンス番号、フラグなど約20オクテット

送信元ポート番号（16ビット）			あて先ポート番号（16ビット）	
シーケンス番号（32ビット）				
確認応答番号（32ビット）				
データオフセット（4ビット）	予約（6ビット）	フラグ（6ビット）	ウィンドウ（16ビット）	
チェックサム（16ビット）			緊急ポインター（16ビット）	

U R G / A C K / P S H / R S T / S Y N / F I N

ACK …相手の通信の応答であることを示す
SYN …相手への接続要求であることを示す
FIN …接続を終了することを示す

それぞれが1ビット。通常は0

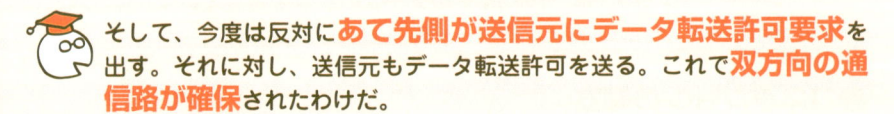

😀 「準備OK。いつでもどうぞ。」って返事するわけですね。お願いに対し、返事が届いたってことですから、相手に届くことがわかる、と。

🧑‍🏫 そして、今度は反対に**あて先側が送信元にデータ転送許可要求**を出す。それに対し、送信元もデータ転送許可を送る。これで**双方向の通信路が確保**されたわけだ。

😀 送信元からあて先へデータの転送要求を出して、それの許可をもらう。それと同時にあて先から送信元へデータの転送要求を送る？

🧑‍🏫 データを相手に送るためには、相手にデータを送ることを伝え、それの準備をしてもらうことが必要だ。「データ転送要求」→「許可」という流れだな。例えば、AとBがあった場合、「AからBへ転送要求」で「BからAへ許可」という形になる。
だがこれだけではBからAへデータを送ることができない。なぜならAのデータの受信準備ができているかわからないからだ。つまり、A→Bの片側通行になってしまうわけだな。

第37回 コネクションとセグメント

> あれ？　でもBからAに「データ転送要求に対する許可」を送ってますよね。Aはそれを受信してるわけですから、「データの受信準備」はできてるんじゃないですか？

> いやいや、Bが送った「データ転送要求に対する許可」はあくまでAの「データ転送要求」に対する返事であって、Bが「データを送った」という扱いではないのだよ。なので、BからAに対する「データ転送要求」を送る必要がある。
> これで、TCPは「双方向」なデータのやり取りができるコネクションを確立するということだ。AからBに「データ送るけど準備いい？」と送る。それに対しBからAに対して「準備OK。そっちはどう？」と送る。

> そうすると、AからBに「準備OK」と返す、ですか。

> うむ、そうなる。このコネクションの確立では、今説明したように3回のやり取りを行うので、3方向（3way）の握手（Handshake）、**スリーウェイハンドシェイク**と呼ばれる。(図37-2)

●セグメントの分割

> そして、TCPはアプリケーションから渡されたデータ（メッセージ）を、セグメントにカプセル化する（P55参照）。
> カプセル化する際に、1つのデータを**MSS**［Max Segment Size］(*1)に分割する。つまり、1つのデータが複数のセグメントになるわけだ。そして**それぞれのセグメントに番号をつける**。これを**シーケンス番号**と呼ぶ。(図37-3)

> シーケンス番号……、そういえばTCPヘッダーにそんな項目がありましたよね。

> そうだ。このシーケンス番号は「セグメントに含まれているデータの先頭オクテットにつけられた番号」という意味になる。これを使ってなにを行うかと言えば……それは次回ということにしよう。

> 了解。3分間ネットワーク基礎講座でした~･♪

(*1) MSS　平均的なイーサネットの場合、最大データサイズは1500オクテット。ここから、IPヘッダー（20オクテット）、TCPヘッダー（20オクテット）を引いて、1460オクテット。これが平均的なMSSとなる。

図37-2 スリーウェイハンドシェイク

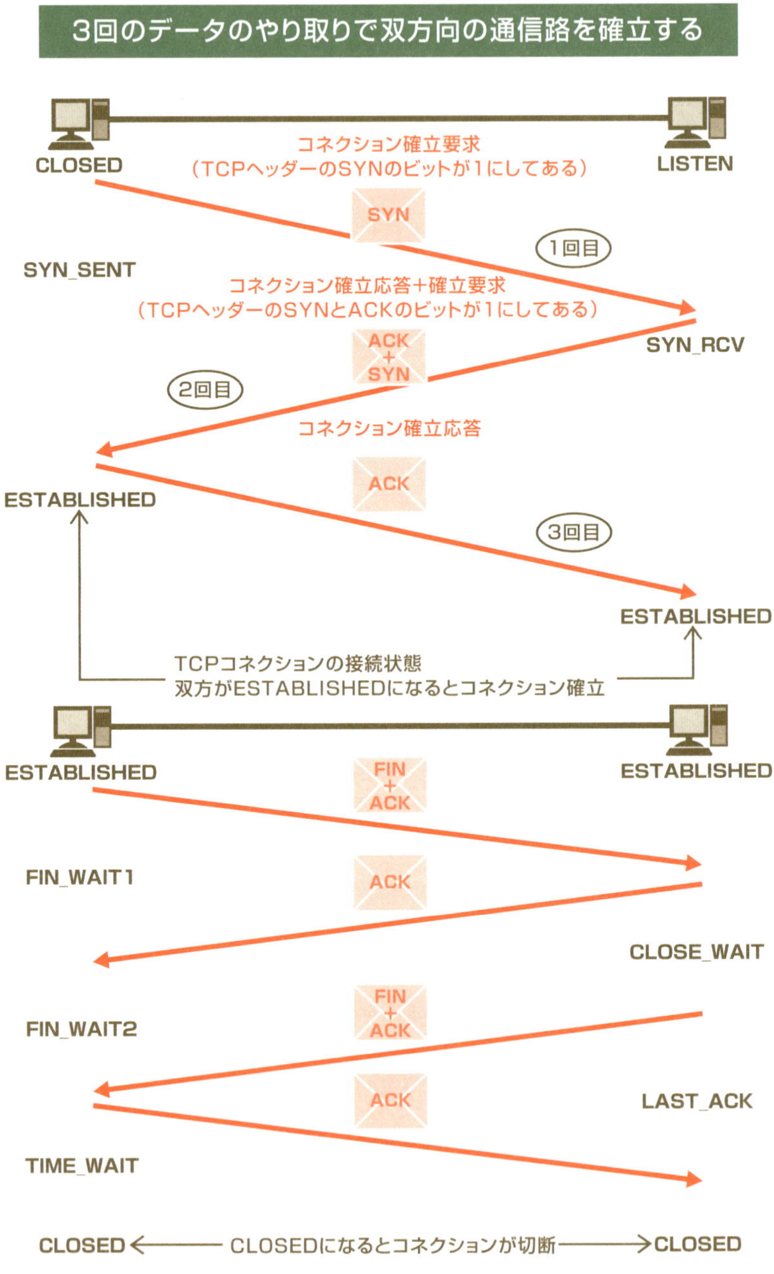

3回のデータのやり取りで双方向の通信路を確立する

CLOSED — LISTEN

コネクション確立要求
（TCPヘッダーのSYNのビットが1にしてある）

SYN　1回目

SYN_SENT → SYN_RCV

コネクション確立応答＋確立要求
（TCPヘッダーのSYNとACKのビットが1にしてある）

ACK＋SYN　2回目

コネクション確立応答

ACK　3回目

ESTABLISHED　ESTABLISHED

TCPコネクションの接続状態
双方がESTABLISHEDになるとコネクション確立

ESTABLISHED　　　ESTABLISHED

FIN＋ACK

FIN_WAIT1 → CLOSE_WAIT

ACK

FIN_WAIT2

FIN＋ACK → LAST_ACK

ACK

TIME_WAIT

CLOSED ← CLOSEDになるとコネクションが切断 → CLOSED

図37-3 MSSとセグメント

MSSのサイズにデータを分割し、その先頭番号をシーケンス番号とする

送信するデータに任意の番号（この図では1番）から順番に1オクテット（8ビット）ごとの番号を順に割り振る

送信するデータ（3000バイト）

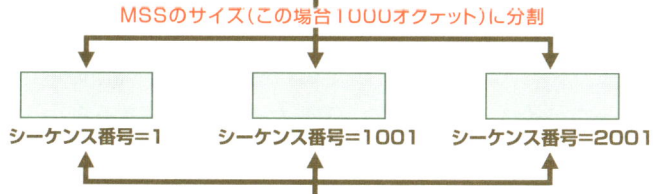

| 1 2 3 4 … | 1 1 0 0 … 0 0 1 2 | 2 2 0 0 … 0 0 1 2 |

MSSのサイズ（この場合1000オクテット）に分割

シーケンス番号＝1　　シーケンス番号＝1001　　シーケンス番号＝2001

送信するデータの先頭から番号をつけ、送信するセグメントの先頭の番号をシーケンス番号とする

ネット君の今日のポイント

- TCPでのデータ転送には、コネクションの確立が必要。
- コネクションは、仮想的なデータの通り道である。
- コネクションの確立はスリーウェイハンドシェイクで行う。
- 大きいデータは分割してMSSに分割して転送する。
- 転送されるデータには順番に番号がつけられる。

第38回 ウィンドウ制御

●エラー回復

さて、前回は TCP のコネクションについて説明した。コネクションを確立することによって、2 つのコンピューターで「確実にやり取りする通信路」ができたわけだ。

スリーウェイハンドシェイク、でしたよね。「通信するよ」「いいよ、こっちからもするよ」「いいよ」、っていうやり取りで、双方向にやり取りできる「通信路」を作る、でしたっけ。

そうだ。そして今回も、TCP の話だ。前回の最後でシーケンス番号が出てきたな。TCP ではこれを使って**エラー回復**をする。まず、**セグメントを受信したら、受信したことを送信元に伝える**。これを**確認応答**と呼ぶ。

確認応答。送る側の「データだよ」に対し、「受け取ったよ」と返すわけですね。

そうだ。ここでのポイントが、TCP ヘッダーのシーケンス番号と確認応答番号だ。データの送信時には「シーケンス番号」が、確認応答には「確認応答番号」が重要な値となる。

シーケンス番号って、データの先頭からの番号でしたっけ。確認応答番号っていうのはなんですか？

シーケンス番号は送るデータの先頭オクテット番号。確認応答番号は次に送ってほしいデータの先頭オクテット番号になる。シーケンス番号によって、そのセグメントが送るデータ全体のどの部分に相当するかがわかる。さらに、確認応答番号によって、次に送ってほしいデータの番号を通知することになる。

> ただ、「受け取りましたよ」ではなく。**次にもらう予定のデータの番号まで伝える**んですね。

> うむ。「受け取りました」ではなく、「次に何番からのデータをください」と返ってくる。
> それによって、**受信側がどのデータまで受け取ったかがわかる**。ものすごく「**確実**」だろ？

> ははぁ、確かに。確認応答番号が100番だったら、「次に送ってほしいのは100番」ってことで、99番までは受信したって意味になりますね。確実ですね。

> この「何番までのデータを受け取りました」は、特に**フロー制御で重要**だ。エラーが発生してデータが相手に届かなかったり、確認応答が届かなかったりした際は、**再送を行う**。（図38-1）

> なるほど。エラー回復、ですね。エラーがあった場合、それで復旧するわけですね。ちなみに、一定時間待つってのはどのぐらい待つんですか？

> これは **RTT**〔Round Trip Time〕という値から判断する。RTTは、これまで送ったデータに対し、確認応答が返ってくるまでにかかった時間から算出する。

> はぁ。なんか論理的におかしいような。確認応答が返ってくるのにかかった時間から算出って、いきなり返ってこなかったらどうするんですか？

> うむ。初期値を**約3秒**にしておき、その後確認応答が返ってくるのにかかった時間から動的に変更する。

> 3秒なら3秒でいいじゃないですか。

> 確かにそうだが、回線のスピード、例えば64Kbpsでの3秒と、100Mbpsでの3秒は同じ3秒での意味合いが違うだろう？ 早い回線なら3秒も待たなくても、データの損失・確認応答の損失に気がつくわけだ。「今まで最低でも500μ秒で返ってきてたのに、おかしい」というようにな。

> なるほど。遅い回線で3秒待つのは普通でも、早い回線で3秒も待ったらおかしいと思いますよね。

図38-1 確認応答とエラー回復

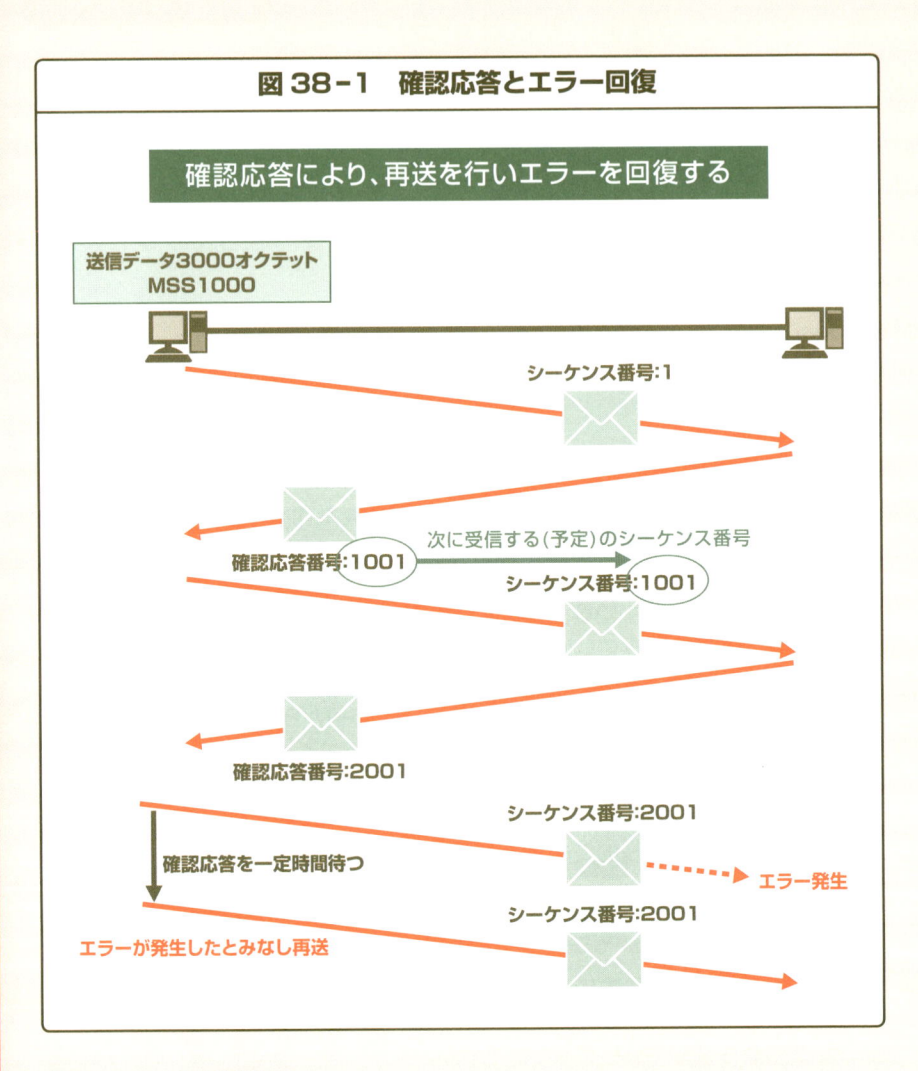

確認応答により、再送を行いエラーを回復する

- 送信データ3000オクテット MSS1000
- シーケンス番号:1
- 確認応答番号:1001 ← 次に受信する(予定)のシーケンス番号
- シーケンス番号:1001
- 確認応答番号:2001
- シーケンス番号:2001 → エラー発生
- 確認応答を一定時間待つ
- エラーが発生したとみなし再送
- シーケンス番号:2001

● ウィンドウ制御

しかしだ。この「セグメント送信→確認応答」という流れだが、これは手間がかかりすぎる。

実際はもうちょっと**効率のよい**送り方をしないと、時間だけがかかりすぎてしまう。そこで、「セグメント送信 → 確認応答」という流れは一緒だが、「**複数のセグメント転送 → 確認応答**」という形にする。そうすれば、時間的にだいぶ効率がよくなる。(図38-2)

図38-2　効率のよい転送

連続してセグメントを送ることにより、効率のよい転送を行う

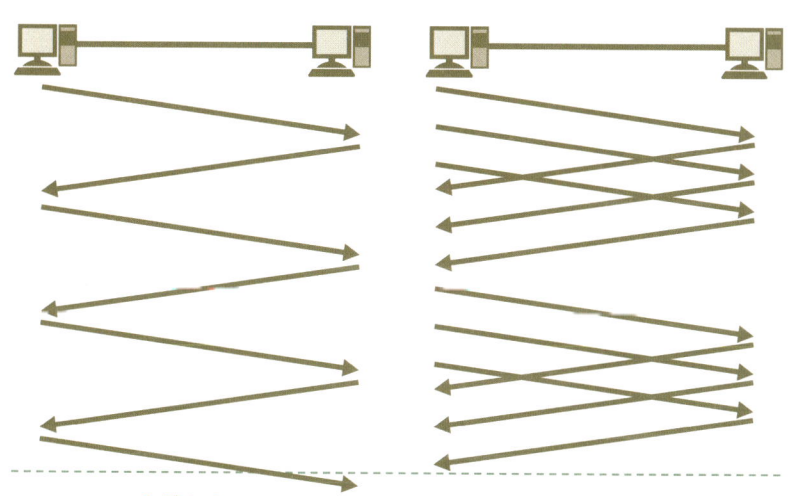

セグメント3つ
1つのセグメントに対し確認応答を
受け取るまで次のセグメントを送らない

セグメント6つ
ある一定数のセグメントを連続して送り
確認応答を受け取る

え？　でもそれだと、「確実・正確」のうたい文句がおかしくなってしまいませんか？　一気に送ったはいいけど、あとになって届かなかったことがわかってしまう、とか。

うむ、その可能性はある。そこで、「確実・正確」に、かつ効率よく送るためにTCPはフロー制御の1つである**ウィンドウ制御**を行う。ウィンドウ制御ではまず、受け取ったデータを**一時的に保管**しておくための**バッファー**［Buffer］がある。

バッファー、一時的に受信したデータを保管しておく場所、ですね。そういえば、前の回でその一時保管場所にデータが入りきらないって話がありましたね（P114参照）。

図38-3　ウィンドウ制御

バッファーサイズを伝えることにより、
送信できるデータ量を知らせる

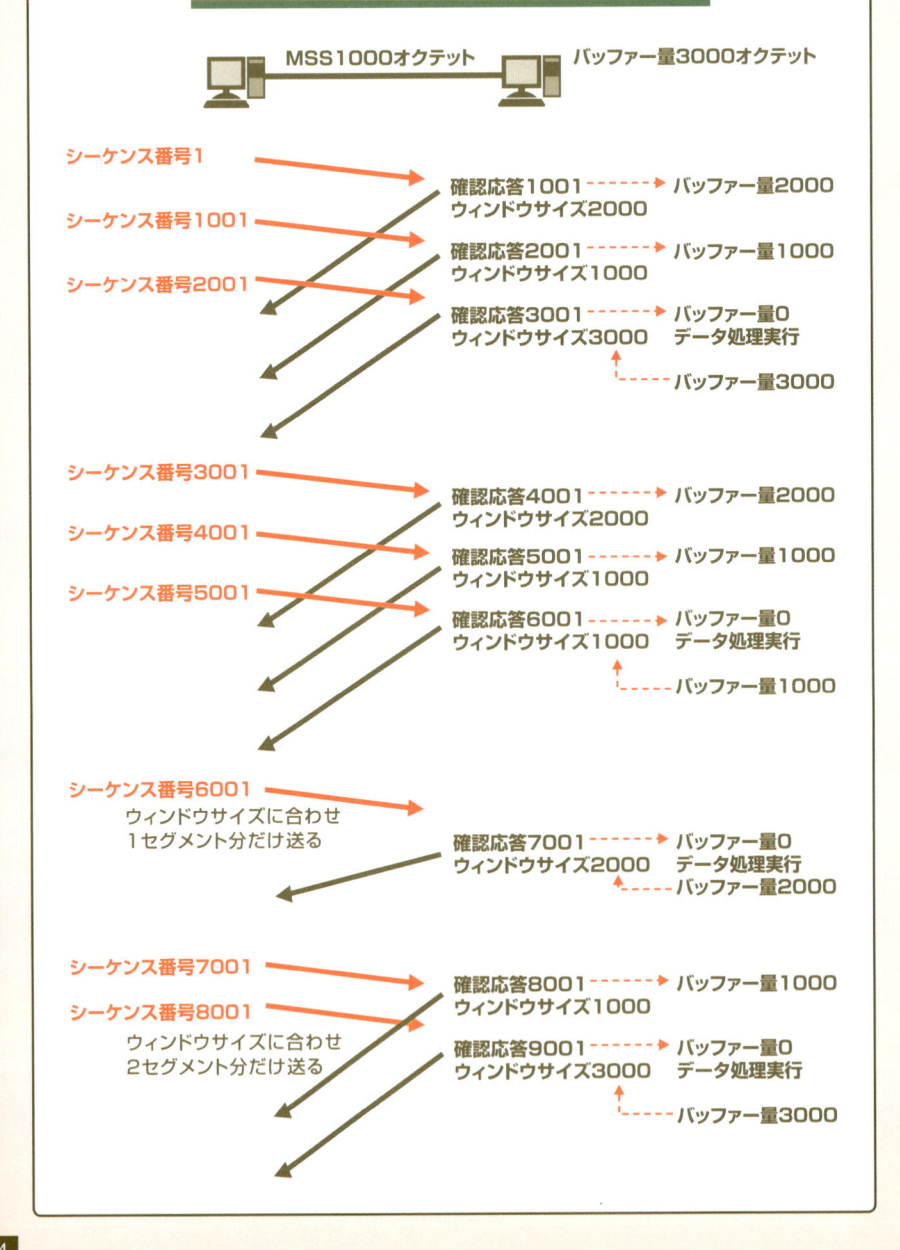

MSS1000オクテット　　バッファー量3000オクテット

シーケンス番号1 → 確認応答1001 ----→ バッファー量2000
　　　　　　　　　　ウィンドウサイズ2000

シーケンス番号1001 → 確認応答2001 ----→ バッファー量1000
　　　　　　　　　　　ウィンドウサイズ1000

シーケンス番号2001 → 確認応答3001 ----→ バッファー量0
　　　　　　　　　　　ウィンドウサイズ3000　データ処理実行
　　　　　　　　　　　　　　　　　↑
　　　　　　　　　　　　　　　　　└----バッファー量3000

シーケンス番号3001 → 確認応答4001 ----→ バッファー量2000
　　　　　　　　　　　ウィンドウサイズ2000

シーケンス番号4001 → 確認応答5001 ----→ バッファー量1000
　　　　　　　　　　　ウィンドウサイズ1000

シーケンス番号5001 → 確認応答6001 ----→ バッファー量0
　　　　　　　　　　　ウィンドウサイズ1000　データ処理実行
　　　　　　　　　　　　　　　　　↑
　　　　　　　　　　　　　　　　　└----バッファー量1000

シーケンス番号6001
ウィンドウサイズに合わせ
1セグメント分だけ送る → 確認応答7001 ----→ バッファー量0
　　　　　　　　　　　　 ウィンドウサイズ2000　データ処理実行
　　　　　　　　　　　　　　　　　　↑
　　　　　　　　　　　　　　　　　　└----バッファー量2000

シーケンス番号7001 → 確認応答8001 ----→ バッファー量1000
　　　　　　　　　　　ウィンドウサイズ1000

シーケンス番号8001
ウィンドウサイズに合わせ
2セグメント分だけ送る → 確認応答9001 ----→ バッファー量0
　　　　　　　　　　　　 ウィンドウサイズ3000　データ処理実行
　　　　　　　　　　　　　　　　　　↑
　　　　　　　　　　　　　　　　　　└----バッファー量3000

そうだ。TCPではこのデータのあふれ（オーバーフロー）を防がなければならない。データの損失だからな。なので、相手に自分が**どれだけのバッファー量を持つかを教える**必要がある。
これを**ウィンドウサイズ**という。つまり、ウィンドウサイズを相手に教えることで、**ウィンドウサイズまでのデータは一度に送ってもオーバーフローしない**ということがわかるわけだ。つまり、ウィンドウサイズとは**確認応答を待たずに送ることのできるデータ量**ということになる。(図38-3)

ははぁ。バッファーをフローさせないように、相手のバッファー量を確認しつつ送るんですね。このバッファー量をウィンドウサイズと呼ぶ、と。

そうだ。ウィンドウサイズにより相手に自分のバッファー量を伝えて、「確実」に受信できる量のデータだけを送受信する、これを**ウィンドウ制御**と呼ぶ。
ここらへんがTCPの基本的な動作になるから、よく覚えておくように。ではまた次回。

らじゃー。3分間ネットワーク基礎講座でした〜♪

ネット君の今日のポイント

- ●確認応答を送る際には、確認応答番号に次に受け取る（予定の）データの先頭番号を入れる。
- ●転送エラーが発生した際には、今送ったものと同じものを送る。
- ●TCPはウィンドウ制御というしくみで、バッファーフローを防ぐ。
- ●相手のバッファーサイズ＝ウィンドウサイズを確かめつつ送受信を行う。
- ●ウィンドウサイズの分までは確認応答を受信しなくても一度に送れる。

第39回 ポート番号

●アプリケーション間通信

🎓 TCPの話を前回、前々回で説明してきた。TCPはスリーウェイハンドシェイクによるコネクション、エラー回復、フロー制御などを行っているわけだ。

🐱 でした。TCPはこれらにより「確実・正確」にデータを送ることができるようになるわけですね。で、今回の話はなんですか？

🎓 今回は「アプリケーションの識別」について話をしよう。ネット君、前の回で話したことを思い出すために質問だが。データ通信はなにがなにとするものだ？

🐱 え〜っと、アプリケーションとアプリケーションです！！

🎓 そうだった（P230参照）。パソコンでブラウザーソフト、メーラーソフトなど通信するアプリケーションを複数使っている場合、どっちのアプリケーション向けのデータなのかを識別しなければならない。
そこで、**ポート番号**というものを使って、それぞれのデータが**どのアプリケーションから送信されたか・どのアプリケーションあてか**を決定する。

🐱 ポート番号。そういえば、TCPヘッダーに「あて先ポート番号」「送信元ポート番号」という項目がありましたね（P236参照）。

🎓 そうだ。各コンピューターの内部には**通信データを流すための架空の差込口**があると思いたまえ。そして、**各アプリケーションはその中の1つを選んでデータの送受信口とする**。（図39-1）

第39回 ポート番号

図39-1 ポートの概念図

データをやり取りするための、アプリケーションにつながる仮想の差込口

IPアドレスやMACアドレスだけではアプリケーションを識別できない

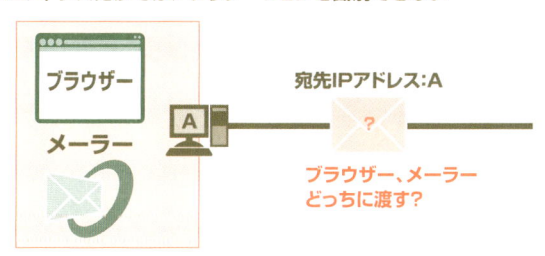

宛先IPアドレス：A

ブラウザー、メーラーどっちに渡す？

アプリケーションと通信機能をつなげる仮想の差込口＝ポート番号

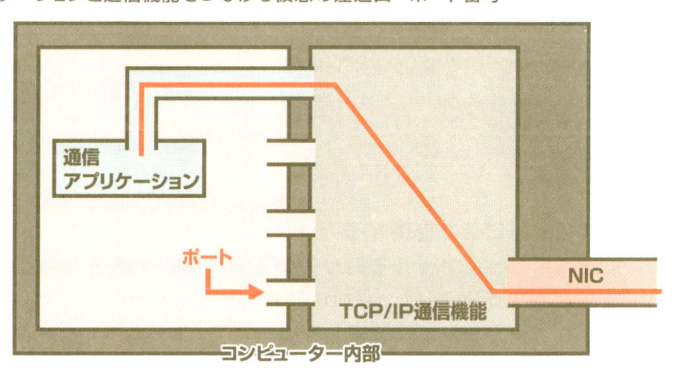

通信アプリケーション

ポート

TCP/IP通信機能

NIC

コンピューター内部

🐱 え〜っと。アプリケーションと、TCP/IP通信機能をつなぐ道ってことですか？

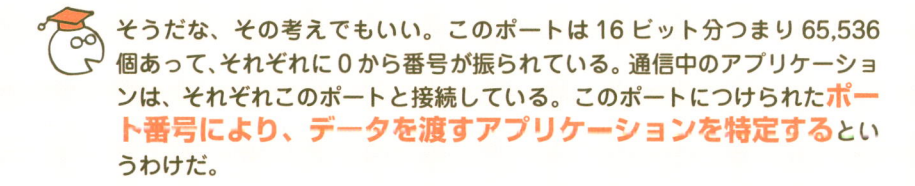

🎓 そうだな、その考えでもいい。このポートは16ビット分つまり65,536個あって、それぞれに0から番号が振られている。通信中のアプリケーションは、それぞれこのポートと接続している。このポートにつけられた**ポート番号により、データを渡すアプリケーションを特定する**というわけだ。

🐱 なるほど。IPアドレスとは別に、アプリケーション別の番号があるわけですね。それがポート番号、と。

🎓 実際にどうやってデータを送受信するかというと。IPアドレスとポート番号を使って、「**どのコンピューターの、どのアプリケーション**」を識別するのだ。（図39-2）

🐭 ははぁ。IPアドレスとポート番号はワンセットってことですか。ところで博士。アプリケーションによって、使用するポート番号って決まっているんですか？

🎓 うむ、いい質問だ。まず知っておいてほしいのは、**あて先ポート番号がわからないと、データは送れない**という点だ。**受け取るアプリケーションがポートと接続していなければ、データは届かない**のだよ。

🐭 そりゃそうですね。じゃ、どうやってデータを渡したいアプリケーションのポート番号を知るんですか？

🎓 うむ。知る方法はない。なので、**よく使われるサーバーアプリケーション［Server Application］は、事前に決められた番号を使うことによって、サービスを提供できるようにしている。**

🐭 サーバーアプリケーションってなんですか？

🎓 なんらかのサービスを提供するアプリケーションのことだ。ホームページの公開をしたり、ファイルを持っていてファイル転送をしたり、メールの転送をしたりするアプリケーションのことだな。一般的にはこれらのサーバーアプリケーションに「要求」することで、ホームページを見たり、メールを送ったりする。

🐭 ふむふむ、ホームページを見たい場合は、そのサーバーアプリケーションあてにデータを送ればいいんですね。で、そのサーバーアプリケーションに事前に決められた番号がある？

🎓 そうだ。この番号のことを**ウェルノウンポート［Well Known Port］**といい、65,536個のポート番号のうち、**0 〜 1023番**までがこれにあたる。サービスを提供したいサーバーは、これらの番号をアプリケーションに割り当てているわけだ。そうすれば、送信元はこの決められたポートにデータを送る。例えば、Webページを見たいと思ったら、80番ポートに送ればいいわけだ。（図39-3）
もし、そのウェルノウンポートあてに送って駄目だった場合、そのサーバーはそのサービスを提供していない、ということになる。

第39回 ポート番号

図39-2 ポート番号を使ったやり取り

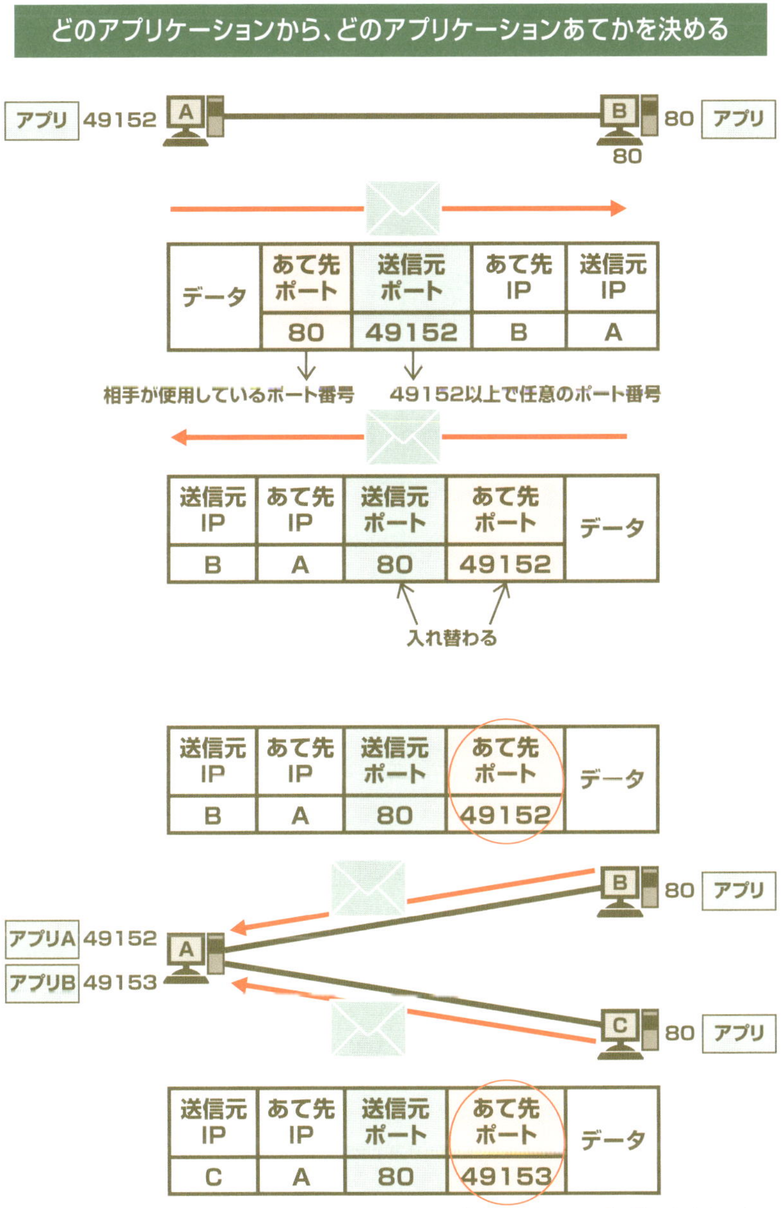

どのアプリケーションから、どのアプリケーションあてかを決める

アプリ 49152 A ────────────────── B 80 アプリ
                                    80

→→→→→→→→→→→→→→→→→→→→→→→→→

データ	あて先ポート	送信元ポート	あて先IP	送信元IP
	80	49152	B	A

　　　　　　↓　　　　↓
相手が使用しているポート番号　　49152以上で任意のポート番号

←←←←←←←←←←←←←←←←←←←←←←←←

送信元IP	あて先IP	送信元ポート	あて先ポート	データ
B	A	80	49152	

　　　　　　　　　　　　　↑　　　　↑
　　　　　　　　　　　　　入れ替わる

送信元IP	あて先IP	送信元ポート	あて先ポート	データ
B	A	80	49152	

アプリA 49152　A ←──────── B 80 アプリ
アプリB 49153　　　←──────── C 80 アプリ

送信元IP	あて先IP	送信元ポート	あて先ポート	データ
C	A	80	49153	

あて先のポート番号が異なるので、複数のデータを受け取ったとしても、データを渡すアプリケーションを明確に区別できる

図39-3 ウェルノウンポート番号

サービスを提供したいアプリケーションが使用する1〜1023番までのポート

ポート番号	アプリケーション
20	FTPデータ
21	FTPコントロール
23	TELNET
25	SMTP
53	DNS
67	DHCPサーバー
68	DHCPクライアント

ポート番号	アプリケーション
69	TFTP
80	HTTP
110	POP3
161	SNMPリクエスト
162	SNMPトラップ
443	HTTPS
520	RIP

🐱 じゃあ、反対に送信元のポート番号はどうやって決まるんですか？

👨‍🏫 ポート番号のうち、1023番以下は、先ほど説明したようにウェルノウンポートなので使ってはいけないことになっている。そして、1024〜49151番まではレジスタードポートと呼ばれ、あらかじめ登録されているポート番号だ。これらは、決められたアプリケーションと結び付けられている。送信する側のアプリケーションはこれ以外、49152〜65535番までの番号のうち、好きなものを使う。

🐱 好きなもの、と言われましても。なにか条件はないんですか？

👨‍🏫 条件は、他のアプリケーションが使っている番号は使ってはいけない、ということだな。それからポイントとなるのは、これらの分類はあくまでも「そうすべき」という分類であって強制ではない、ということだ。

第39回 ポート番号

🐱 強制じゃないってことは…ウェルノウンポートの53番を送信する側のアプリケーションが使ったり、ホームページの閲覧を80番じゃなくて、49152番で行ったりしてもいい、ってことですか？

🎓 その通り。好きな番号を使ってもいい。ただし、サーバーアプリケーションは先ほども説明したように、今現在アプリケーションが使っているポート番号を伝える方法がないから、ウェルノウンポートのように「事前に決めた番号」を使っていないと、要求する側が困ることになるがな。

🐱 例えばホームページを閲覧したいな、と思ったとして。ホームページの閲覧をしているサーバーアプリケーションがウェルノウンポートの80番を使っているなら、そこあてに送ればよいと。でも、ウェルノウンポート以外を使っていたら……。

🎓 それを伝える方法がない。なので、ネットワークとは別の方法、例えば口伝えとか、メールで伝えるとかしないとダメだ、ということになる。まぁ、なのでそういう面倒なことをしたくないならばウェルノウンポートを使うべきだし、ウェルノウンポートを送信側が使うことはしない方がよい。
さて、次回はレイヤー4プロトコルのもう1つ、UDPについて説明しよう。ではまた次回。

🐱 了解。3分間ネットワーク基礎講座でした〜♪

ネット君の今日のポイント

- どのアプリケーションのデータかをポート番号で識別する。
- ポートとアプリケーションを接続する機能をソケットという。
- よく使われるサービスはウェルノウンポートを使う。
- 送信元は49152番以降の重複していない好きな番号を使う。

第40回 UDP

● TCP の弱点

前の回で少し話したように、TCP/IP ではレイヤー 4 に 2 つのプロトコルが存在する。TCP と UDP だ。TCP は正確・確実がうたい文句のプロトコルだったな。

でした。TCP はコネクションとか、フロー制御とかを使って、確実にデータを送信するプロトコルでしたよね。

今回はもう 1 つのプロトコル、UDP の説明をしよう。しかし、UDP について説明する前に、TCP の弱点について話しておいた方がよいだろう。
TCP の弱点は、その**正確・確実がアダ**になって生まれる。正確・確実にデータをやり取りするために、TCP はなにをしているんだった？

え～っと。スリーウェイハンドシェイクに、エラー回復に、フロー制御ですよね。

そうだ。どれをとっても面倒くさいだろう？ 特に、**確認応答の待ち時間**が致命的だ。なにをしようにも、**一定時間待つ**ことになるからな。（図40-1）

確かにそうですけど。でも、しょうがないじゃないですか。正確に、確実に送るために必要なんでしょ？

確かに。だが、TCP が転送効率の低下を引き起こす原因になりうる、ということだ。

転送効率が低下？ 確認応答という正確・確実を記すためのしくみが、待ち時間を必要としてしまって、その分送れるデータ量が減ってしまうなんて皮肉な結果ですね。

図40-1　確認応答を待つための時間

どんなにウィンドウサイズを大きくしても、
確認応答を受け取るまでの時間が必要となる

確認応答が必要
ウィンドウサイズを大きくしても確認応答を
受け取るまでの時間がどうしても必要

確認応答が必要ない
確認応答を待つ時間が必要ないため
連続してデータを送れる

●なにもしない UDP

🎓 こうした TCP の弱点は、翻って UDP の利点となる。どういうことかと言えば、まず、UDP ヘッダーを見てもらおう。（図40-2）

🤔 えっと。これだけですか？　ポート番号以外なにもないじゃないですか。

🎓 なにもないな。TCP にはあった、シーケンス番号も確認応答番号も、ウィンドウサイズも、制御ビットもない（P236 参照）。ネット君、これらの TCP のヘッダー部分はなにをするためにあった？

図40-2　UDPヘッダー

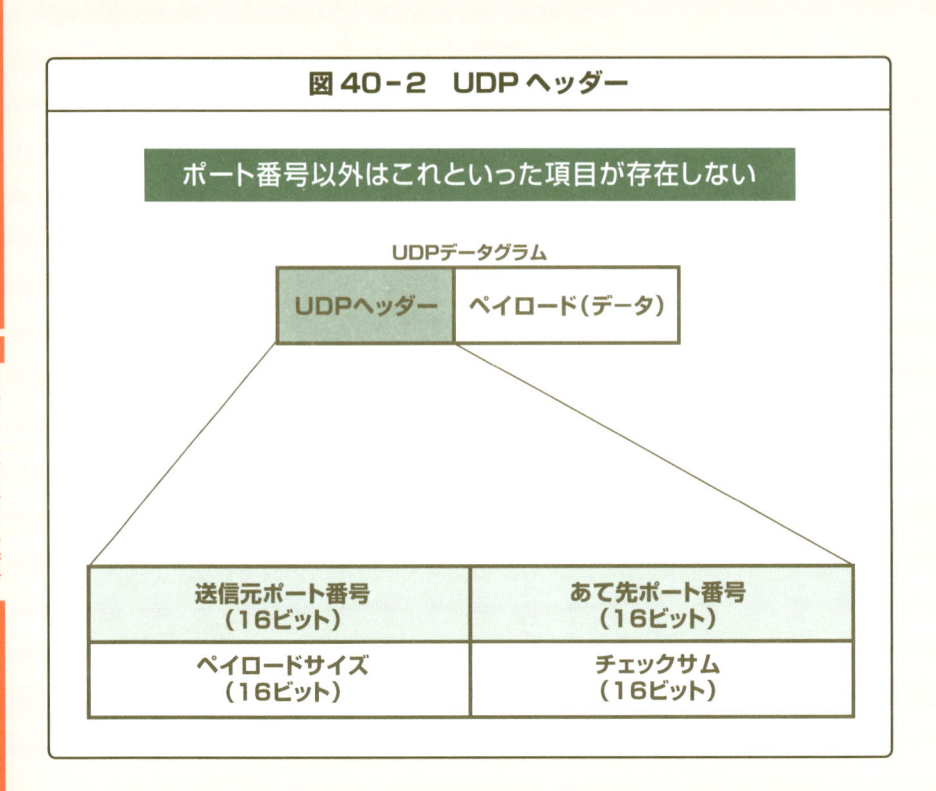

ポート番号以外はこれといった項目が存在しない

UDPデータグラム

| UDPヘッダー | ペイロード（データ） |

送信元ポート番号 （16ビット）	あて先ポート番号 （16ビット）
ペイロードサイズ （16ビット）	チェックサム （16ビット）

🐣 え～。シーケンス番号と確認応答番号は、TCPでのやり取りに。ウィンドウサイズは、ウィンドウ制御に。SYNとかACKとかの制御ビットは、スリーウェイハンドシェイクにも必要ですよね。

🎓 そうだ。シーケンス番号やら、確認応答番号やらは、TCPの特徴である正確・確実を実現するために必要な部分だったよな。つまり、それらを持たないUDPは**なにもしないプロトコル**なのだよ。

🐣 確認応答や、フロー制御をしないってことですか？　ってことは、**UDPは正確・確実ではない**ってことですよね。それって、なんかいい加減なプロトコルって感じですけど。意味あるんですか？

🎓 意味はある。TCPの利点である「正確・確実」は、UDPの弱点である「正確でない・確実でない」ということになる。では逆に、先ほどのTCPの弱点の原因はなんだった？

🐣 TCPの弱点の原因？　確認応答にかかる時間でしたよね。そのせいで効率が悪い、とも。

第40回　UDP

うむ。その一方で UDP はなにもしない。つまり確認応答にかかる時間などないということだ。これはなにを示す？

つまり、TCP の弱点がないってことですよね。転送効率が下がらない、ということですか？

よし。それが、**UDP の利点にして最大の特徴**だ。その UDP の特徴から導き出される答えは、**UDP は高速である**。これだ。

● UDP の使い道

UDP ではその高速性、つまり効率が高いところを生かして、**高速性やリアルタイムなやり取りが必要なアプリケーション**、例えば、VoIP［Voice over IP］や、動画のストリーミング配信（*1）などがこれに当たるが、そういうものに使われる。

なるほどなるほど。音声電話で届かなかったから再送しました、とか言われても困っちゃいますよね。

そうだろう。そして、**ブロードキャストが必要なアプリケーション**も UDP を使う。TCP ではスリーウェイハンドシェイクによりコネクションを確立するな。

しますね。コネクションを確立して、あて先との間で通信路を作るんですよね。

なので TCP では同時に複数に送信するブロードキャストのような通信が非常に難しい。相手を全員知っていなければならないし、それぞれに対してコネクションを確立しようとすると、送受信が多くなる上、それぞれに使うバッファーを用意しなければならない。

ふむふむ。全員に通信するためには、全員とコネクションを確立しなければならないんですね。**（図 40-3）**

（*1）VoIP、ストリーミング配信　VoIP は「インターネット電話」と呼ばれる音声をインターネット技術で送る技術。ストリーミング配信は、データをストリーム［Stream］（流れるように連続的に継続的に）で配信すること。多くの場合、ダウンロードしながら同時に再生することを指す。

図40-3　TCPとUDPのブロードキャスト

TCPは相手がわからないと送信できないため、ブロードキャストができない

TCPでブロードキャストを行う場合

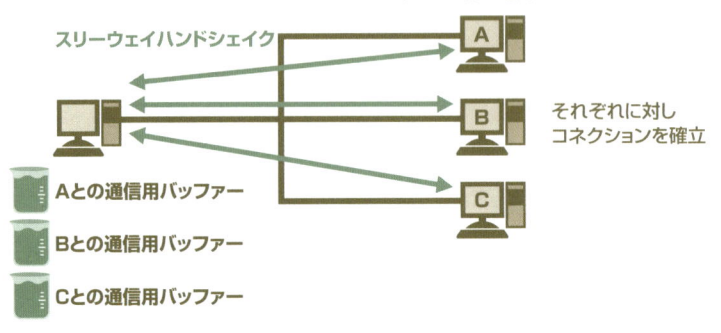

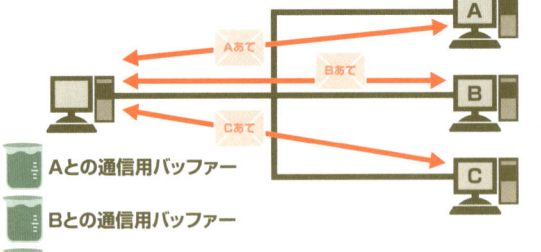

スリーウェイハンドシェイク

それぞれに対しコネクションを確立

Aとの通信用バッファー
Bとの通信用バッファー
Cとの通信用バッファー

それぞれに対しセグメントを送信し、確認応答をもらいウィンドウ制御を行う

Aとの通信用バッファー
Bとの通信用バッファー
Cとの通信用バッファー

UDPでのブロードキャストを行う場合

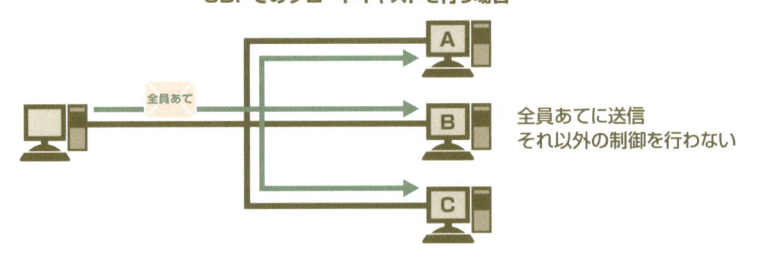

全員あて

全員あてに送信
それ以外の制御を行わない

- 送信するデータが1つですむため帯域の消費が少ない
- 送受信側でのバッファーの保持も必要ないため負荷が小さい
- 相手のアドレスが不明でも送信できる（TCPはコネクション・確認応答のためにアドレスが特定できないと送信できない）

第40回 UDP

しかし、UDP なら可能だ。制御をしないからな。特に相手がいるかどうかもわからない DHCP などは、コネクションの取りようがない。なので、UDP を使うわけだな。

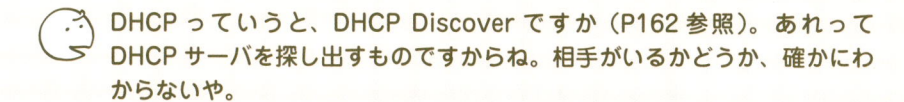

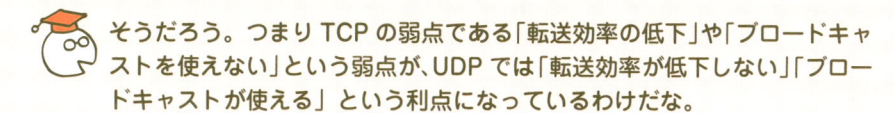

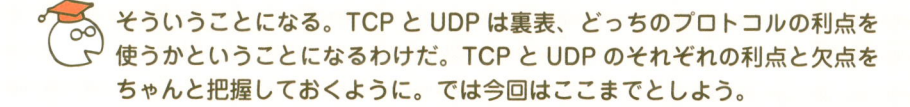

DHCP っていうと、DHCP Discover ですか（P162 参照）。あれって DHCP サーバを探し出すものですからね。相手がいるかどうか、確かにわからないや。

そうだろう。つまり TCP の弱点である「転送効率の低下」や「ブロードキャストを使えない」という弱点が、UDP では「転送効率が低下しない」「ブロードキャストが使える」という利点になっているわけだな。

ふむふむ、よって「高速性がいる場合」とか「ブロードキャストがいる場合」は UDP を使う、逆に「正確・確実がいる場合」は TCP を使う、ということですね？

そういうことになる。TCP と UDP は裏表、どっちのプロトコルの利点を使うかということになるわけだ。TCP と UDP のそれぞれの利点と欠点をちゃんと把握しておくように。では今回はここまでとしよう。

了解。3 分間ネットワーク基礎講座でした〜♪

ネット君の今日のポイント

- TCP は信頼性の代わりに、転送効率を犠牲にすることがある。
- UDP は制御をなにもしない、コネクションを設定しない。
- UDP を使うアプリケーションには、高速性やリアルタイムなやり取りが必要なもの、ブロードキャストが必要なものなどがある。

○月○日　晴　ネッド君

第41回 ネットワークアドレス変換

●プライベートIPアドレス

> 前回までで、レイヤー4の2つのプロトコルの説明と、ポート番号についての説明をしたわけだ。レイヤー4ではTCPとUDPという2つのプロトコルがあり、ポート番号によりアプリケーションの識別を行う。

> TCPは「正確・確実」、UDPは「高速・ブロードキャスト」のプロトコルでしたね。TCPとUDPは裏表の関係にあるプロトコルですね。

> うむ、そうなるな。では今回はIPアドレスについての話だ。通常、IPアドレスはICANNが管理している。ユニーク性を維持するためにだ。このようなIPアドレスは、**グローバルIPアドレス**と呼ばれる。その一方で、IPアドレスにはインターネットにつながないという条件で、自由に使えるアドレスがある。

> インターネットにつながないという条件？ 自由に使えるアドレス？ 普通はICANNに管理されているから、勝手につけちゃいけないんですよね。他と被らないようにするために。

> そうだ。だが、それは「インターネットで重複しない」ようにするためで、別にインターネットにつながないならば、そんなルールに従う必要はないわけだ。ICANNはそんなネットワークのために、自由に使っていいアドレスを用意している。これを**プライベートIPアドレス**と呼ぶ。（図41-1）

> クラスAで1つ。クラスBで16コ。クラスCで256コのネットワークですか。

第41回 ネットワークアドレス変換

図41-1 プライベートIPアドレス

インターネットに接続しない
ネットワークのために使用できるIPアドレス

クラスA プライベートIPアドレス
　　IPアドレス10.0.0.0

| 00001010 | xxxxxxxx | xxxxxxxx | xxxxxxxx |

クラスB プライベートIPアドレス
　　IPアドレス172.16.0.0〜172.31.255.255

| 10101100 | 0001xxxx | xxxxxxxx | xxxxxxxx |

クラスC プライベートIPアドレス
　　IPアドレス192.168.0.0〜192.168.255.0

| 11000000 | 10101000 | xxxxxxxx | xxxxxxxx |

🎓 うむ。インターネットに接続せずにTCP/IPを使う場合は、このIPアドレスを利用すればよい。一方、インターネットでのデータ通信には、グローバルIPアドレスを使用する。
　だが、実はこれには大きな問題がある。インターネットに接続する台数があまりにも多すぎて、**グローバルIPアドレスが不足**している、という問題だ。

🐥 そうなんですか？　でも、IPアドレスって32ビットだから、2の32乗、**4,294,967,296**個あるんですよね。それでも足りないんですか？

🎓 うむ、その42億9496万7296個でも足りないのだ。特に、企業や学校が使うクラスBアドレスがもっとも不足している。クラスCの254個では足りないし、クラスAの16,777,214個では多すぎるからだ。

🐥 ははぁ。確かに1つの会社や学校で1000台ぐらいあってもおかしくないですからね。1人に1台とか割り当てたらクラスCの254個では足りないですよね。あれ？　それってクラスレスアドレッシングのところで聞きましたよ（P153参照）？

259

うむ。この IP アドレスの枯渇問題の対策の 1 つが、クラスレスアドレッシングだ。他にも、IPv6 という、新しい IP のしくみもある。だが、もっとも手軽かつ有効な手段として使用されているのが、**ネットワークアドレス変換**［Network Address Translation］だ。

●ネットワークアドレス変換

ネットワークアドレス変換。頭文字をとって、**NAT** と呼ばれる。例えば、インターネットに接続したい 500 台のコンピューターがあるネットワークがある。さて、ネット君。君がネットワーク管理者ならどうする？

どうすると言われましても。インターネットに接続したいコンピューターが 500 台あるんですから、500 台分のグローバル IP アドレスが必要ですよね。

だが、先ほども話したように IP アドレスは枯渇している。そうおいそれと 500 個もグローバル IP アドレスは手に入らない。普通、プロバイダーから割り当てられると 16 個ぐらいかな。

16 個じゃ全然足りないですよ……。

というわけで、NAT の出番だ。まず、**内部ネットワークにはプライベート IP アドレスを割り振る**。プライベート IP アドレスを割り振る理由は、内部ネットワーク内で **TCP/IP を使った通信をするため**だ。TCP/IP 通信をするためには IP アドレスが必要なので、インターネットとやり取りする必要がなくても、IP アドレスを割り振る必要がある。
そして NAT によって、内部ネットワークで割り振ったプライベート IP アドレスをグローバル IP アドレスに変換する。（図 41-2）

はー。インターネットに出ていくときはグローバル IP アドレスに付け替えるんですね。まさしくアドレス変換ですね。

だが、この **NAT にも弱点**がある。それは**同時接続数の問題**だ。（図 41-3）

変換するグローバル IP アドレスが足りない？

第41回　ネットワークアドレス変換

図41-2　ネットワークアドレス変換

プライベートIPアドレスをグローバルIPアドレスに変換する

① 内部ネットワーク（プライベートIPアドレスで割り振られている）からインターネット（グローバルIPアドレスが必要）へ送信する。ルーターにはICANNと下部組織により、組織用にグローバルIPアドレス（200.100.10.1〜15）が与えられている

送信元IPアドレス	あて先IPアドレス	データ
192.168.0.1	1.0.0.1	

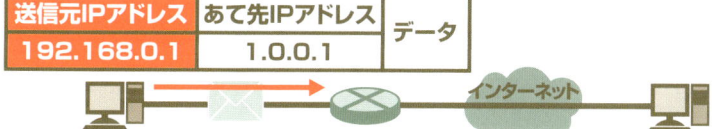

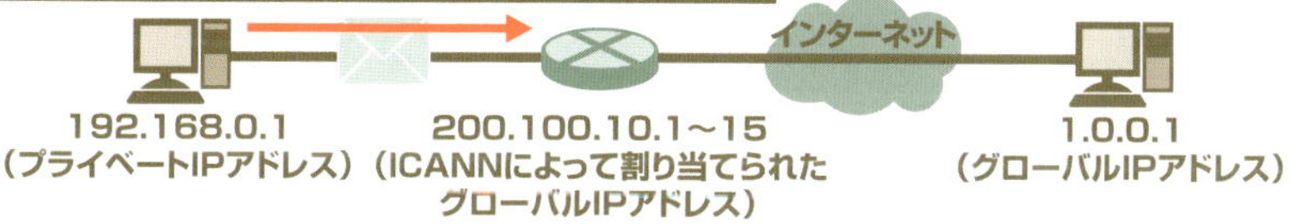

192.168.0.1
（プライベートIPアドレス）

200.100.10.1〜15
（ICANNによって割り当てられたグローバルIPアドレス）

1.0.0.1
（グローバルIPアドレス）

② ルーターはNATを行い、送信元IPアドレスのプライベートIPアドレスをグローバルIPアドレスに書き換えてインターネットのあて先へ送る。この書き換えは記憶される（NATテーブルに記録）

送信元IPアドレス	あて先IPアドレス	データ
200.100.10.5	1.0.0.1	

192.168.0.1　　200.100.10.1〜15　　1.0.0.1

192.168.0.1⟷200.100.10.5
NATテーブル

③ 受け取ったインターネットにあるサーバーは、応答する。この際のあて先はもちろん変換後のグローバルIPアドレスである

送信元IPアドレス	あて先IPアドレス	データ
1.0.0.1	200.100.10.5	

192.168.0.1　　200.100.10.1〜15　　1.0.0.1

192.168.0.1⟷200.100.10.5
NATテーブル

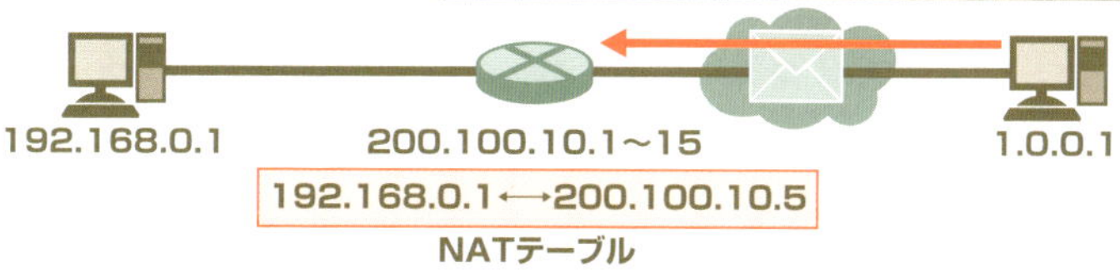

④ パケットを受け取ったルーターはNATテーブルに従い、あて先IPアドレスをプライベートIPアドレスに書き換え、内部ネットワークに送信する。NATテーブルは一定時間後にクリア

送信元IPアドレス	あて先IPアドレス	データ
200.100.10.5	192.168.0.1	

192.168.0.1　　200.100.10.1〜15　　1.0.0.1

192.168.0.1⟷200.100.10.5
NATテーブル

5　コネクションとポート番号

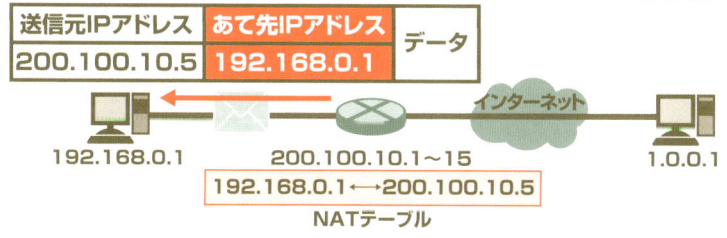

図41-3 ネットワークアドレス変換の弱点

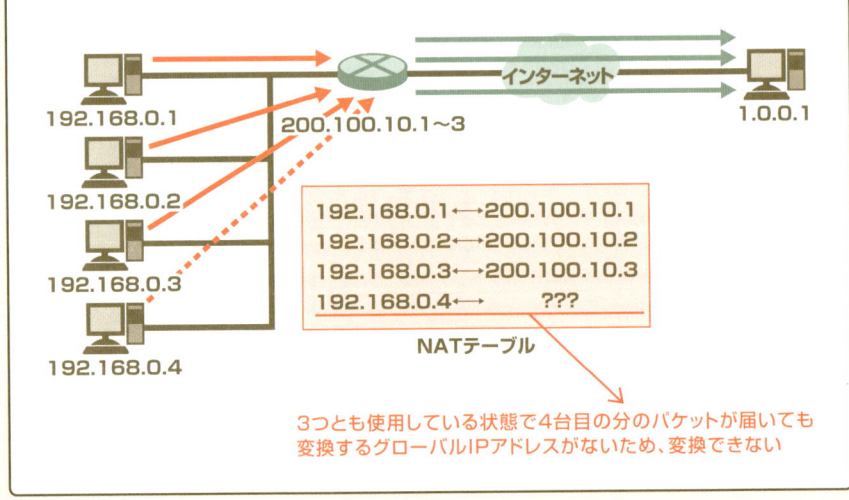

グローバルIPアドレスの数だけしか同時接続ができない

グローバルIPアドレスが3つしかない場合

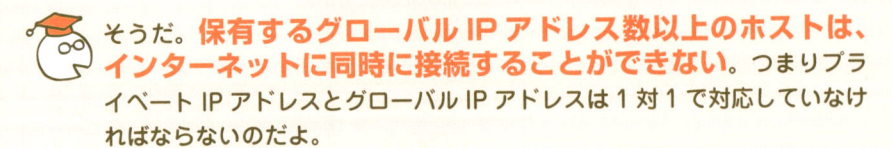

```
192.168.0.1 ←→ 200.100.10.1
192.168.0.2 ←→ 200.100.10.2
192.168.0.3 ←→ 200.100.10.3
192.168.0.4 ←→    ???
```
NATテーブル

3つとも使用している状態で4台目の分のパケットが届いても変換するグローバルIPアドレスがないため、変換できない

🎓 そうだ。**保有するグローバルIPアドレス数以上のホストは、インターネットに同時に接続することができない**。つまりプライベートIPアドレスとグローバルIPアドレスは1対1で対応していなければならないのだよ。

😐 あら〜。それはちょっと不便ですね。どうせ変換するんだから、同じグローバルIPアドレスを割り振ってしまってはどうです？

🎓 ふむ。では192.168.0.1と192.168.0.2を200.100.10.1に変換したとする。さて、質問だ。サーバから返ってきた200.100.10.1あてのパケットはどちらのホストあてのものだ？

😠 え？　……、あぅ〜。

🎓 わかったようだな。**NATで変換されるアドレスはユニーク**である必要がある。

第41回 ネットワークアドレス変換

> ということは、博士。同時に接続したいホスト数分だけグローバル IP アドレスが必要ってことですか？ 結局、たくさんのグローバル IP アドレスが必要ってことには変わりないじゃないですか。
> 500 台のホストが同時にインターネットへ接続したかったら 500 個のグローバル IP アドレスが必要ってことですか？

> そうなるな。確かにその通りなのだが、例えば同時にインターネットへ接続するホストの台数があまり多くないときには十分これで役に立つのだよ。

> そう言われればそうですけど…なんか納得いきません。

> そうだな。今時、グローバル IP アドレスが足りないからと言って、インターネットに接続できないようだと業務に差し障りがあるところも多かろう。自由にインターネットに接続し、さらにグローバル IP アドレスを消費しないようにするためには別の手立てが必要になる。
> それは、**NAT を発展させた NAPT** だ。それは次回としておこう。今回はここまで。

> はい。3 分間ネットワーク基礎講座でした〜♪

ネット君の今日のポイント

- プライベート IP アドレスではインターネットに接続できない。
- グローバル IP アドレスは不足気味である。
- プライベート IP アドレスとグローバル IP アドレスを変換するのが NAT。
- 保有するグローバル IP アドレス以上のホストは同時接続できない。

第42回 NAPT

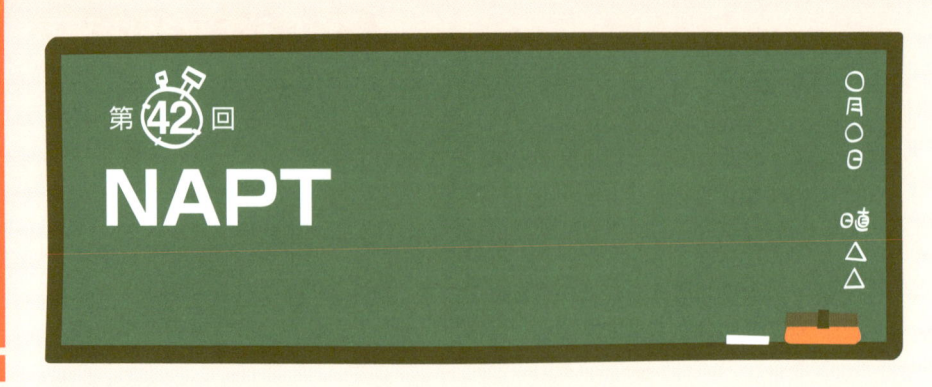

● NAPT

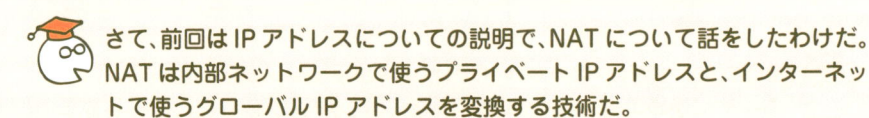

さて、前回は IP アドレスについての説明で、NAT について話をしたわけだ。NAT は内部ネットワークで使うプライベート IP アドレスと、インターネットで使うグローバル IP アドレスを変換する技術だ。

はい。それでインターネットで枯渇している IP アドレスを使わないで、インターネットにデータを送ることができる、でしたっけ。でも……。

そうだ。グローバル IP アドレス対プライベート IP アドレスは、1：1 でなければならない。これではもし同時接続を望むホストが多い場合、結局多くのグローバル IP アドレスが必要になってしまう。

同時にインターネットに接続したいプライベート IP アドレスが 10 個あるならば、グローバル IP アドレスも 10 個必要ってことですよね。

そういうことだ。そこで登場するのが **NAPT**［Network Address Port Translation］だ。この NAPT の最大の特徴は、**1 つのグローバル IP アドレスで複数台が接続可能**ということだ。

1 つのグローバル IP アドレスで、複数台がインターネット接続可？ それはすごいです。グローバル IP アドレスが少なくっても大丈夫ですね。

うむうむ。そうだろう。この NAPT では、IP アドレスだけでなく、**ポート番号も変換**することによって、複数台接続を可能としている。（図 42-1）

ポート番号ごと変換？ 図 42-1 の例で言えば、同じ 1.0.0.1 あてのパケットでも、送信元ポート番号が 6001 なら送信元は 192.168.0.1。6002 なら 192.168.0.2 とわかりますからね。

第42回 NAPT

図42-1 NAPT

ポート番号も変換することで、複数台の同時接続を可能にする

① NAPTはNAT同様IPアドレスを変換するが、IPアドレスの変換の際に、ポート番号も変換し、その対応をNATテーブルに記載する

送信元IPアドレス	送信元ポート	あて先IPアドレス	あて先ポート	データ
192.168.0.1	1024	1.0.0.1	80	

送信元IPアドレス	送信元ポート	あて先IPアドレス	あて先ポート	データ
200.100.10.5	6001	1.0.0.1	80	

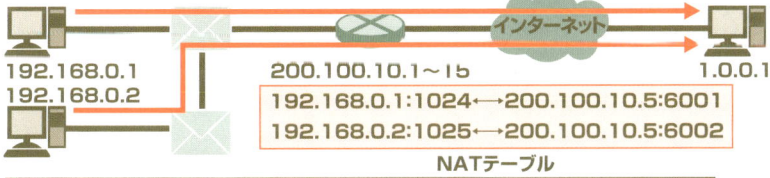

192.168.0.1
192.168.0.2

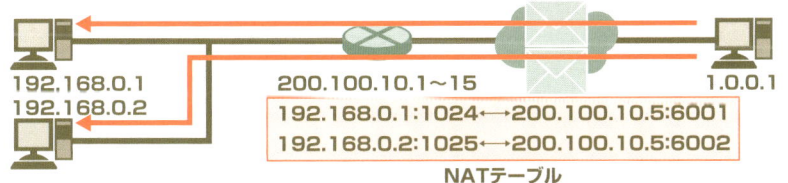

200.100.10.1～15

インターネット

1.0.0.1

NATテーブル
192.168.0.1:1024 ←→ 200.100.10.5:6001
192.168.0.2:1025 ←→ 200.100.10.5:6002

送信元IPアドレス	送信元ポート	あて先IPアドレス	あて先ポート	データ
192.168.0.2	1025	1.0.0.1	80	

送信元IPアドレス	送信元ポート	あて先IPアドレス	あて先ポート	データ
200.100.10.5	6002	1.0.0.1	80	

② 応答の場合、IPアドレスとポート番号をNATテーブルで確認し、IPアドレス、ポート番号を変換する

送信元IPアドレス	送信元ポート	あて先IPアドレス	あて先ポート	データ
1.0.0.1	80	200.100.10.5	6001	

送信元IPアドレス	送信元ポート	あて先IPアドレス	あて先ポート	データ
1.0.0.1	80	192.168.0.1	1024	

192.168.0.1
192.168.0.2

200.100.10.1～15

1.0.0.1

NATテーブル
192.168.0.1:1024 ←→ 200.100.10.5:6001
192.168.0.2:1025 ←→ 200.100.10.5:6002

送信元IPアドレス	送信元ポート	あて先IPアドレス	あて先ポート	データ
1.0.0.1	80	200.100.10.5	6002	

送信元IPアドレス	送信元ポート	あて先IPアドレス	あて先ポート	データ
1.0.0.1	80	192.168.0.2	1025	

5 コネクションとポート番号

そういうことだ。つまりポート番号という情報を追加することにより、1つのグローバルIPアドレスで、接続している複数の機器を区別できるようにしたわけだ。

IPアドレスとポート番号をセットにして、区別できるようにしたわけですね。うまいこと考えますねぇ。

NAPTは上記のような動きをするのだが、これのおかげで他にも利点がある。**セキュリティ面**での効果だ。（図42-2）

変換されていないポート番号あてなので、プライベートIPアドレスに変換されず、内部ネットワークにデータが流れない、と。じゃあ、もし偶然あて先ポート番号が6001番か6002番だった場合は？

それはさすがに防げない。見た目は正しいパケットだからな。

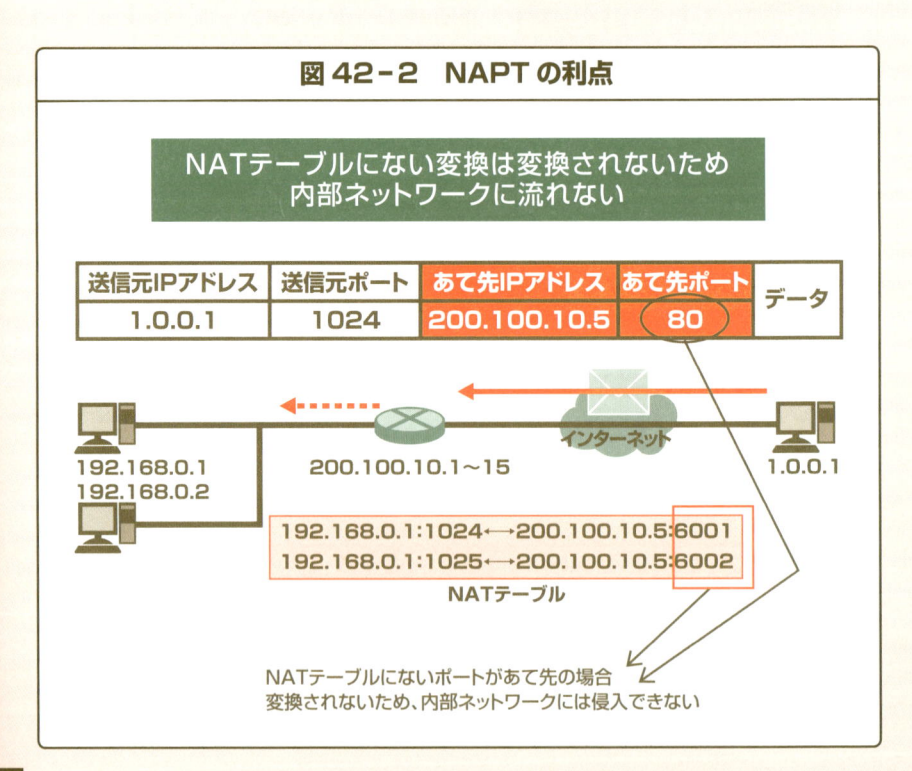

図42-2 NAPTの利点

NATテーブルにない変換は変換されないため
内部ネットワークに流れない

送信元IPアドレス	送信元ポート	あて先IPアドレス	あて先ポート	データ
1.0.0.1	1024	200.100.10.5	80	

192.168.0.1
192.168.0.2

200.100.10.1〜15

1.0.0.1

NATテーブル
192.168.0.1:1024 ←→ 200.100.10.5:6001
192.168.0.1:1025 ←→ 200.100.10.5:6002

NATテーブルにないポートがあて先の場合
変換されないため、内部ネットワークには侵入できない

●静的 NAPT

一方で、そのセキュリティが NAPT の欠点にもなっている。それは、**LAN 内部に外部に公開したいサーバーがある場合**だ。

LAN 内部に外部に公開したいサーバーがある場合？　例えばホームページを公開するサーバーがあるとかですか？

そうだ。さっきのセキュリティを思い出してもらえばいいのだが、外部に公開したいサーバーがネットワーク内にあった場合。例えばホームページ (Web) サーバーがあった場合だな。外部からは 80 番ポートあてにパケットが届くわけだ。そうなるとどうなる？

そうなると……、NAPT テーブルにある変換しか行わないから…。入ってこれない？

そうだ。NAPT テーブルは、変換したアドレスの対応を記憶する。**NAPT テーブルに記憶されていないものは、LAN 内部に入らない。**

なるほど。セキュリティに役立つ部分が、逆に必要なものまで破棄しちゃうんですね。

そうだ。これでは結局外部からのアクセスができず、インターネットへ公開できないことになる。この解決策は…。NAPT テーブルに記憶されてさえいれば、LAN 内部に入れるのだから、**NAPT テーブルにあらかじめ変換を記憶させておけばいい。**

あぁ、なるほど…。って、それはアリなんですか？

もちろん。通常の NAPT が、自動的にポート番号を変換するのに対してこちらは**手動で変換を入力しておく**。これを**静的 NAPT** と呼ぶ。

● NAPT の欠点

実は NAPT にはもう 1 つ弱点がある。例えば、**FTP** [File Transfer Protocol] だ。

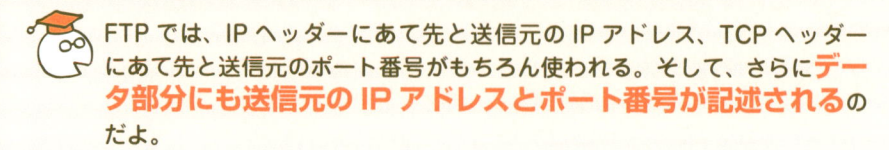

🐱 FTP？ FTPって、Webページをサーバー上に置くときに使うプロトコルで、ファイルをアップロードしたり、ダウンロードしたりするときに使うんですよね、なにが欠点なんです？

🎓 FTPでは、IPヘッダーにあて先と送信元のIPアドレス、TCPヘッダーにあて先と送信元のポート番号がもちろん使われる。そして、さらに**データ部分にも送信元のIPアドレスとポート番号が記述される**のだよ。

🐱 はぁ。そうなんですか。それになにか問題が？

🎓 このデータ部分にあるIPアドレスとポート番号を使ってFTPは通信を行うわけだが、これがプライベートIPアドレスのままだと、インターネットからプライベートIPアドレスあてにデータを送ることになってしまい、データが送れなくなってしまう。よって、FTPでのデータ転送は不可能と、こうなるわけだ。(図42-3)

図42-3　FTPとNAPT

データ部分に書かれているアドレスは変換されないため、FTPはつながらなくなる

192.168.0.1　　　200.100.10.1～15　　　　　　　　　　1.0.0.1

192.168.0.1:1024 ⟷ 200.100.10.5:6001

NATテーブル

送信元IPアドレス	送信元ポート	あて先IPアドレス	あて先ポート	PORT
192.168.0.1	1024	1.0.0.1	80	192.168.0.1:4001

↓ FTPではデータの中に自分のIPアドレスとポート番号を送信することが必要である

送信元IPアドレス	送信元ポート	あて先IPアドレス	あて先ポート	PORT
200.100.10.5	6001	1.0.0.1	80	192.168.0.1:4001

↑
NAPTではIPヘッダー以外の部分は変換されないため、プライベートIPアドレスのままになってしまう

第42回 NAPT

- 不可能って…。じゃあNAPTがあるとFTPは使えない、ということですか。それは結構困りますよね。

- ちなみに、FTPと同じように**データ部分にも送信元のIPアドレスとポート番号が記述される**ものはすべからくダメということになる。このようなプロトコルは、残念ながらNAPTだけではどうにもならない。**NAPTを行う機器が個別に対応しているというのが実情**だ。

- う〜ん。機器次第ってことなんですね。買うときに、FTPに対応しているかどうかチェックする必要がありますね。

- NAPTを行うのは多くがルーターだから、対応のルーターを買う必要がある。FTPは多くのルーターで大丈夫だが、他のプロトコルはなかなか難しい。では、また次回としよう。

- はい。3分間ネットワーク基礎講座でした〜♪

ネット君の今日のポイント

- IPアドレスとポート番号を両方変換するのがNAPT。
- 同じグローバルIPアドレスでも異なるポート番号を使うので、複数台が同じグローバルIPアドレスで接続できる。
- NAPTを使うと、セキュリティにも役に立つ。
- LAN内に公開したいサーバーがある場合は、静的NAPTを使う。
- データ部分にIPアドレスが入るアプリケーションには、個別で対応する。

○月○日　晴　ネット君

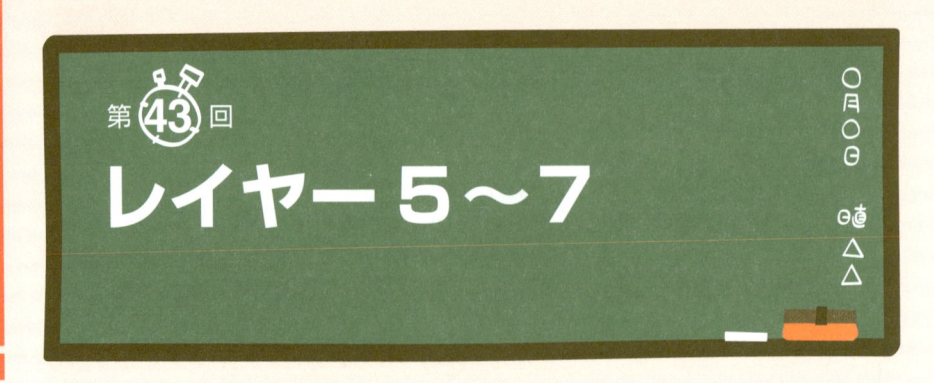

第43回 レイヤー5〜7

●レイヤー5 セッション

さて、この章ではレイヤー4とNAT/NAPTを説明してきたわけだ。今回は残りのレイヤー5、6、7を説明しよう。ではネット君、レイヤー4までを簡潔に説明してくれたまえ。

レイヤー1で「ケーブルに信号を伝え」、レイヤー2で「ネットワーク内でのデータのやり取り」を、レイヤー3で「ネットワーク間でのデータのやり取り」をするんでしたよね。それによってデータがあて先のコンピューターまで届くので……。

レイヤー4で「どのように確実にデータを届けるかのしくみ」と「アプリケーションの識別」を行う、だな。さて、残りのレイヤー5〜7は、TCP/IPモデルでは1つのレイヤーとして扱われている。

そうでしたね。「アプリケーション層」、でしたよね。HTTPとか、FTPとかのプロトコルでした(P66参照)。

そうだな。レイヤー5・6・7は、TCP/IPの場合**まとめて1つのプロトコルとして実装**されていることが多い。いうならば、HTTPなどは1つのプロトコルでレイヤー5・6・7の役割を行っている、と考えればいい。
では、それぞれのレイヤーの役割を説明していこう。まず、レイヤー5だ。レイヤー5はセッション層と呼ばれる。ネット君、セッション[Session]の意味は?

え〜っと。バンドのセッションの「セッション」ですかね。え〜っと……辞書によると「話し合い」「打ち合わせ」「会議」「学期」だそうです。

第43回 レイヤー5～7

うむ。**話し合い**だ。つまり**アプリケーション間の話し合いの管理**がセッション層の役割だ。

これには、セッションというものをまず理解してもらうところからいこう。例えばFTPは、2つのコネクションを使ってファイルのやり取りを行う。2つのコネクションによって、ユーザ認証から始まって、ディレクトリの情報、ファイル交換、交換後のディレクトリの情報、そしてまたファイル交換……と必要な分のファイル交換が行われるわけだ。(図43-1)

ははぁ、FTPについて詳しくは「3分間DNS基礎講座」が詳しいですよね。

うむ、宣伝ありがとう。つまり、2つのコネクションで、「パスワードを送る」「データ転送の準備をする」などの「言葉」をやり取りしているわけだ。この言葉をやり取りすることにより、ファイルの転送をするという「会話」を成立させている、ということになる。

ん～っと、データ1つのやり取りという「言葉」を繰り返して、「会話」をする、ということですか。この会話の管理をするのがセッション層のやり取り、ということですね。……でも、管理ってなにをするんですか？

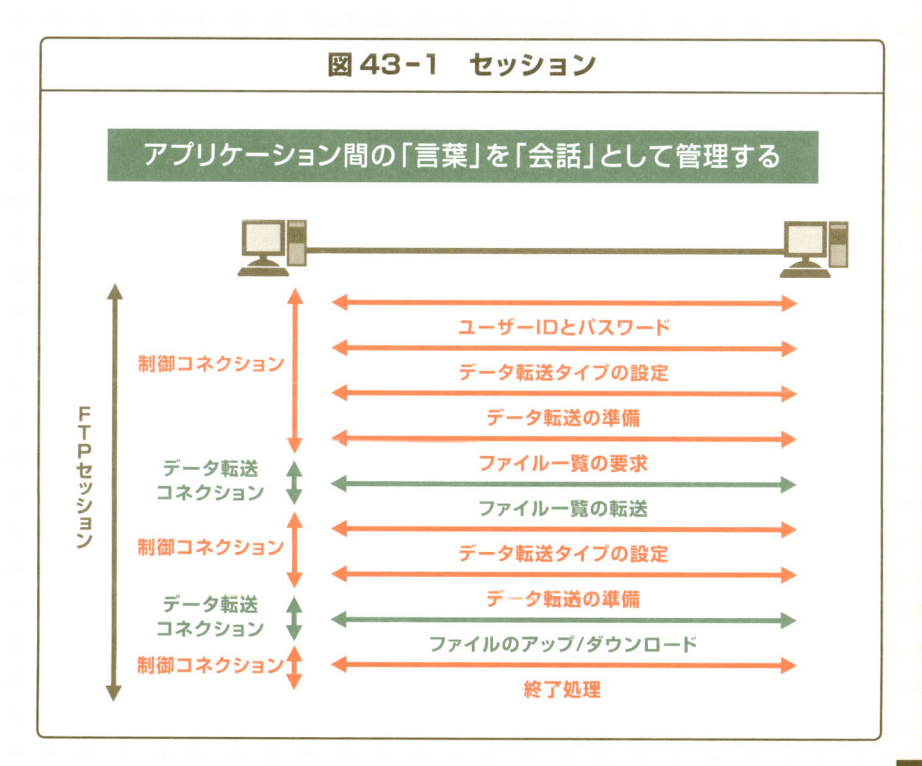

図43-1 セッション

アプリケーション間の「言葉」を「会話」として管理する

FTPセッション
- 制御コネクション
  - ユーザーIDとパスワード
  - データ転送タイプの設定
  - データ転送の準備
- データ転送コネクション
  - ファイル一覧の要求
  - ファイル一覧の転送
- 制御コネクション
  - データ転送タイプの設定
  - データ転送の準備
- データ転送コネクション
  - ファイルのアップ/ダウンロード
- 制御コネクション
  - 終了処理

🎓 簡単に言えば、会話として成立するように制御を行う。これを**ダイアログ制御**［Dialog Control］という。（図43-2）

🙂 「今度はこっちが喋る番」・「聞く番」とかを決めたりするわけですね。そうすれば「会話」として成り立ちますね。

●レイヤー6 プレゼンテーション

🎓 次はレイヤー6 プレゼンテーション層だ。TCP/IPにはさまざまなアプリケーションが存在しているが、そのそれぞれの目的にあったデータ形式がある。

🙂 アプリケーションの目的にあったデータ形式っていうと…文字とか、画像とか、動画とか、音声とかですか。

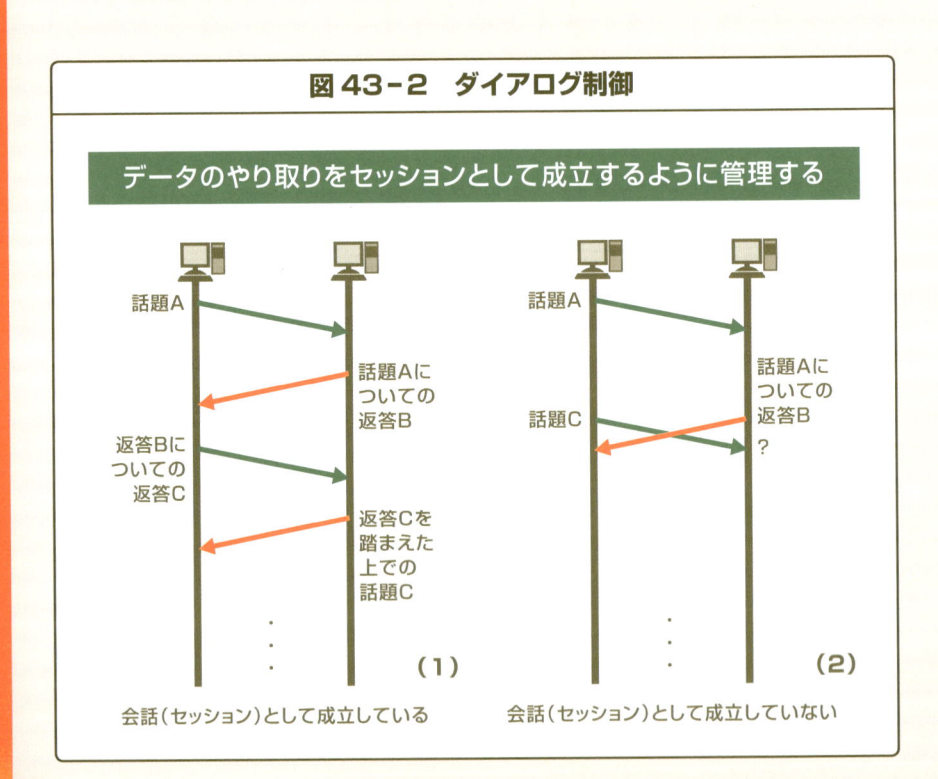

図43-2 ダイアログ制御

データのやり取りをセッションとして成立するように管理する

(1) 話題A → 話題Aについての返答B ← 返答Bについての返答C → 返答Cを踏まえた上での話題C ←
会話（セッション）として成立している

(2) 話題A → 話題C → 話題Aについての返答B ? ←
会話（セッション）として成立していない

第43回 レイヤー5〜7

そうだ。例えば文字で考えてみよう。文字は、ASCIIというデータ形式がもっとも一般的だ。一方、IBM 汎用機で使われている EBCDIC (*1) というデータ形式もある。例えば数字の「1」をビットで表すと、ASCII では「0110001」、EBCDIC では「11110001」になる。

うぅ？ 全然違いますね。ビットの並びも違うし、それに ASCII は 7 ビットだけど、EBCDIC は 8 ビットだし。

うむ。よって、ASCII を使うコンピューターと、EBCDIC を使うコンピューター間では文字が送れなくなってしまう。そこで、**このレイヤー6で変換する**。それにより**ハードウェアや OS による差異をなくしたデータ交換**が可能になる。(図43-3)

(*1) ASCII、EBCDIC ［American Standard Code for Information Interchange］［Extended Binary Coded Decimal Interchange Code］
ASCII、読みは「アスキー」。この国際規格の ISO-646、ISO-8859 が標準的。
EBCDIC は拡張2進化10進数交換符号。読みは「エビシディック」。

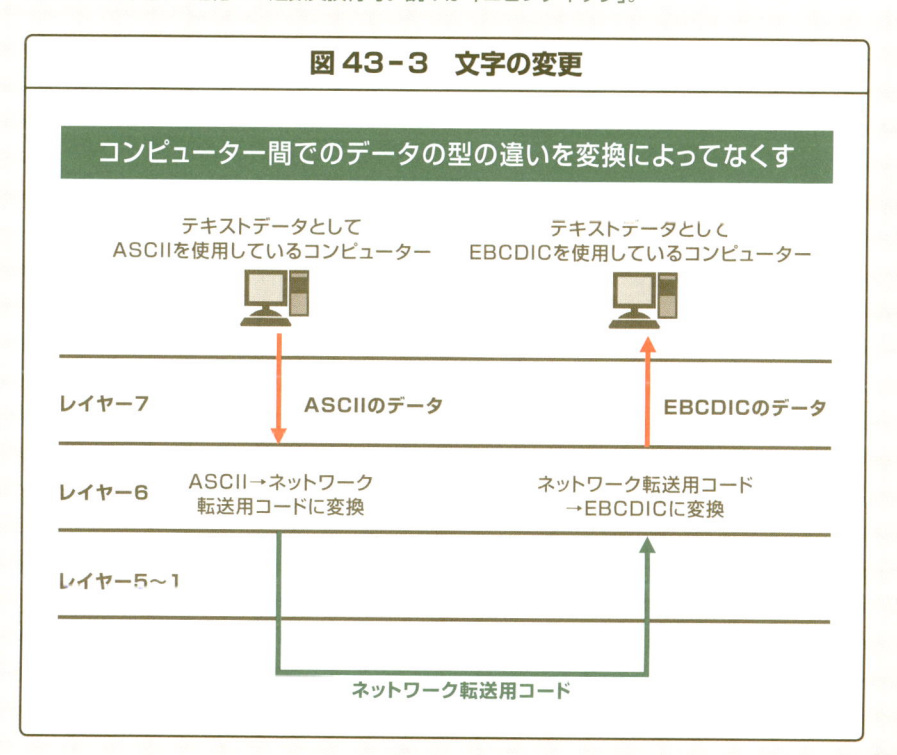

図43-3 文字の変更

コンピューター間でのデータの型の違いを変換によってなくす

	テキストデータとして ASCIIを使用しているコンピューター	テキストデータとして EBCDICを使用しているコンピューター
レイヤー7	ASCIIのデータ	EBCDICのデータ
レイヤー6	ASCII→ネットワーク転送用コードに変換	ネットワーク転送用コード→EBCDICに変換
レイヤー5〜1	ネットワーク転送用コード	

なるほどなるほど。いったんネットワークで転送するコードに変換して、それを受信側で自分が使っている文字のビットに変換する、と。確かにこれなら機器の違いが関係なくなりますね。

他にもレイヤー6では、**圧縮や暗号化**を行うこともできる。このように、**アプリケーションから乖離したデータ形式による転送**のために変換を行うのが、レイヤー6の役割だ。

●レイヤー7 アプリケーション

さて、最後のレイヤーがレイヤー7のアプリケーション層だ。今までのレイヤーは上に他のレイヤーがいて、上のレイヤーのために働いていたが、レイヤー7は上にアプリケーションしかいない。

ははぁ。ということは、レイヤー7は上位のレイヤーのためではなく、アプリケーションのために働くレイヤーってことになるんですか?

ほほぅ。なかなか察しがいいな。その通りだ。つまり、アプリケーションの目的に応じて**ネットワークサービスを提供する**レイヤーということになる。レイヤー7には、それぞれの**目的に応じたプロトコルが用意されている。**(図43-4)

ってことは、アプリケーションがそれぞれの目的に応じて、使うプロトコルを決めてるんですね。ホームページの閲覧ならHTTP、ファイル転送ならFTPとか。

そういうことだ。それぞれのプロトコルにより、やり取りするデータの形や手順などが決められている。アプリケーションにとって、ネットワークへの入り口になるわけだな。

なるほど。それぞれのプロトコルの詳細は「3分間DNS基礎講座」や「3分間HTTP&メールプロトコル基礎講座」が詳しくていいですよね。

うむうむ、またまた宣伝ありがとう。ともかくだ、レイヤー5・6・7により「データのやり取りの管理」「データの型」「ネットワークサービス」が決まる、ということになるわけだな。

これですべてのレイヤーがでそろったわけですね。

第43回 レイヤー5〜7

図43-4 ネットワークサービス

アプリケーションの目的に応じて使用するプロトコルが決まる

```
ネットワークの利用

サービス        Webサイトの閲覧サービス    ファイル転送      メール転送
                （WWWサービス）           サービス          サービス

アプリケーション   ブラウザー             FTPクライアント   メールクライアント
ソフト

レイヤー7        HTTP                   FTP              SMTP

レイヤー4〜1                    TCP/UDP
                                IP
                               イーサネット
```

（ネットワーク：レイヤー7〜1）

そうだな。では次回はすべてのレイヤーの役割を復習しよう。では、今回はここまで。

はい。3分間ネットワーク基礎講座でした〜♪

ネット君の今日のポイント

- TCP/IPではレイヤー5・6・7はまとめて1つのプロトコルに実装されている。
- レイヤー5はセッションの管理を行う。
- レイヤー6はデータの変換、圧縮、暗号化を行う。
- レイヤー7はユーザアプリケーションにネットワークサービスを提供する。

○月○日　○○ ネット君

第44回 OSI参照モデルとまとめ

● OSI参照モデル

> さて、レイヤー1〜7までのすべて説明が終わったということで、もう一度基本に立ち返ることにしよう。まず、OSIモデルの特徴を言ってみたまえ。

> え〜っと。**7つのレイヤーに分かれていて、それぞれは独立している**、と。

> そうだ。よって**各レイヤーは独立して考えることができる**わけだな。もう一度、簡単に各層の役割を説明しよう。

●レイヤーの機能

> 以前から話している通り、**各レイヤーはその下のレイヤーの都合はまったく考えない**。よく「ネットワークって難しい」という声を聞くが、そういう人はなんでもかんでもごっちゃに考えていることが多いからだ。

> ははぁ。「手紙を便箋に書く」と「郵便局員が仕分けする」というまったく違うことも同じレベルで考える、というやつですね。

> うむ。必ず**順序**と**機能**を前提に、分けて考えることが必要だ。よくある例としては「ケーブルはつながってるのに、データが届かない！！」という叫びだな。

> 「物理的にケーブルがつながっている」のと「データのやり取りができる」ことは別だってことですよね。

第44回　OSI参照モデルとまとめ

🎓 そうだ。「信号のやり取り」という機能と「データのやり取り」という機能は別物で、それぞれの機能をちゃんと実現していないと正しくデータのやり取りができない、ということがわかっていないと起きうるわけだ。

🐧 なるほど。信号が伝わるとしても、データがうまく届くとは限らない。ということですね。

🎓 さて、上位層から順番におさらいだ。まず、レイヤー5～7だな。（図44-1）

🐧 レイヤー5～7は、**レイヤー4以下の機能でアプリケーション別に届いたデータを処理する**んでしたっけ？

🎓 うむ。レイヤー5～7は実際に相手にデータを届ける役割はない。レイヤー5～7はレイヤー4以下が行う処理によって、アプリケーションに届いた・届けるデータに対しての処理を行うだけだ、ということだな。

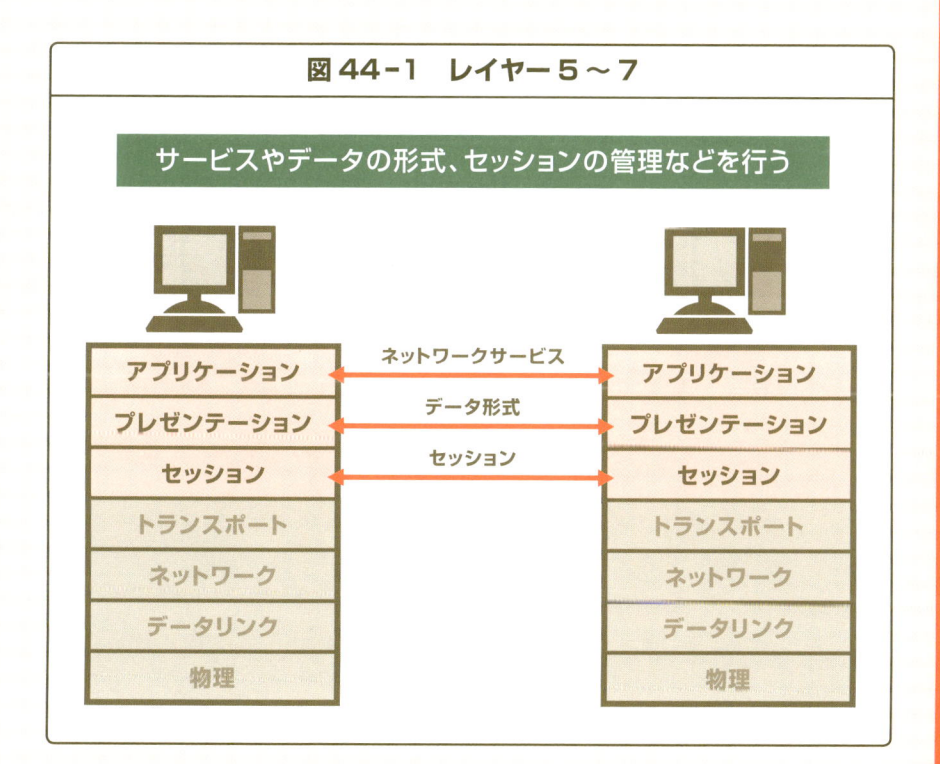

図44-1　レイヤー5～7

サービスやデータの形式、セッションの管理などを行う

アプリケーション	←ネットワークサービス→	アプリケーション
プレゼンテーション	←データ形式→	プレゼンテーション
セッション	←セッション→	セッション
トランスポート		トランスポート
ネットワーク		ネットワーク
データリンク		データリンク
物理		物理

🗨️ レイヤー7が**ネットワークサービスを実施**。レイヤー6が**データの形式を変換する**。レイヤー5が**セッションを管理する**でしたよね。

🎓 うむ。これらはTCP/IPでは同一のプロトコルで処理されている。そして次がレイヤー4だな。**(図44-2)**

🗨️ レイヤー4といえば、TCP・UDPですよね。「正確・確実」なTCPと、「高速」なUDP。

🎓 レイヤー4は**レイヤー3以下の機能でコンピューターに届く**データに対して**信頼性の高いデータ通信**をレイヤー5に提供する。アプリケーションを識別し、それぞれに対して**信頼性のある・なし**を提供するわけだ。

🗨️ 通信アプリケーションの識別、って**ポート番号**ですよね。で、TCPかUDPのどちらかを使うことによって、信頼性のある・なしを決定する、っと。

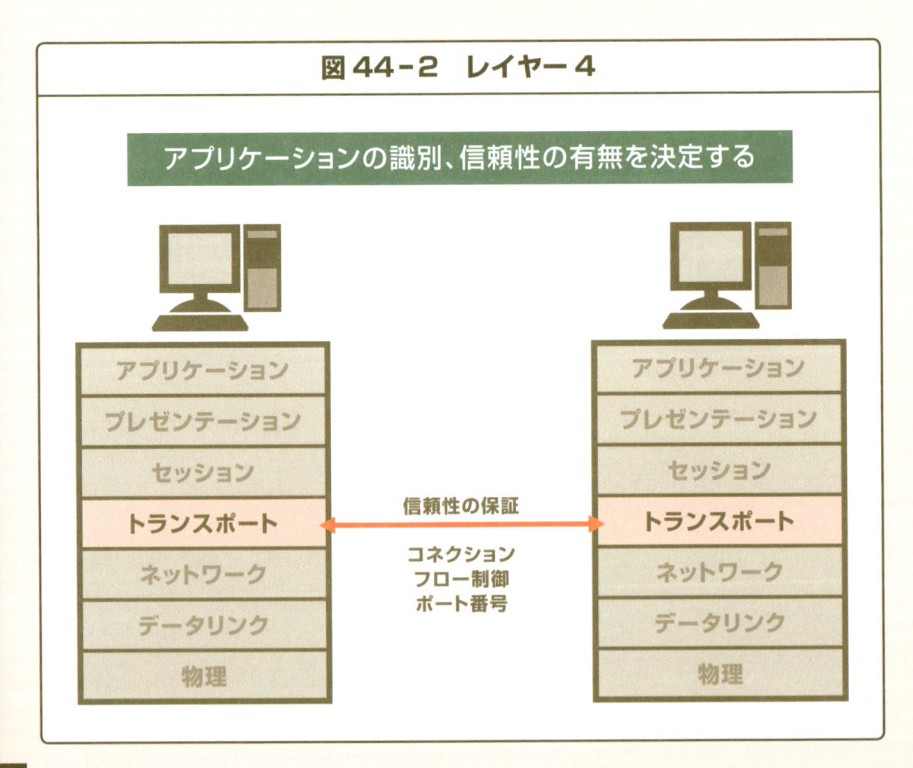

図44-2　レイヤー4

アプリケーションの識別、信頼性の有無を決定する

| アプリケーション |
| プレゼンテーション |
| セッション |
| **トランスポート** |
| ネットワーク |
| データリンク |
| 物理 |

信頼性の保証
コネクション
フロー制御
ポート番号

第44回 OSIリファレンスモデルとまとめ

🎓 その下のレイヤー3は、**レイヤー2以下の機能でケーブルに接続された機器間のデータ通信**を使って、**異なるネットワーク間の接続**をレイヤー4に提供する。（図44-3）

🐵 インターネットワークッスね、博士。

🎓 そういうことだな。現在のTCP/IPネットワークでの中核と言ってもいいレイヤーだな。レイヤー3では異なるネットワーク間でのデータ転送、つまり**インターネットワークを実現する**ことが役割だ。

🐵 **IPアドレス**とか、**ルーティング**とかですね。

🎓 うむ。レイヤー4はレイヤー3によって異なるネットワーク間でもデータ転送ができるようになるし、逆にレイヤー3はレイヤー2のネットワーク内での機器のデータ転送を使って、ネットワーク間の接続を行う。（図44-4）

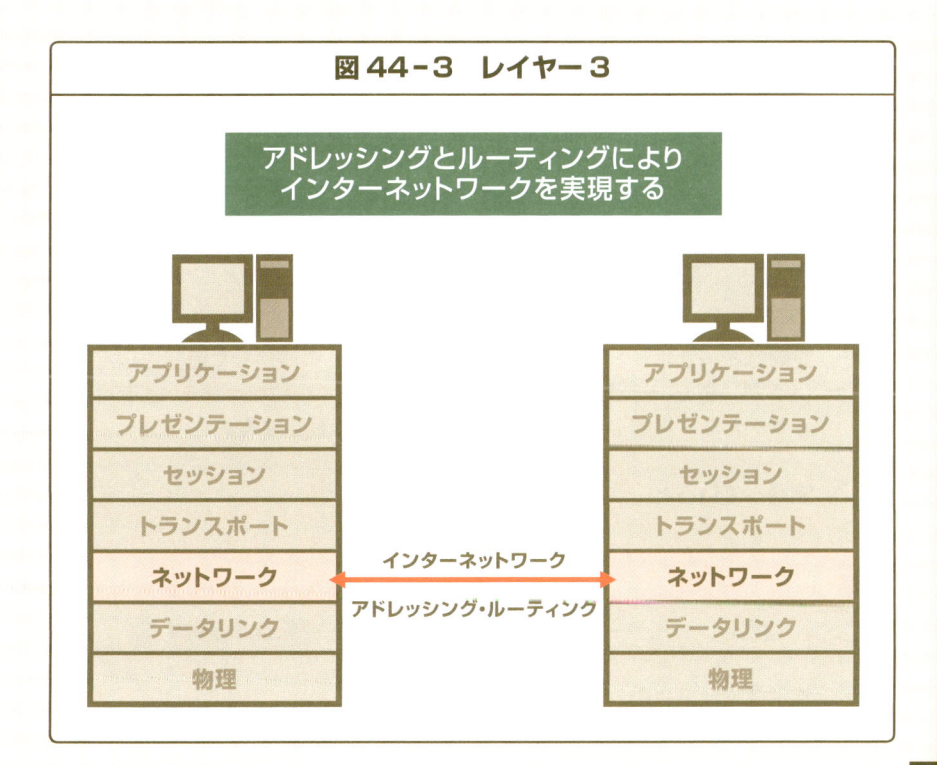

図44-3　レイヤー3

アドレッシングとルーティングにより
インターネットワークを実現する

アプリケーション		アプリケーション
プレゼンテーション		プレゼンテーション
セッション		セッション
トランスポート		トランスポート
ネットワーク	←インターネットワーク→ アドレッシング・ルーティング	ネットワーク
データリンク		データリンク
物理		物理

図44-4　レイヤー1〜2

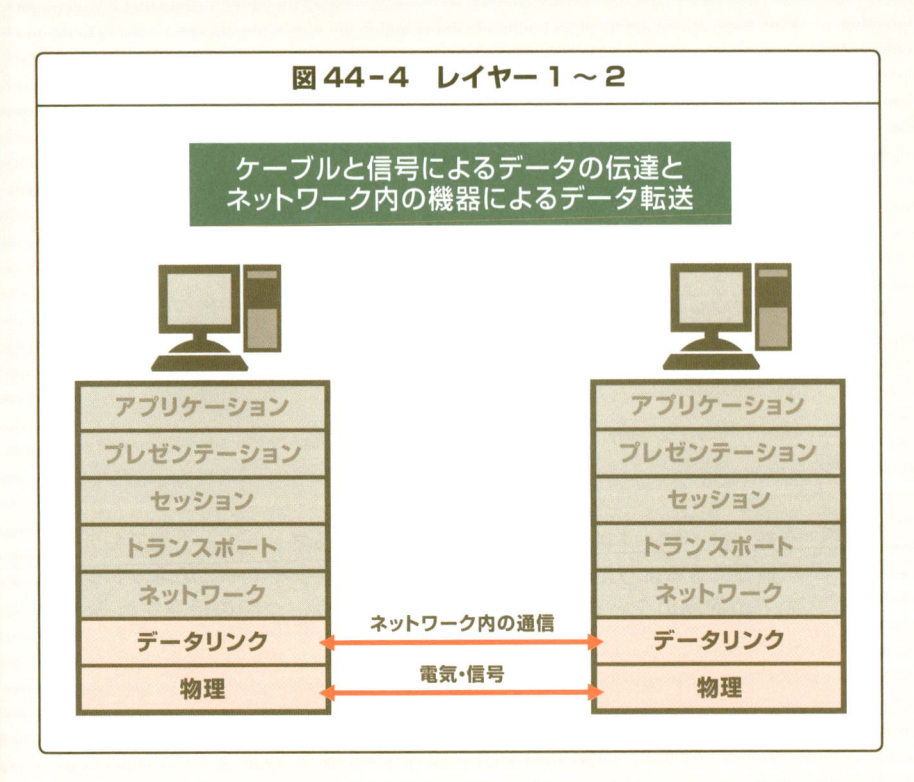

ケーブルと信号によるデータの伝達と
ネットワーク内の機器によるデータ転送

| アプリケーション |
| プレゼンテーション |
| セッション |
| トランスポート |
| ネットワーク |
| データリンク |
| 物理 |

ネットワーク内の通信
電気・信号

| アプリケーション |
| プレゼンテーション |
| セッション |
| トランスポート |
| ネットワーク |
| データリンク |
| 物理 |

🎓 レイヤー2は、**レイヤー1の機能での電気的なデータの受け渡し**を使って**異なる機器のデータのやり取り**をレイヤー3に提供する。

🙂 レイヤー2といえば、**イーサネット**ですよね。

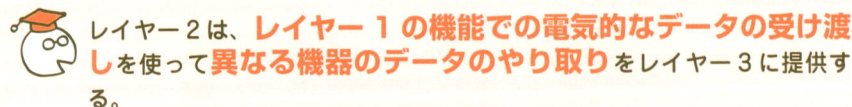

🎓 実際はイーサネットはレイヤー1とレイヤー2の統合した範囲を規定しているが、まぁ、そうだな。レイヤー2は**直接的なデータ転送**を行うレイヤーだな。実際のデータの受け渡しと制御を担当する。

🙂 制御っていうと、**CSMA/CD**ですか？

🎓 うむ。レイヤー1の電気信号の流れを**衝突が発生しないよう効率的に**運用し、レイヤー3にネットワーク内のデータ転送を提供する。

🙂 電気信号は単に流れるだけですからねぇ。

第44回 OSI参照モデルとまとめ

🎓 一方、レイヤー1は**電気と信号を担当する**。つまり**ケーブルと信号**をレイヤー2に提供する。

🙂 結局、本当にデータを流すのはレイヤー1ってことですね。

🎓 そういうことだ。データを電気信号にして相手に送る、というよりもやはり**信号を流す**が正解だな。

🙂 流す、ですか。確かに「送る」よりは「流す」かもしれませんね。

🎓 うむ。さて、まとめとして今回の説明は**上位レイヤーに提供する**機能というものに重点を置いてみた。つまり、下のレイヤーは上のレイヤーに機能を提供して、データ転送を行う環境を作り上げていくわけだ。そして最終的にレイヤー7が**アプリケーションにネットワークサービスそのもの**を提供する、という形になる。

🙂 手紙通信でいうところの、「郵便配達人」→「郵便局」→「ポスト」→「封筒」→「手紙の中身」という感じですよね。最終的に手紙を使った「意思疎通」ができるようになる、と。

🎓 そういうことだ。さて、これで全部おしまい、と。

🙂 はい、お疲れした博士。3分間ネットワーク基礎講座でした〜、またみんなどこかで会おうね〜♪

ネット君の今日のポイント

● 各レイヤーは上位レイヤーにサービスを提供する。

● 各レイヤーは独立しており、他のレイヤーに影響を及ぼさない。

○月○日 ネット君

ネット君の まとめノート その①

データ通信のハードウェアとソフトウェア

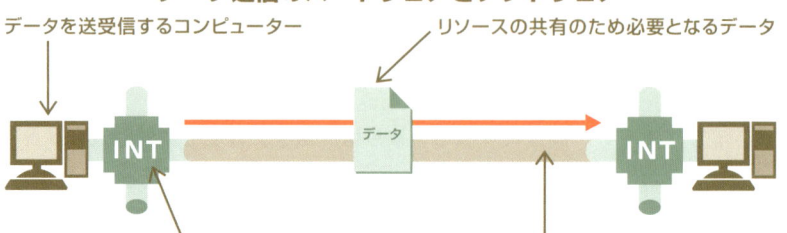

- データを送受信するコンピューター
- リソースの共有のため必要となるデータ
- データを通信媒体向けに変換・もしくはその逆を行う
- データを運ぶ媒体。ポイントツーポイントやマルチアクセスのような形態がある

第7層	アプリケーション層	ユーザーにネットワークサービスを提供する	内容表現
第6層	プレゼンテーション層	データの形式を決定する	内容表現
第5層	セッション層	データのやり取りの順序などを管理する	内容表現
第4層	トランスポート層	信頼性の高い（エラーの少ない）伝送を行う	伝送物
第3層	ネットワーク層	伝送ルートやあて先の決定を行う	伝送物
第2層	データリンク層	隣接機器へのデータの伝送を制御する	伝送
第1層	物理層	電気・機械的な部分の伝送を行う	伝送

● データ通信
　－リソースの共有を行うために、データをやり取りする
　－ハードウェアとしてコンピューター、インターフェース、通信媒体がある
● OSI 参照モデル
　－通信の手順と段階の「設計図」
　－それぞれのレイヤーにプロトコルが用意されている
　－レイヤーのプロトコルを順番に実行していくことでデータ通信が可能になる

ネット君の まとめノート その②

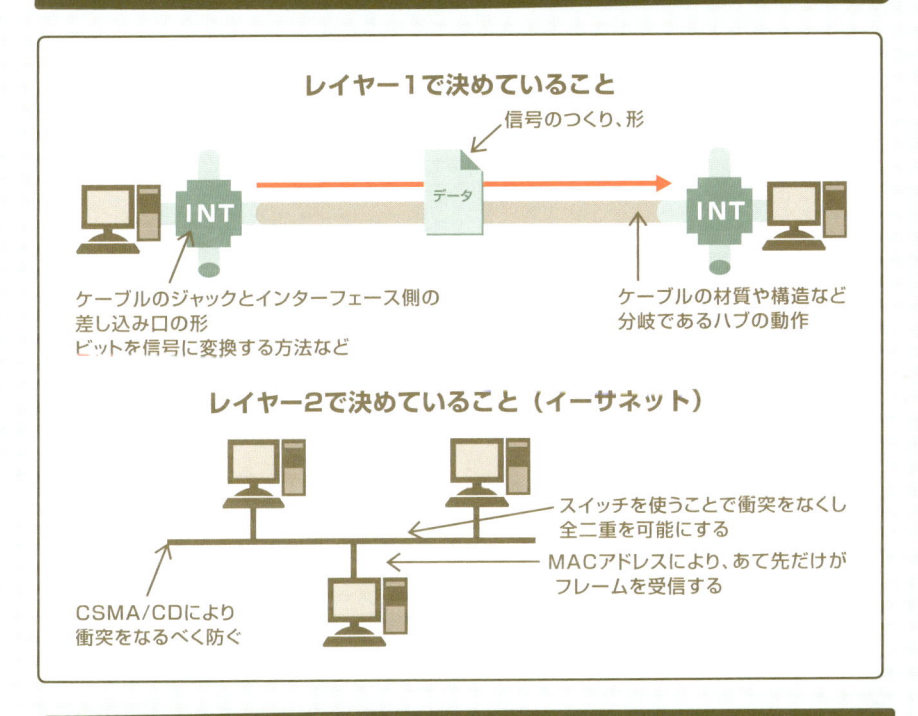

レイヤー1で決めていること

信号のつくり、形

ケーブルのジャックとインターフェース側の
差し込み口の形
ビットを信号に変換する方法など

ケーブルの材質や構造など
分岐であるハブの動作

レイヤー2で決めていること（イーサネット）

スイッチを使うことで衝突をなくし
全二重を可能にする

MACアドレスにより、あて先だけが
フレームを受信する

CSMA/CDにより
衝突をなるべく防ぐ

- ●レイヤー1
  - －通信媒体で接続されているコンピューター間で信号をやり取りする
  - ・通信媒体の形状、使用する信号、インターフェースの形状やジャック
  - ・ハブを使用することでケーブルの分岐を作り、多くのコンピューター間でのやり取りを可能とする
- ●レイヤー2
  - －ハブ・スイッチで接続されているコンピューター間で信号をやり取りするための手順
  - ・MACアドレスにより、あて先を指定する
  - ・CSMA/CDまたはスイッチを使用した全二重イーサネットにより衝突を防ぎ、あて先までフレームを届ける

ネット君の まとめノート その③

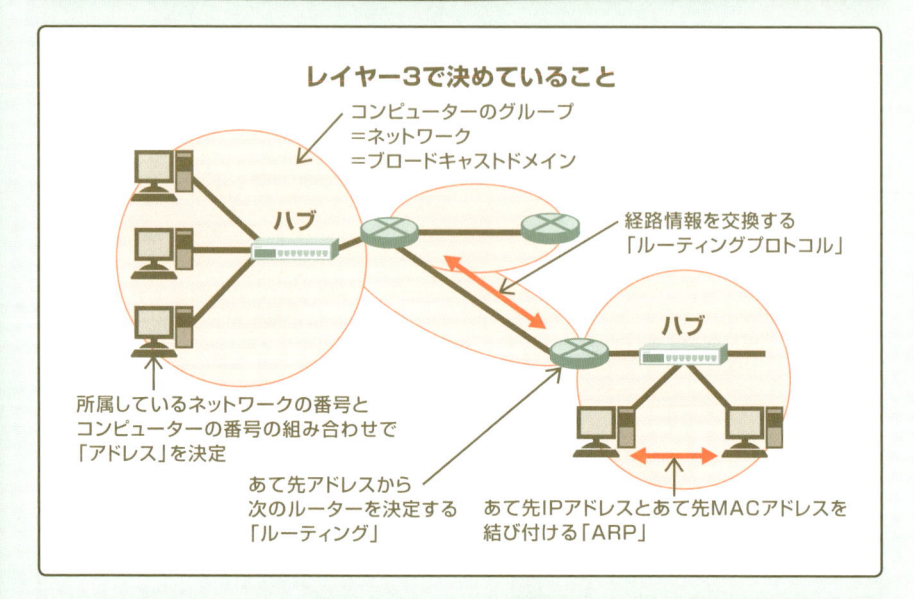

レイヤー3で決めていること

- コンピューターのグループ
  ＝ネットワーク
  ＝ブロードキャストドメイン

- 経路情報を交換する「ルーティングプロトコル」

- 所属しているネットワークの番号とコンピューターの番号の組み合わせで「アドレス」を決定

- あて先アドレスから次のルーターを決定する「ルーティング」

- あて先IPアドレスとあて先MACアドレスを結び付ける「ARP」

●レイヤー3
 - ネットワーク間でパケットをやり取りするための手順
 - IPアドレス
  ・ネットワーク番号とホスト番号の組み合わせ
  ・サブネット化することで、階層化することができる
  ・MACアドレスとIPアドレスの対応を行うためにARPを実行する
 - ルーティング
  ・ネットワークの境界上にあるルーターが、あて先IPアドレスから次の送信先を決定し、ネットワークを横断してあて先まで届ける
  ・それぞれのコンピューターはその所属するネットワークの出入り口としてのルーターを設定する
  ・ルーターはルーター間で持っているネットワークの情報をルーティングプロトコルで交換する

ネット君の まとめノート その④

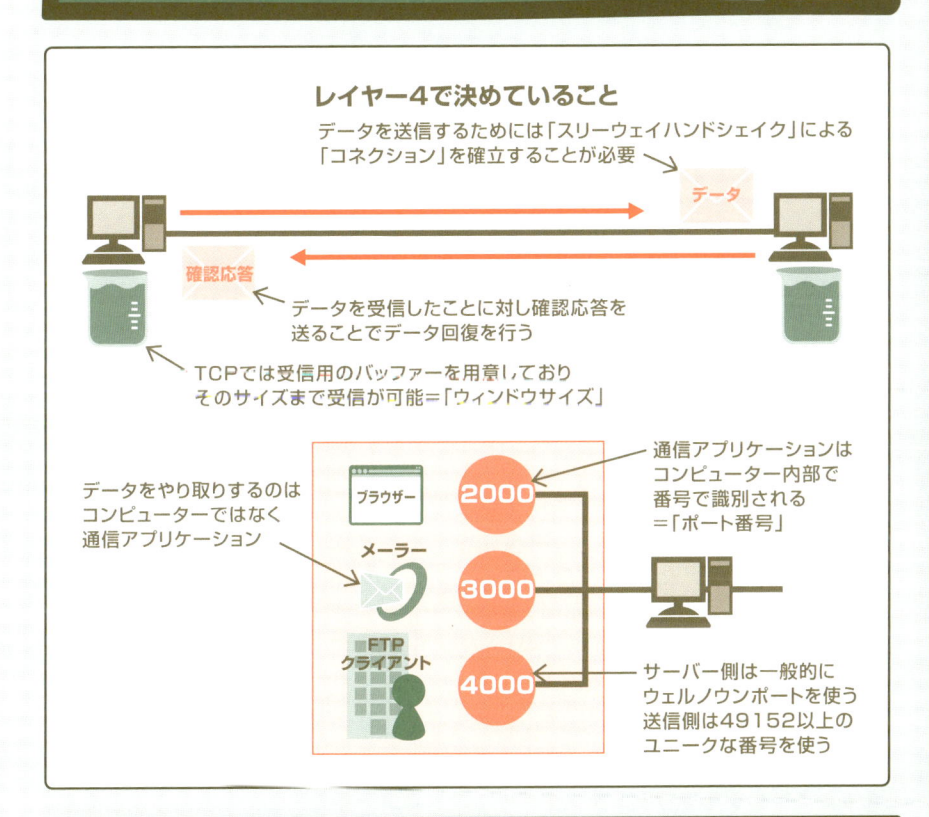

レイヤー4で決めていること

データを送信するためには「スリーウェイハンドシェイク」による「コネクション」を確立することが必要

データ

確認応答

データを受信したことに対し確認応答を送ることでデータ回復を行う

TCPでは受信用のバッファーを用意しておりそのサイズまで受信が可能＝「ウィンドウサイズ」

データをやり取りするのはコンピューターではなく通信アプリケーション

ブラウザー　2000
メーラー　3000
FTPクライアント　4000

通信アプリケーションはコンピューター内部で番号で識別される＝「ポート番号」

サーバー側は一般的にウェルノウンポートを使う送信側は49152以上のユニークな番号を使う

●レイヤー4

- エラー回復などを行い、信頼性の高い通信を保証する
- TCP
  - ・エラー回復、ウィンドウ制御、コネクションにより、セグメントの損失などを防ぎ、信頼性の高い通信を行う
- UDP
  - ・複雑な制御を行わないため、高速な通信、マルチキャスト／ブロードキャスト通信を可能にする
- ポート番号
  - ・通信するアプリケーションを指定する値

索引

●A・B・C・D・E
- ARP 164
- ARP テーブル 165
- AS 203
- bps 79
- CSMA/CD 105
- DCE 76
- DHCP 159
- DNS 171
- EGP 204
- Error 216

●I・L・M
- ICANN 140
- ICMP 214
- IEEE802.3x 115
- IETF 64
- IGP 204
- IP 130
- IP アドレス 138
- ISO 46
- LAN 40
- MAC アドレス 100
- MAC アドレスフィルタリング
  109
- MSS 237

●N・O・P・Q・R
- NAPT 264
- NAT 260
- NIC 76
- OSI 参照モデル 46
- ping 221
- Query 216
- RFC 64
- RIP 209
- RTT 241

●T・U・W
- TCP 233
- TCP/IP プロトコル群 62
- TCP/IP モデル 64
- TCP ヘッダー 235
- Time Exceeded 222
- traceroute 222
- TTL 217
- UDP 233,252
- UTP 75
- WAN 42

●あ行
- アドレス 96
- アドレステーブル 110
- アドレッシング 96
- アナログ信号 78
- アプリケーション 230
- イーサネット 92
- イーサネットフレーム 102
- インターネットワーク 123
- インターフェース 25
- ウィンドウサイズ 245
- ウィンドウ制御 242
- ウェルノウンポート 248
- エコー応答 220
- エコー要求 220
- オーバーフロー 230
- オクテット 138

●か行
- 回線交換 28
- 確認応答 240
- カスケード接続 85
- カプセル化 56
- クラス 140
- クラスフルアドレッシング .. 143
- クラスレスアドレッシング .. 153
- クラッカー 223
- グローバル IP アドレス 258
- 経路 179
- 交換機 29
- コネクション 234

コリジョン 83
コンバージェンス 201
コンピューターネットワーク ... 16
●さ行
サーバー 36
サーバーアプリケーション .. 248
最長一致ルール 187
サブネット 147
サブネットマスク 147
サブネットワーク 147
シーケンス番号 237
衝突 83
衝突ドメイン 86
情報 17
自律システム 203
スイッチ 108
スーパーネット 154
スリーウェイハンドシェイク
 237
静的ルーティング 197
セグメント 37,55
セッション 270
全二重イーサネット 117
●た行
ダイアログ制御 272
通信速度 79
通信媒体 16
ディジタル信号 78
ディスタンスベクター 209
データ 17,22
データグラム 55
データ通信 22
デファクトスタンダード 62
デフォルトゲートウェイ 182
電気通信事業者 42
動的ルーティング 197
ドメイン名 171
トレーラー 57
●な行
ネットワーク 10
ネットワークアドレス 145
ネットワークアドレス変換 .. 260
ネットワークサービス 274

ネットワーク番号 140
●は行
パケット 30
パケット交換 30
パケット交換機 32
バックプレッシャー 115
バッファー 114
バッファリング 109,114
ハブ 37,84
ビット 23
非同期通信 91
物理アドレス 129
プライベートIPアドレス 258
フラッディング 87
フレーミング 91
プレゼンテーション 272
プレフィックス長 156
フロー制御 230
ブロードキャスト 97
ブロードキャストアドレス .. 145
ブロードキャストドメイン .. 190
プロトコル 26
プロトコルデータユニット ... 54
ヘッダー 57
ポイントツーポイント 35
ポート 84
ポート番号 232,246
ホスト番号 143
ホップバイホップ 181
●ま行
マルチアクセスネットワーク ... 35
マルチキャスト 97
メトリック 208
●や・ら行
ユニキャスト 97
リソース 18
ルーター 34
ルーティング 130
ルーティングアップデート .. 210
ルーティングテーブル 186
ルーティングプロトコル 202
ロンゲストマッチ 187
論理アドレス 129

■著者略歴

網野 衛二（あみの えいじ）

文系大学卒業後、紆余曲折してコンピューター系の専門学校の講師として、ネットワークの構築・管理・授業を行っている。また、Webサイト「Roads to Node」の管理人として、「3分間 Networking」というネットワーク講座を公開しており、その他にも雑誌やWebサイトなどにネットワーク系の連載を行っている。近著に「自分のペースでゆったり学ぶ TCP/IP」「3分間ルーティング基礎講座」「3分間 DNS 基礎講座」「3分間 HTTP ＆ メールプロトコル基礎講座」（技術評論社）がある。

カバーデザイン●デジカルデザイン室
カバーイラスト●マルイチ
本文デザイン●株式会社 ユニゾン
DTP ●株式会社 ライラック
編集●大和田 洋平

■お問い合わせについて

本書の内容に関するご質問は、下記の宛先までFAXまたは書面にてお送りいただくか、弊社Webサイトの質問フォームよりお送りください。お電話によるご質問、および本書に記載されている内容以外のご質問には、一切お答えできません。あらかじめご了承ください。

〒162-0846　東京都新宿区市谷左内町21-13
株式会社技術評論社　書籍編集部
「[改訂新版]3分間ネットワーク基礎講座」質問係
FAX：03-3513-6183
技術評論社 Web サイト：https://book.gihyo.jp/

なお、ご質問の際に記載いただいた個人情報は質問の返答以外の目的には使用いたしません。また、質問の返答後は速やかに破棄させていただきます。

[改訂新版] 3分間ネットワーク基礎講座

2010年10月15日　初版　第 1 刷　発行
2025年 5 月 3 日　初版　第13刷　発行

著　者　網野 衛二
発行者　片岡 巌
発行所　株式会社技術評論社
　　　　東京都新宿区市谷左内町21-13
　　　　電話　03-3513-6150　販売促進部
　　　　　　　03-3513-6166　書籍編集部
印刷／製本　日経印刷株式会社

定価はカバーに表示してあります。

本書の一部または全部を著作権法の定める範囲を越え、無断で複写、複製、転載、あるいはファイルに落とすことを禁じます。

©2010　網野 衛二

造本には細心の注意を払っておりますが、万一、落丁（ページの抜け）や乱丁（ページの乱れ）がございましたら、弊社販売促進部へお送りください。送料弊社負担でお取り替えいたします。

ISBN978-4-7741-4373-6 C3055
Printed in Japan